PREPAKINE

PREPAKINE

3

Chapitre 1 : Mécanique

1-Cinématique

Dans un référentiel donné, le vecteur vitesse d'un point mobile M à un instant donné est la dérivée par rapport au temps du vecteur position $\overrightarrow{OM}$

Vecteur vitesse : $\overrightarrow{v_G}= \lim_{\Delta t \to 0} \frac{\Delta \overrightarrow{OM}}{\Delta t}$

avec $\Delta \overrightarrow{OM}$ en mètres (m) et Δt en secondes (s) et v_G en ms^{-1}

Soit le repère d'étude $(O, \vec{\imath}, \vec{\jmath}, \vec{k})$

Le vecteur vitesse est défini par : $\vec{v} = \dot{x}\,\vec{\imath} + \dot{y}\,\vec{\jmath} + \dot{z}\,\vec{k}$, sa direction est celle de la tangente à la trajectoire au point considéré et son sens est celui du mouvement à cet instant.
Vitesse instantanée :

$\vec{v}$ a trois composantes : $v_x(t)=\dot{x}$, $v_y(t)=\dot{y}$, $v_z(t)=\dot{z}$ et $v = \sqrt{v_x^2 + v_Y^2 + v_z^2}$ en m.s^{-1}

Application

Le vecteur position $\overrightarrow{OM} = -3\,\vec{\imath} + 4\,t\,\vec{\jmath}$

Caractérisez le vecteur vitesse : $\overrightarrow{v_G}$ du point mobile aux dates 1 s et 3 s

$$\overrightarrow{OM} \begin{cases} x = -3t \\ y = 4t \\ z = 0 \end{cases} \qquad \vec{v} \begin{cases} \dot{x} = -3 \\ \dot{y} = 4 \\ \dot{z} = 0 \end{cases}$$

$$V = \sqrt{v_x^2 + v_y^2}$$

Donc : $V = 5 \text{ m s}^{-1}$

Le vecteur vitesse est constant indépendant du temps. Le mouvement est rectiligne uniforme.

Vecteur accélération :

Le vecteur accélération est la dérivée par rapport au temps du vecteur vitesse

$$\vec{a_G} = \lim_{t \to 0} \frac{\Delta \vec{v}}{\Delta t}$$

$$\vec{a} = \ddot{x}\,\vec{i} + \ddot{y}\,\vec{j} + \ddot{z}\,\vec{k}$$

$\vec{a} = (a_x(t) = \dot{v}x\,\vec{i} + a_y(t) = \dot{v}y\,\vec{j} + a_z(t) = \dot{v}z\,\vec{k})$

et $a = \sqrt{a_x^2 + a_Y^2 + a_Z^2}$ en m.s^{-2}

Le mouvement est uniformément accéléré si la norme du vecteur vitesse est une fonction croissante de t, c'est-à-dire que si v^2 est une fonction croissante.

La dérivée de v^2 doit donc être positive. La condition sera :

$$\frac{dv^2}{dt} > 0 \Rightarrow \vec{v}\frac{d\vec{v}}{dt} > 0 \Rightarrow \dot{x}\,\ddot{x} > 0$$

Le signe du produit $\dot{x}\,\ddot{x}$ permet de reconnaître si le mouvement est accéléré ou décéléré.
$\dot{x}\,\ddot{x} < 0$ Lorsque la valeur de la vitesse décroît au cours du temps, le mouvement est dit décéléré.
$\dot{x}\,\ddot{x} = 0$ Le mouvement est uniforme.
$\dot{x}\,\ddot{x} > 0$ Lorsque la valeur de la vitesse décroît au cours du temps, le mouvement est dit accéléré.

1-2 Types de mouvement :

1-2-1 Rectiligne uniforme selon un axe x,

Dans le référentiel d'étude, la trajectoire est une portion de droite. On choisit un axe (Ox) de cette droite et le point M est repéré par son abscisse x. L'équation horaire correspond à x(t) et la trajectoire est connue.
Les vecteurs, vitesse $(\vec{v} = \dot{x}\,\vec{i} + \dot{y}\,\vec{j} + \dot{z}\,\vec{k})$ devient $\vec{v} = \dot{x}\,\vec{i} = \text{Cte}\,\vec{i}$
et accélération $(\vec{a} = \ddot{x}\,\vec{i} + \ddot{y}\,\vec{j} + \ddot{z}\,\vec{k})$ devient $(\vec{a} = \vec{0})$

Si le choix est laissé, on prend souvent l'origine O confondue avec la position du point M à l'instant t=0 (condition initiale).

Vecteur vitesse constant $\vec{v}$ (t) = $\dot{x}\,\vec{i}$ = Cte $\vec{i}$ =V$_o$ $\vec{i}$

En projetant sur un axe, on obtient l'équation différentielle suivante : $\dot{x}$ = Vo

Accélération nulle : a= $\ddot{x}$= 0

Équation horaire : $\dot{x}$ =Vo   x(t) = V$_o$ t+ x$_0$ (primitive d'une constante)

Les conditions initiales permettent de déterminer les constantes d'intégration comme ici x$_0$.

Avec la condition initiale x$_{(t=0)}$=0 on obtient x$_0$ =0 et l'équation horaire devient :

$$x(t)= V_o\, t$$

avec V$_0$ vitesse initiale de l'objet et x$_0$ la position initiale

1-2-2 Mouvement rectiligne uniformément varié

$\vec{a}$ = cte $\vec{i}$ = a$_0$ $\vec{i}$ = $\ddot{x}$ $\vec{i}$

En projetant sur un axe l'équation différentielle du mouvement :

La vitesse est la primitive de l'accélération donc : v(t) = $\dot{x}$ = a$_0$ t+ V$_0$

V$_0$ constante d'intégration

L'équation horaire x(t) s'obtient par intégration de la vitesse v(t)

x(t)= ½ a $_0$ t^2 + V$_0$t + x$_0$, équation générale

Les constantes x$_0$ et V$_0$ sont déterminées par les conditions initiales (conditions à t=0). Par exemple, si à t=0, le point M est en O sans vitesse, on aura alors les conditions v$_0$(t=0)=0 et x(t=0)=0. En reportant dans les expressions de la vitesse et position on obtient très simplement v$_0$= 0 et x$_0$=0 alors l'équation horaire devient :

x(t)= ½ a $_0$ t^2 : équation simplifiée avec conditions initiales définies ci-dessus.

Précisions :

$\vec{a}$(t) = $\vec{a_0}$

Dire que $\vec{a_0}$ est un vecteur constant ne suffit pas pour dire que le mouvement est rectiligne uniformément varié. En effet, en intégrant, on a alors : $\vec{v}$ = $\vec{a_0}$ t + $\vec{v_0}$

Si le vecteur vitesse $\vec{v_0}$ à t=0 n'est pas suivant la direction du vecteur accélération le mouvement sera plan, dans le plan contenant $\vec{v_0}$ et $\vec{a_0}$ (voir par exemple le mouvement de chute parabolique). Il faut donc rajouter une condition : soit dire que le mouvement est rectiligne, soit préciser qu'à un instant t quelconque vecteur accélération et vecteur vitesse sont colinéaires.

Résumé : mouvement rectiligne uniformément varié suivant l'axe x, a$_0$ accélération

$\vec{a} = a_0 \vec{\imath}$ (1)

$\ddot{x} = a_0 \quad \vec{\imath}$ par intégration de 1) on obtient

$\dot{x} = a_0 t + v_0$ (2)   puis

$x = 1/2 \, a_0 t^2 + v_0 t + x_0$

or $t = \dfrac{v - v_0}{a_0}$ d'après (2)

En exprimant le temps t en fonction de la vitesse et en reportant dans l'expression de x(t) il est possible d'obtenir une relation entre position et vitesse indépendamment du temps :

$$\boxed{v^2 - v_0^2 = 2a_0(x - x_0)}$$ (3)

1-2-3 Mouvement rectiligne quelconque

L'accélération est une fonction quelconque du temps. En intégrant une première fois cette fonction, on obtient la vitesse à une constante près. En l'intégrant une deuxième fois on obtient l'équation horaire. $a = \ddot{x} = f(t)$ $v(t) = \int f(t)dt$ $x(t) = \int v(t)dt$

Les constantes d'intégration se déterminent suivant les conditions initiales (vitesse et position à t=0) ou à un instant t quelconque.

1-2-4 Mouvement rectiligne sinusoïdal

L'équation horaire est une fonction sinusoïdale du temps du type :
$x = X_m \cos(\omega t + \Phi)$
C'est le mouvement par exemple d'une masse accrochée à un ressort.
- La quantité ω s'appelle la pulsation (unité en rad s^{-1}, homogène à l'inverse d'un temps).
- X_m est l'amplitude maximale du mouvement d'oscillation du point M autour du point O.

La fonction cosinus variant entre -1 et +1 , x oscille entre $-X_m$ et $+X_m$. $\phi(t) = \omega t + \Phi$ est la phase à l'instant t .
- Φ est la phase à l'origine (à t=0)

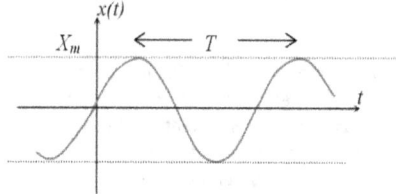

Mouvement rectiligne sinusoïdal

La fonction cosinus est une fonction périodique de période 2π.
Si T est la période temporelle du mouvement, on aura donc : $x(t) = x(t+T)$ soit
$\Phi(t+T) - \Phi(t) = 2\pi$
$(\omega(t+T)+\Phi) - (\omega t+\Phi) = 2\pi$
$\omega T = 2\pi$
La fréquence f correspond au nombre d'oscillations (d'aller et retour) par seconde.
On a donc $\boxed{f = \frac{1}{T}}$
Déterminons l'équation différentielle de l'oscillateur harmonique.
$x = X_m \cos(\omega t+\phi)$
$\dot{x} = -X_m \omega \sin(\omega t +\phi)$
$\ddot{x} = -X_m \omega^2 \cos(\omega t+\phi) = -\omega^2 x = 0$

L'équation différentielle du mouvement est donc : $\boxed{\ddot{x} + \omega^2 x = 0}$

Ceci correspond à l'équation différentielle de l'oscillateur harmonique avec $\boxed{\omega = \sqrt{\dfrac{k}{m}}}$

$$\boxed{x = X_m \cos\left(\sqrt{\dfrac{k}{m}}t + \Phi_0\right)}$$

x allongement algébrique en m, k raideur du ressort en N/m, Φ_0 phase à l'origine en m , m masse du mobile en kg, X_m amplitude en m

t le temps en seconde

Période propre :
$$\boxed{T_0 = 2\pi\sqrt{\dfrac{m}{k}}}$$

La solution de cette équation différentielle peut s'écrire de différentes façons, toutes équivalentes. On peut aussi écrire :
$X = X_m \cos(\omega t+\Phi) = X_m \sin(\omega t+\Phi') = A\sin\omega t + B\cos\omega t$

En utilisant les relations trigonométriques usuelles, on obtient très simplement :
$\Phi' = \Phi + \pi/2$; $A = -Xm\sin\Phi$; $B = \cos\Phi$

1-2-5 Mouvement circulaire uniforme

La trajectoire du point est un cercle caractérisé par son centre O et son rayon $\rho = R$. Le point se déplace sur un cercle et la vitesse angulaire de rotation est constante. Il est logique de choisir l'origine du repère en centre du cercle et l'axe Oz perpendiculaire au plan contenant la trajectoire. Le vecteur unitaire orthoradiale $\vec{t}$ est perpendiculaire au rayon OM et est donc tangent à la trajectoire. Le vecteur unitaire $\vec{n}$ est centripète. Le système de coordonnées polaires est bien adapté pour ce type de mouvement. Les équations horaires du mouvement peuvent s'écrire :

ρ=R constante et θ= θ(t)

Les caractéristiques cinématiques du mouvement circulaire peuvent se déduire du schéma présenté sur la figure et sont données par :

$$\overrightarrow{OM}\ (t)= \rho\ (t)\vec{n}\ = R\ \vec{n}$$

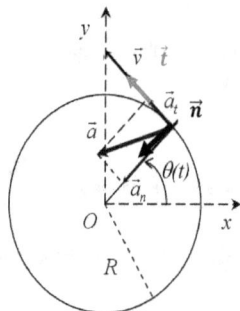

$$\vec{v}\ (t)= R\ \omega(t)\ \vec{t} = R\ \omega_0\ \vec{t}$$

ω est la vitesse angulaire en rad s^{-1} =lim $\frac{\Delta\theta}{\Delta t}$ avec t→0

Exemple
Un disque tourne avec une vitesse constante de 2 tours par seconde
Calculer la vitesse angulaire. Que vaut l'angle après 4 secondes ?

$\omega= \frac{\Delta\theta}{\Delta t}$ = 4 π rad s^{-1} (2 π x 2)
Δθ= 16 π rad

Vitesse linéaire :
Si on prend un point situé à une certaine distance de l'axe de rotation, ce point se retrouvera à la position x = r . θ

donc $v = \dfrac{r \cdot d\theta}{dt}$

v = r . ω

Exemple : Pour une lame qui tourne à 3700 tours par minute et dont la lame mesure 0,25 m calculer la vitesse linéaire ?
ω= 387 rads^{-1}
V= r ω= 97 m.s^{-1}
L'accélération angulaire en rad. s^{-2}
$\alpha= \frac{d\omega}{dt}$

Accélération centripète pour un mouvement circulaire uniforme :

$a_n = \omega^2 R$; $a_T = 0$

L'expression du vecteur accélération se simplifie. La vitesse angulaire étant constante la composante tangentielle du vecteur accélération est nulle. Il ne reste que la composante normale :

$$\vec{a} = \vec{a}_n = R\,\omega_0^2\ \vec{n} = \frac{v^2}{R}\,\vec{n}$$

Exemple : Une voiture roule sur un circuit circulaire de 200 m de rayon à la vitesse constante de 30 ms^{-1}. Calculez son accélération.

$a = \frac{v^2}{R} = (30)^2/200 = 4,5\ ms^{-2}$

Equation horaire :

La forme de la fonction θ (t) qualifiera le type de mouvement circulaire. Suivant la forme de la fonction $\theta(t)$ le mouvement sera dit circulaire et uniforme :

$\theta(t) = \omega_0\,(t) + \theta_0$

Le mouvement circulaire uniforme est un mouvement accéléré dont l'accélération est centripète. Uniforme ne veut donc pas dire accélération nulle.

Exercices

1)   Un enfant roule à vitesse de 10 ms^{-1} sur une piste circulaire de 200 m de rayon Calculer son accélération.

2)   Le rayon de l'orbite terrestre autour du soleil vaut 2 .10^8 km et T=365 j, que vaut l'accélération centripète de la terre ?

3) Une voiture effectue un tour de circuit circulaire à la vitesse de 60 $m.s^{-1}$ si la force qui fournit l'accélération centripète a pour intensité celle du poids de la voiture, que vaut le rayon ?

Corrigés des exercices

1) $a_c = \omega^2 r = (10/200)^2 \times 10 = 0{,}025\ ms^{-2}$

2) $T = 2\pi/\omega$ et $a_c = \omega^2 r = 2\ 10^{11} \times (1.99\ 10^{-8})^2$
$a_c = 0{,}001\ ms^{-2}$

3)   On a $ma = m\,\omega^2 r$

Et $mg = m\,\omega^2 r$
        Donc $g = (v/r)^2\ r$; $r = 367$ m

Si le mouvement angulaire est uniforme, il devrait ne pas y avoir d'accélération, donc c'est que l'accélération tangentielle sera nulle car la vitesse sera constante. Le corps en mouvement va quand même posséder une accélération centripète (accélération dirigée vers l'axe de rotation). Celle-ci est due au changement de direction du vecteur vitesse.

$$a_c = \frac{v^2}{r} = \frac{r^2 \omega^2}{r} = r \cdot \omega^2$$

1-2-6 Mouvement circulaire non uniforme :

Dans un mouvement angulaire, la vitesse v est la vitesse tangentielle et dépend de la vitesse par rapport au centre de rotation.

Vitesse angulaire instantanée : $\omega = \frac{d\theta}{dt}$

Si la vitesse angulaire d'un corps varie, cela veut dire qu'il y a une accélération angulaire notée α.

Accélération instantanée :

$$\alpha = \frac{d\omega}{dt} = \frac{d^2\theta}{dt^2}$$

Accélération tangentielle :

$$a_T = \frac{dv}{dt} = \frac{r \cdot d\omega}{dt} = r \cdot \alpha \qquad \text{car } v = r \cdot \omega$$

On a l'expression de l'accélération :

$$\vec{a} = r\omega^2 \, \vec{n} + r\dot{\omega}\vec{t} = r\omega^2 \, \vec{n} + r\, d\omega/dt \, \vec{t}$$
$$= a^{\to}{}_n + a^{\to}{}_t = r \cdot \omega^2 \, \vec{n} + r \cdot \alpha \, \vec{t}$$

Dans ce cas, en orientant la trajectoire dans le sens trigonométrique, $\vec{t}$ correspond au vecteur tangent à la trajectoire de la base de Frenet.

$$\vec{a} = \vec{a}_n + \vec{a}_t = \omega^2 r \, \vec{n} + r\, d\omega/dt \, \vec{t} = r \cdot \omega^2 \, \vec{n} + r \cdot \alpha \, \vec{t}$$

L'accélération a donc deux composantes : une accélération tangentielle et radiale centripète : α accélération angulaire

$\vec{a}_t$ accélération tangentielle

$\vec{a}_n = \omega^2 r$ est l' accélération normale

Autres relations utiles :

$\omega^2 = \omega_0^2 + 2\,\alpha\,\Delta\theta$

$\omega = \omega_0 + \alpha\Delta t$

$\Delta\theta = 1/2\,(\omega + \omega_0)\,\Delta t$

<u>Comparaison des mouvements de translation et de rotation :</u>

Grandeur	Translation	Rotation	Relation
Position déplacement	x	θ	$x = r\,.\,\theta$
Vitesse	v	ω	$v = r\,.\,\omega$
Accélération	$a = a_t + a_c$	α	$a_c = \omega^2\,.\,r$ $a_t = r\,.\,\alpha$

<u>Remarque :</u>
Lorsqu'un corps tourne autour d'un axe, celui-ci a tendance à s'écarter de sa trajectoire car il est soumis à la force centrifuge. Si on veut maintenir ce corps sur sa trajectoire, on va exercer une force centripète. Cette force centripète sera égale à la force centrifuge en intensité mais elle aura un sens opposé à la force centrifuge.
θ en rad
en dynamique : $f_c = m\,.\,a_c$ $\qquad\qquad\qquad\qquad$ $\omega = $ rad/s
$\alpha = $ rad/s^2

$$f_c = m\,.\,\frac{v^2}{r} = m\,.\,r\,.\,\omega^2$$

<u>Exemple :</u> Analyse du swing en golf.
Au cours du swing on considère que le système biomécanique S formé des membres supérieurs et du club de golf (longueur de S : 1,60 m) a un mouvement de rotation par rapport à un axe situé au milieu des épaules.
En position 1 de départ (club en position haute, vitesse nulle) le système S fait un angle θ de 120° avec la verticale. La vitesse linéaire (ou tangentielle) de l'extrémité du club au moment où il frappe la balle (position 2 verticale ; $\theta = 0°$) est égale à 10 m/s.
La durée du geste (position 1 à position 2 est égale à 0,1 s.)
   - Calculer la vitesse angulaire moyenne du système S au cours du geste.
   - Calculer la valeur de la vitesse angulaire du système S en position 2.
   - Calculer l'accélération angulaire moyenne du système S au cours du geste. Tous les résultats seront donnés en unités internationales.

$$\omega = \frac{\Delta\theta}{\Delta t} = \frac{120 - 0}{0,1} = 1200 \text{ °/s}$$

$\omega = 1200 . \pi / 180 = 20,93$ rad/s

$\omega = v / r = 10 / 1,60 = 6,25$ rad/s

Entre 1 et 2 ; $\alpha = \frac{d\omega}{dt} = 6,25/0,1 = 62,5$ rad/s²

Mouvement circulaire uniformément varié

Le mouvement est dit circulaire uniformément varié si la vitesse angulaire varie selon une loi affine :

$\omega(t) = \omega_0 + \alpha \cdot t$.

Ce modèle permet de décrire le mouvement d'un point d'une machine tournante au démarrage ou à l'arrêt.

$\vec{v} . \vec{a} = 0$ Mouvement circulaire uniforme $a_n = R\omega_0^2$ et $a_t = 0$

$\vec{v} . \vec{a} < 0$ Mouvement circulaire ralenti

$\vec{v} . \vec{a} > 0$ Mouvement circulaire accéléré

ATTENTION MRU $\vec{a} \neq \vec{0}$ mais

MCU v= cte $\vec{a} = \vec{0}$

le vecteur a une norme constante mais varie sans cesse !

L'expression du vecteur accélération s'écrit dans la base de Frenet :
$$\vec{a} = dv / dt \ \vec{t} + v^2/R \ \vec{n}$$

Composante radiale ou accélération normale $\vec{a_n}$
$\vec{a} = \frac{v^2}{R} \vec{n} = R \omega^2 \vec{n}$

Le terme R ω^2 étant positif, on constate que cette accélération est toujours dirigée vers le centre du cercle : c'est la composante normale centripète. C'est elle « qui fait tourner » c'est-à-dire qui rend compte de la variation de la direction du vecteur vitesse. Même si le mouvement est uniforme (v et ω constantes) cette accélération existe nécessairement.

Composante orthoradiale ou tangentielle : $\vec{a_t}$

$\vec{a_t} = R \dot{\omega} = \frac{dv}{dt} \vec{t}$ Cette accélération indique si la valeur de la vitesse varie ou pas. Dans le cas du mouvement circulaire uniforme, il est nul.

La figure ci-dessous représente les vecteurs, vitesse et accélération pour un mouvement circulaire quelconque. Dans le cas où l'accélération tangentielle est dirigée comme le vecteur vitesse le mouvement est accéléré. Dans le cas contraire le mouvement serait freiné.

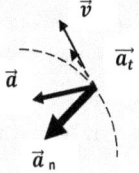

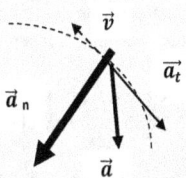

Mcirculaire Uniformément Accéléré   McirculaireUniformement Retardé

1-2-7 Le moment d'inertie

Quand un corps est en mouvement rectiligne, c'est la masse du corps en mouvement qui va représenter l'inertie au mouvement ou la résistance.
Plus la masse du corps sera importante, plus l'objet sera difficile à déplacer.
C'est la même chose lors d'un mouvement circulaire.
Dans le mouvement angulaire, la masse ne constitue pas le seul facteur qui constitue l'inertie du mouvement : il y a aussi la distribution de la masse.

La grandeur constante α est l'<u>accélération angulaire</u>, elle s'exprime en radian par seconde au carré (rad/s^2 ou rad$\cdot^{-2}$).

$$\alpha = \frac{d\omega}{dt}$$

$$\ddot{\theta} = \omega = \ddot{\theta}_0 t + \dot{\theta}_0$$

$$\vec{a} = \vec{a_t} + \vec{a_n} \; ; \; \vec{a_t} = r\,\alpha\,\vec{\tau} \text{ et } \vec{a_n} = \omega^2 r \, \vec{n}$$

$\omega = \omega_0 + \alpha t$
En intégrant :
Equation horaire : $\theta(t) = \theta_0 + \omega_0 \cdot t + 1/2 \cdot \alpha t^2$

Exercice 1
Un pilote de chasse fait un looping, la trajectoire circulaire est située dans un plan vertical, v=1800 km/h sachant que le corps humain supporte maxi une accélération de 10 g ; calculez le rayon minimal à donner à la trajectoire.

Corrigé 1
$a = v^2/r$ et $a < 10g$; donc $r > v^2/10\,g$

Exercice 2

Une piste de lancement a le profil présenté figure ci-dessous, une portion rectiligne AB=10 m et un arc de cercle BC de rayon OB= 10 m et l'angle BOC= 30°. Un véhicule M part de A au repos et doit attendre la vitesse de 10 ms^{-1} en B

1) Donner la valeur de a_1 de l'accélération du véhicule sur le tronçon AB.

2) Donner la durée du parcours AB

3) Ecrire l'équation horaire de l'abscisse de M en prenant comme origine des abscisses le point A et comme origine des temps l'instant où M est en B

4) Le véhicule aborde le tronçon circulaire d'un mouvement d'accélération angulaire α= 0,1 rads^{-2}

5) Donner la vitesse angulaire ω_0 en B ; l'équation horaire ω(t) et θ(t) ; l'instant où le mobile est en B ; la vitesse ω angulaire et linéaire du mobile en C

Corrigé 2

1) MRUA a_1=cte donc $v_1(B_j)$= $a_1 t$ et x_1=1/2 $a_1 t^2$

AB= ½ . $a_1 t_1^2$ a_1= v_1^2/2AB =100/20= 5ms^{-2}

2) t_1= $v_{1(B)}$ / a_1 = 2s

3) A t=0 , x_1(t=0)=AB =10 m et v_1(t=0) = v_1(B)=10 ms^{-1}

on aura v_1=$a_1 t$ +v_1(B)

v_1=$a_1(t+t_1)$ = 5(t+2)

x_1= 2,5t^2 +10t +10

mvt circulaire en B ω_B= v_1(B)/ OB = 1 rads^{-1}

A t=0 ; $\theta(0)$=0 ; $\dot{\theta}$= ω_B ; $\ddot{\theta}$=ω= $\ddot{\theta}t$ + ω_B = 0,1 t+1

θ(C) = 30°= π/6 =0,5 t^2 +t

t^2 +20 t-20π/6

t=0,51 s

En C ; ω_C= 0,1t = 1,051 rads^{-1}

Vc=ω_c OC =10,51 ms^{-1}

Exercice 3 : Une moto roule à 135 kmh^{-1} le diamètre de la roue est d= 750 mm

1) la vitesse du centre de masse G est de 37,5 ms^{-1}

2) En 30 s, le centre de masse de la moto a parcouru 1500 m

3) La vitesse angulaire de rotation de la roue est de 125 rads^{-1}

4) La trajectoire de la valve dans un référentiel terrestre est un cercle.

Combien y a- t'il de réponses exactes ?

Corrigé 3

UNE

1) Vrai

2) faux

3) faux

4) faux

Exercice 4 :

Supposons qu'une roue ait une vitesse angulaire initiale de ω_0=10 rads^{-1}. L'accélération angulaire initiale de ω_0 vaut 2,5 rads^{-2} et elle est dirigée dans le sens opposé à ω_0. a) combien de temps faut-il à la roue pour s'arrêter ? b) Quel est l'angle parcouru par la roue pendant cet intervalle de temps ?

Corrigé 4

Elle s'arrête donc vaut 0; 0=10+2,5 Δt

Δt= 4s

$\Delta\theta$= ½(10+0).4= 20rad

Exercice 5 :

Une voiture en accélération uniforme part du repos et atteint la vitesse de 20ms^{-1} en 15 secondes. Les roues ont un rayon de 0,3 m.

a)   Que vaut la vitesse angulaire finale des roues ?

b)   Que vaut l'accélération angulaire des roues ?

c)   Que vaut le déplacement angulaire pendant l'intervalle de temps de 15 secondes ?

Exercice 6 : La lame tourne à 387 rad s^{-1} Si la décélération est constante évaluez le nombre de tours effectués avant l'arrêt

Corrigé 6

$\Delta\theta$= ½($\omega_{0+}\omega$) . t = ½ . (387+0) .3 = 581 rad

$\Delta\theta$=1/2 ($\omega+\omega_0$) Δt

Exercices cinématique -Application des lois -Mouvements rectilignes

Ex 1) Le vecteur position d'un point mobile animé d'un mouvement rectiligne est

x(t)=-5t^2 +30 t +10

Quelle est la nature du mouvement ?

Quelle est la valeur de la vitesse et de l'abscisse de M à l'instant initial ?

Quelle est la valeur de l'accélération ?

Exprimer la vitesse v en fonction du temps. A quelle date le mouvement de M change-t-il de sens ?

Corrigé 1

C'est MRUV

V(t)= -10 t+30= 30ms^{-1}

a= -10 ms^{-2}

A t=3 s, le mvt de M change de sens.

Question 1

Donnez l'équation d'un mouvement d'un dragster qui parcourt 400 m en 10 s et la vitesse, sans vitesse initiale.

Question 2

Une mercédès passe de 0 à 100 km/h en 10 secondes. Donnez l'équation du mouvement et la distance pour la phase d'accélération.

Question 3

1) Un point mobile M se déplace dans un plan. On le repère par ses coordonnées x et y dans un repère
orthonormé (O,i,j). Les équations horaires de son mouvement sont :
$x = 3t + 1$; $y = 4t - 1$ (x et y en cm, t en s)
a) Etablir l'équation $y = f(x)$ de sa trajectoire. Quelle est sa nature ?
b) Déterminer la distance parcourue par M entre les dates t= 0s et t = 1s.
c) Déterminer la distance parcourue par M entre les dates t et t + 1 s. Conclure.

Question 4

Un cycliste grimpe un col de longueur d (en km) à la vitesse moyenne v = 18 km/h, puis, sans s'arrêter, redescend le même col à la vitesse moyenne v' = 42 km/h.
a) Calculez la vitesse moyenne du cycliste pour cet aller-retour.
b) Sachant que le temps total du parcours est de 1h40 min, calculez la longueur d du col et le temps mis pour effectuer l'ascension, respectivement la descente.

Question 5

On lance successivement deux balles de tennis avec une vitesse de V_0=10m/s verticalement vers le haut. L'écart de lancement de la première et de la deuxième balle est de 1s. Quand et où vont se rencontrer les deux balles ?

Question 6

Une voiture qui roule à 50 km/h avant de freiner avec une décélération a = -3 m/s^2
Déterminer la distance de freinage.
b) la même voiture roule à 70 km/h avant de freiner sous les mêmes conditions. Quelle serait la vitesse après la distance de freinage obtenue sous a).

Question 7

Une automobile démarre lorsque le feu passe au vert avec une accélération a=2,5m/s^2 pendant une durée Δt=7,0s; ensuite le conducteur maintient sa vitesse constante.
Lorsque le feu passe au vert, un camion roulant à la vitesse v=45km/h est situé à une distance d=20m devant le feu. Il maintient sa vitesse constante.
Origines: t=0 lorsque le feu passe au vert; x=0 position du feu tricolore.
a) Etablir et représenter les équations de mouvements de chaque véhicule.
b) Déterminer les dates des dépassements.
c) Indiquer l'abscisse et la vitesse de la voiture pour chaque dépassement.

Question 8

Un voyageur arrive sur le quai de la gare à l'instant où son train démarre. Le voyageur, qui se trouve à une distance d=25m de la portière, court à la vitesse v1=24km/h. Le train est animé d'un mouvement rectiligne d'accélération constante a=1,2m/s².

a) Ecrire et représenter les équations de mouvement.

b) Le voyageur pourra-t-il rattraper le train?

c) Dans le cas contraire, à quelle distance minimale de la portière parviendra-t-il?

Question 9 Le diagramme temporel de la vitesse d'un point décrivant une trajectoire rectiligne (suivant Ox) est donné ci-dessous :

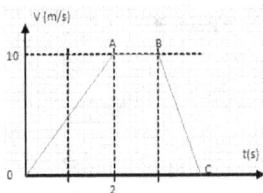

Déterminer l'accélération a_{OA} de l'étape OA et l'accélération a_{BC} de l'étape BC.

a. a_{OA}= 5 ms⁻² B) a_{OA}= 7,5 ms⁻² C) a_{BC}= 5 ms⁻² D) a_{BC}= -10 ms⁻² a_{BC}= -7,5 ms⁻²

Question 10 Un mobile décrit une trajectoire rectiligne, on a représenté les variations de la vitesse v en fonction du temps. Décrire qualitativement le mouvement du mobile. Pour chaque phase du mouvement déterminer la valeur de l'accélération, les expressions de v(t) et x(t) en prenant pour origine des espaces le point de départ. La distance parcourue.

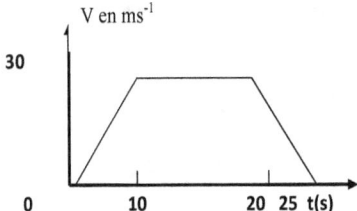

Correction Q1
MRUV (mouvement rectiligne uniformément varié)

$x = 1/2\ a\ t^2 + V_0 t + x_0$
$400 = \frac{1}{2}\ a\ 10^2 + V_0 t + 0;\ \ V_0 = 0$
$a = 8\ m/s^2$
$v = a\ t + V_0$
$v = 80\ m/s = 288\ km/h$

Correction Q2
MRUV (mouvement rectiligne uniformément varié)

CI	CF
T=0	T=10 s
X=0	X= ?
$V_0 = 0$ m/s	V=27,8 m/s

$V = at + V_0$
$a = 2,78\ m/s^2$
$x = 1/2\ a\ t^2 + V_0 t + x_0$
$x = 139\ m$

Correction Q3
a) $y = 4/3\ x - 7/3$; mouvement rectiligne
M(1 ;-1) M'(4 ;3) MM'=5 cm= $\left(\sqrt{(4-1)^2 + (3+1)^2}\right.$

Correction Q4
$Vmoy = \dfrac{2\ d}{d(\frac{1}{V2} + \frac{1}{V1})} = 7\ ms^{-1}$

Correction Q5
Equation horaire du MRUA avec $a = -g = -10 m/s^2$
1ère balle: $y_1 = -1/2 \cdot g \cdot t^2 + v_0 \cdot t$ (1)
2ème balle: $y_2 = -1/2 \cdot g \cdot (t-1)^2 + v_0 \cdot (t-1)$; pour t=1s

Rencontre: $y_1 = y_2$

$-1/2 \cdot g \cdot t^2 + v_0 \cdot t = -1/2 \cdot g \cdot (t^2 - 2t + 1) + v_0 \cdot t - v_0$
On résout :
$g \cdot t - 1/2 \cdot g - v_0 = 0$

Quand?: $t_R = (1/2 \cdot g + v_0)/g = 1,5s$ on substitue dans (1) le temps et on trouve

Où? $y_R = -1/2 \cdot g \cdot t^2 + v_0 \cdot t = 3,75 m$

Correction Q6   a) $v_0 = 50 km/h = 13,9 m/s$ $a = -3 m/s^2$

$t = -V_0/a$

durée du freinage: $t = 4,63s$

$x = 1/2\, a_0\, t^2 + V_0\, t$

distance $x = -3/2\, t^2 + V_0\, t = 32\ m$

b) $v_0 = 70km/h = 19,44m/s$ $\qquad a = -3m/s^2$

vitesse après freinage sur une distance d on a un mouvement rectiligne uniformément varié

$$\boxed{v^2 - v_0^2 = 2a_0(x - x_0)}$$

$2a \cdot d = v^2 - v_0^2$

$\Leftrightarrow v = \sqrt{2ad + v_0^2} = 13,6m/s = 49km/h$

Une voiture qui roule à 50km/h avant de freiner devant un obstacle à 32 m pourra s'arrêter. La même voiture roulant à $v_0 = 70km/h$ entre en collision avec 50km/h!!

Correction Q7

Equations de mouvement de l'automobile :

-phase 1: $0 < t < 7$ $\qquad x_A = \frac{1}{2} \cdot a \cdot t^2$

$\qquad v_A = a \cdot t$ avec $a = 2,5m/s^2$

-fin phase 1 à $t = 7s$: $x_A = 61,25m$ $= x1$ $\qquad v_A = 17,5m/s = v_1$

-phase 2: $t > 7$ s $\quad x_A = V_1 \cdot (t-7) + x1$ $\quad v_A = v_1$

Equations de mouvement du camion :

pour t quelconque $x_C = V_C \cdot t - d$ $\qquad v_C = 12,5m/s$ avec $d = 20m$

Rencontres:

phase 1: $0 < t < 7$ $\frac{1}{2} \cdot a \cdot t^2 = V_C \cdot t - d$

$\frac{1}{2} \cdot a \cdot t^2 - V_C \cdot t + d = 0$

$1,25 \cdot t^2 - 12,5 \cdot t + 20 = 0$ $\qquad$ donc $\quad t = 8,25s$

phase 2: $t > 7$ $x_A = x_C$ $\frac{1}{2} \cdot a \cdot t^2$

$V_1 \cdot (t-7) + x_1 = V_C \cdot t - d$

$V_1 \cdot t - V_C \cdot t = V_1 \cdot 7 - x_1 - d$

2 solutions: $t = 2s$ et $t = 8s$ (à exclure)

b) $X_1(t)= 5$ et $v(t)$ $5ms^{-1}$
$V=7,5$ ms^{-1} et $x=83$ m

Correction Q 8
Mouvement Rectiligne Uniforme voyageur: $x_1=v_1 \cdot t$ = $6,67 \cdot t$; $v_1=6,67$ m/s
 MR Uniformément Accéléré train: $x_2=\frac{1}{2} \cdot a \cdot t^2+d$ = $0,6 \cdot t^2+25$; $v_2=a \cdot t$

a) Possibilité de rencontre
$x_1=x_2 \Leftrightarrow 0,6 \cdot t^2 - 6,67 \cdot t +25 =0$ n'a pas de solution

b) Distance minimale
Le voyageur se rapproche jusqu'au moment t où $v_1=v_2 \Leftrightarrow t= 5,55s$
L'écart vaut alors: $\Delta x = x_2-x_1 = \frac{1}{2} \cdot a \cdot t^2 + d - v_1 \cdot t = 6,46m$

2-Dynamique : Première loi de Newton ou principe d'inertie

2-1 Enoncés

« Tout corps persévère dans l'état de repos ou de mouvement uniforme en ligne droite dans lequel il se trouve, à moins que quelque force n'agisse sur lui, et ne le contraigne à changer d'état. »

Dans la formulation moderne de la loi, on parle de mouvement rectiligne uniforme, et on remplace la notion de force (unique) par celle, plus générale, de résultante des forces appliquées sur le corps. Autrement dit, s'il n'y a pas de force qui s'exerce sur un corps (corps isolé), ou si la somme des forces (ou force résultante) s'exerçant sur lui est égale au vecteur nul (corps pseudo-isolé), la direction et la norme de sa vitesse ne changent pas ou, ce qui revient au même, son accélération est nulle.

<u>Deuxième loi de Newton</u> : L'altération du mouvement est proportionnelle à la force qui lui est imprimée ; et cette altération se fait en ligne droite dans la direction de la force.

Dans sa version moderne, on la nomme principe fondamental de la dynamique en translation (PFDT), parfois appelée relation fondamentale de la dynamique ou (RFD), et s'énonce ainsi :

<u>Dans un référentiel galiléen,</u> la variation de la <u>quantité de mouvement</u> est égale à la somme des forces extérieures qui s'exercent sur le solide :

$$\frac{d\vec{p}}{dt} = \sum \vec{F_i}$$

Cette expression se simplifie dans le cas où la masse est constante :
Soit un corps de masse *m* (constante) : l'<u>accélération</u> subie par ce corps dans un référentiel galiléen est proportionnelle à la résultante des forces qu'il subit, et inversement proportionnelle à sa masse *m*.
Ceci est souvent récapitulé dans l'équation :

$\vec{a} = \frac{1}{m}\sum \vec{F}_i$; $\sum \vec{F}_i$ = $m\vec{a}$; $\vec{F}_i$ désigne les forces extérieures exercées sur l'objet, m est sa masse, et $\vec{a}$ correspond à l'<u>accélération</u> de son <u>centre d'inertie</u> G.

2-2 Dynamique et mouvement sur support rectiligne

Equations différentielles du mouvement.

 Deux équations différentielles peuvent être établies selon l'expression des forces de frottement $\vec{f}$ = -k$\vec{v}$ (cas d'une vitesse faible du mobile) ou $\vec{f}$ = -k $\vec{v}$ ^{2}(cas d'une vitesse élevée du mobile).

Etablissement de l'équation différentielle pour l'hypothèse (1) $\vec{f}$ = -k$\vec{v}$

- Système de masse m
- Référentiel : terrestre supposé galiléen
- Bilan des forces extérieures appliquées au système :
o Poids : $\vec{P}$ = m$\vec{g}$
o Poussée d'Archimède : $\vec{\pi}$ = -ρ V $\vec{g}$
o Force de frottement fluide : $\vec{f}$= -k$\vec{v}$

 ### Application de le deuxième loi de Newton :

$$\sum \overrightarrow{F_{ext}} = \text{m } \overrightarrow{a_G}$$

$$\sum \overrightarrow{F_{ext}} = \vec{P} + \vec{\pi} + \vec{f} = \text{m } \overrightarrow{a_G}$$

 <u>- Par projection sur l'axe z'z axe orienté vers le bas</u>

P-π-f=ma$_G$

mg-ρ.V.g- k.v=m.a$_G$; avec V, volume et v, vitesse

$$a_G = g - \frac{\rho V g}{m} - \frac{kv}{m}$$

-<u>Expression de l'équation différentielle en fonction de v et de</u> : $\frac{dv}{dt}$

$$\frac{dv}{dt} = g - \frac{\rho V g}{m} - \frac{kv}{m}$$

$$\boxed{\frac{dv}{dt} = g\left(1 - \frac{\rho V}{m} \right) - \frac{kv}{m}}$$

-<u>Etablissement de l'équation différentielle pour l'hypothèse (2)</u> $\vec{f}$ = -k $\vec{v}$ ^{2}

Par le même raisonnement on obtient :

$$a_G = g - \frac{\rho V g}{m} - \frac{k' v^2}{m}$$

Expression de l'équation différentielle en fonction de v et de $\frac{dv}{dt}$:

$$\frac{dv}{dt} = g - \frac{\rho V g}{m} - \frac{k' v^2}{m}$$

$$\frac{dv}{dt} = g\left(1 - \frac{\rho V}{m}\right) - \frac{k' v^2}{m}$$

2-3 Chute verticale libre.

<u>Définition d'une chute libre :</u> Un solide est en chute libre si la seule force qui s'exerce sur lui est la force de pesanteur (poids).

<u>Nature du mouvement :</u> Le mouvement est uniformément accéléré.

<u>Equation différentielle du mouvement :</u>

- Système : une bille de masse m
- Référentiel : terrestre supposé galiléen
- Bilan des forces : poids $\vec{P} = m\vec{g}$

$$\sum \vec{F_{ext}} = m \, \vec{a_G}$$

$$\sum \vec{F_{ext}} = \vec{P}$$

$$\vec{a_G} = \vec{g}$$

Le vecteur accélération est indépendant de la masse du solide.

Résolution analytique de l'équation différentielle.

On veut déterminer l'expression de $v_z (t)$ et de $z(t)$

On a $\vec{a} = \vec{g}$

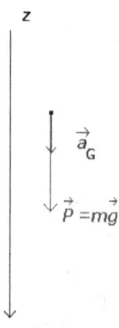

- Par projection sur l'axe (zz') : $a_z = g$ (même sens)

- Conditions initiales :

à $t = 0$ $v_{z0} = 0$ et $z_0 = 0$

- Expression de $v_z (t)$

$v_z (t)$ est une fonction primitive de g, alors :

$v_z (t) = gt +$ constante

$v_z(t) = gt + vz_0$

à $t = 0$ $v_{z0} = 0$, alors :

$v_z(t) = gt$ (équation horaire du mouvement)

Le mouvement est uniformément accéléré.

- Expression de z(t) : (équation horaire du mouvement)

$z(t)$ est une fonction primitive de $v_z(t)$, alors : $z(t) = \frac{1}{2}gt^2 + z_0$

à $t = 0$ $z_0 = 0$, alors :

$z(t) = \frac{1}{2}gt^2$

Cette expression permet de déterminer la position du solide à chaque instant.

2-4 Chute libre avec une vitesse initiale

Vo est un vecteur constant et qu'à un instant choisi comme origine t=0 le vecteur vitesse $\vec{v}_0$ est connu.

Pour simplifier l'étude, on peut définir le repère à partir des données du problème.

L'origine du repère : position du point à t=0

L'axe z suivant le vecteur accélération, soit $\vec{a} = a_0 \vec{u_z}$

L'axe x perpendiculaire à l'axe z et dans le plan contenant $\vec{a}$ et $\vec{v}_0$.

Pour t=0 on a

L'axe y est défini de sorte que $(\vec{u_x}, \vec{u_y}, \vec{u_z})$ forment une base orthonormée directe.

On obtient par intégrations successives :

$$\vec{a} \begin{vmatrix} \ddot{x} & 0 \\ \ddot{y} & 0 \\ \ddot{z} & 0 \end{vmatrix} \quad \vec{v} \begin{vmatrix} \dot{x} & v_{0x} \\ \dot{y} & v_{0y} \\ \dot{z} & a_{0t} + v_{0z} \end{vmatrix} \quad \text{avec } v_{0y} = 0$$

$X = v_{0x}t + x_0 = v_{0x}t$ $\quad$ v_{0x} étant la composante de v_0 suivant x

$Y = y_0 = 0$ $\quad$ y_0 étant la composante de la position suivant y

$$\boxed{Z = \frac{1}{2}a_0 t^2 + v_{0z}t + z_0 = \frac{1}{2}a_0 t^2 + v_{0z}t}$$

Dans le cas où V_{0x} différent de zéro, on retrouve le mouvement rectiligne uniformément varié suivant l'axe des z.

Pour $V_{0x} = 0$ le mouvement est un mouvement plan, dans le plan défini par le vecteur accélération et le vecteur vitesse à l'instant t=0 .

Le mouvement projeté suivant l'axe des x est un mouvement uniforme de vitesse V_{0x} .

Le mouvement projeté suivant l'axe des z est uniformément varié, d'accélération constante a_0.

<u>Equation de la trajectoire</u>

$t = \dfrac{x}{v_{0x}}$

$z = \dfrac{1}{2} a_0 \dfrac{x^2}{v_{0x}^2} + v_{0z} \times \dfrac{x}{v_{0x}}$

Si α est l'angle que fait le vecteur vitesse $\vec{v}_0$ avec l'axe des x et v_0 la norme de ce vecteur vitesse, on peut écrire :

$V_{0x} = v_0 \cos \alpha$

$V_{0z} = v_0 \sin \alpha$

$\dfrac{v_{0z}}{v_{0x}} = \dfrac{v_0 \sin \alpha}{v_0 \cos \alpha} = \tan \alpha$

$$z = \frac{1}{2} \frac{a_0}{v_0^2} \frac{1}{\cos \alpha^2} x^2 + x \tan \alpha$$

La trajectoire est une portion de parabole.

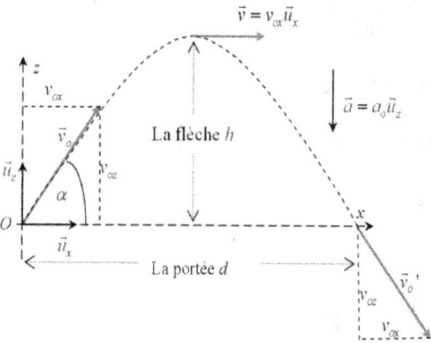

Chute parabolique. L'accélération $\vec{a}$ correspond ici à l'accélération de la pesanteur $\vec{g}$.

Le schéma de la figure ci-dessus représente la trajectoire d'un projectile pour lequel le vecteur accélération vaut : $\vec{a} = \vec{g} = -g\,\vec{k}$ avec $a_0 = -g$ où g est l'accélération de la pesanteur.

La flèche h correspond à l'altitude maximale que peut atteindre le point mobile. La portée d correspond à la distance maximale que peut atteindre le point lorsqu'il revient à l'ordonnée z=0.

<u>Calcul de la portée</u>

z=0 => x =0

La portée est maximale pour $2\alpha = \pi/2$, soit pour un angle de tir correspondant à $\alpha = \pi/4$.

$X=d= V_0^2/g \quad x\, 2\sin\alpha\cos\alpha = (V_0^2/g) \; x\, \sin 2\alpha$

Calcul de la flèche

Elle peut être obtenue de différentes façons. On peut rechercher, par exemple, l'ordonnée correspondant à l'abscisse x= d /2 . On obtient alors :

$$h= \frac{1}{2}\frac{-g}{v_0^2}\frac{1}{\cos^2\alpha}\left(\frac{v_0^2\,\sin\alpha\cos\alpha}{g}\right)^2 + \left(\frac{v_0^2}{g}\sin\alpha\,\cos\alpha\right)\tan\alpha$$

$h= (V_0^2/2g) \; x\, \sin^2\alpha$

Exercice méthode : dynamique -Application des lois -Mouvements rectilignes

Plan incliné.

On a construit un plan incliné pour permettre à une personne handicapée de franchir avec son fauteuil roulant électrique la dénivellation menant à son appartement.

Caractéristiques du plan incliné : L=2m parcourus on s'élève de 20cm

Masse du fauteuil + personne =M =160 kg

$g=10\ ms^{-2}$

1-Faire le bilan des forces agissant sur le système lorsque le fauteuil monte sur le plan incliné, les forces de frottement étant négligeables.

2-Le fauteuil avançant à vitesse constante sur le plan incliné, calculer à l'aide de la loi de Newton, la force exercée par le moteur.

3-Quelle est sa puissance si la vitesse est de $4ms^{-1}$.

4-Si le fauteuil et son passager arrivent en roue libre, avec quelle vitesse minimale doit-il arriver en bas de la pente pour franchir, dans le sens de la montée les 2m ?

Correction M1

1-Les forces sont : le poids $\vec{P}$

La force du support $\vec{R}$ et la force motrice $\overrightarrow{Fm}$

$\vec{P} + \vec{R} + \overrightarrow{Fm} = m\,\vec{a}$ (2ème loi de Newton)

En projetant sur l'axe x'x cette relation on obtient :

$-m\,g\sin\alpha+F_m=0$

2-$F_m= mgh/L$

F=160 N

3-P=F.v=640 W

4- Le théorème de l'Energie Cinétique donne

$\frac{1}{2}mv_B^2 - \frac{1}{2}mv_A^2 = W_{AB}(\vec{P}) + W_{AB}(\vec{R})$

$W_{AB}(\vec{P}) = -mgh$

$v_B=0$

$v_A=\sqrt{2gh}$

$v_A=2ms^{-1}$

Exercice de méthode: chute dans un fluide

Les micro-gouttelettes d'eau d'un nuage tombent dans l'atmosphère avec une vitesse $\vec{v}$
Faire un bilan des forces agissant sur la gouttelette lors de sa chute supposée verticale et les représenter sur un schéma.

La force de frottement due à l'air a pour expression $\vec{f}$ = -6π r η $\vec{v}$, r rayon des gouttelettes, v vitesse en ms^{-1}
η est le coefficient de viscosité de l'air

Vérifier que la poussée d'Archimède peut être négligée.
Etablir l'équation différentielle du mouvement de la gouttelette dans ce cas. En déduire l'expression de la vitesse limite de la gouttelette dans ce cas. En déduire l'expression de la vitesse limite de la gouttelette en fonction ρ_{eau}, r, g, η. Calculez la vitesse limite. Comparer cette vitesse limite et celle d'une goutte de pluie dont le rayon est r'=200 r

Correction M2
$$\vec{P} = m\vec{g} = \rho_{eau}\, V\vec{g}$$

$$\vec{\pi a} = \rho_{air}\, V\vec{g}$$

Forces de frottement : $\vec{f}$ = -6π r η $\vec{v}$

$\rho\alpha/\rho = 1,3/1000 = 1,3\ 10^{-3}$
$\vec{\pi a}$ peut être négligée par rapport à P

On applique le théorème du centre d'inertie à la gouttelette
$$\vec{f} + \vec{P} = m\,\vec{a}$$

On projette cette relation sur un axe x'x :

$mg - 6π\, r\, η\, v = m\,\dot{v}$
$\dot{v} + 9\, η.v/(2\rho_{eau}.\, r^2) = g$

$\dot{v} + 6π\, r\, \rho_{eau}\, η\, v/\, m_{eau} = g$
    η en Pa.s

La vitesse limite v_L est atteinte quand $\dot{v} = 0$ la goutte a atteint un mouvement rectiligne uniforme
$9\, η.v/(2\rho_{eau}.\, r^2) = g$

$v_l = 2\, \rho_{eau}\, r^2\, g/(9\, η)$
avec r=10^{-6} m

v_l = 2.1000.10^{-6} .10/9.2 = 0,11 10^{-3} m s^{-1}

$v_{l'} = (200)^2\, v_l = 40000\, v_l$

Exercice méthode de résolutions de problèmes, trajectoires.

On considère une piste ABC constituée d'une partie rectiligne AB horizontale de longueur d, suivie d'une partie BC sous forme d'un arc de parabole d'équation $y = ax^2$, l'extrémité C est telle que $x_C = +d$. On lance un bloc de masse m, que l'on assimilera à un point matériel, à partir du point A avec un vecteur vitesse horizontal orienté suivant le sens positif.

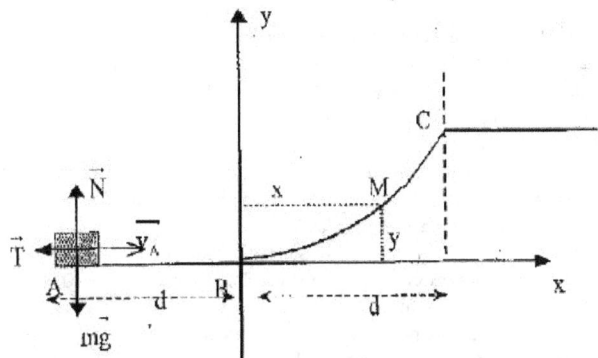

T : force de frottement solide ; N : réaction normale de la piste. Lorsque le bloc glisse sur la piste $T = f\,N$ où f est le coefficient de frottement solide caractérisant la liaison bloc-piste. On donne m = 100 g ; f = 0,1 ; a = 0,05 m^{-1} et g = 10 m s^{-2}.

Exprimer T en fonction de f, m et g.

Sur la partie horizontale AB : $N = mg$; $T = f\,N = f\,m\,g$.

Quelle est l'expression de la vitesse minimale v_{min} à donner au bloc pour qu'il s'arrête tout juste en B ?

Correction M3

Théorème de l'énergie cinétique entre A et B ; seul T travaille $W_T = -T\,d = -f\,m\,g\,d$. $0 - \frac{1}{2}m\,v^2_{min} = -f\,m\,g\,d$; $v_{min} = (2f\,g\,d)^{\frac{1}{2}}$.

On lance le bloc à partir de A avec une vitesse initiale $v_0 > v_{min}$ et on néglige les frottements sur la partie BC de la piste.

Exprimer v_M, la vitesse du bloc au point M.

Th de l'énergie cinétique entre A et M ; $W_T = -T\,d = -f\,m\,g\,d$.

Travail du poids entre B et M : $-m\,g\,y$. L'action normale du plan, perpendiculaire à la vitesse, ne travaille pas.

$\frac{1}{2}m\,v^2_M - \frac{1}{2}m\,v^2_0 = -f\,m\,g\,d - m\,g\,y$; $v^2_M = v^2_0 - 2g(f\,d + y)$; $v_M = (v^2_0 - 2g(f\,d + y))^{\frac{1}{2}}$.

Pour quelle valeur de d_0 de d le bloc arrivera-t-il en C avec une vitesse nulle ? On donne $v^2_0 = 3$ SI.

$v^2_C = 0 = v^2_0 - g(f d_0 + a d_0^2)$; $-3 + 2d_0 + d_0^2 = 0$.

$\Delta = 4 + 4*3 = 16$; $\Delta^{\frac{1}{2}} = 4$; $d_0 = (-2 + 4) / 2 = 1,0$ m.

Exercice de méthode : problème de projectiles

Un jouet pour enfant est constitué d'une bille lancée avec une vitesse initiale de v_0 à l'aide d'un ressort actionné sur un rail (OA) rectiligne, de longueur l=20 cm. Ce rail est disposé dans un plan vertical rapporté au repère (O,x,z). L'axe Ox est horizontal et l'axe Oy est dirigé vers le haut. Le rail fait un angle α avec le sol (Ox). La bille, notée B, se trouve à l'instant initial t_0 du lancement au point O(0,0), origine du repère. Elle se déplace alors sur le rail et atteint l'extrémité supérieure du rail A à la date t_A avec une vitesse v_A de valeur $v_1 = 1$ ms^{-1} lorsque l'angle α prend la valeur de 50°. Elle tombe ensuite en chute libre.

1-Faire le bilan des forces auxquelles est soumise la bille.

2-Calculer la valeur de la vitesse V_0 de la bille lors de son lancement.

3-Déterminer les équations horaires de la bille en chute libre dans le repère (O,x,z) en prenant l'instant t_A pour origine des dates.

4-Quelle hauteur maximale H atteinte par la bille dans le repère (O,x,z)

5-A quelle distance D du point O, la bille retombe-t-elle au sol ?

Correction :

1-   La bille est soumise à son poids et à la résistance du sol, on néglige les frottements.

2-On applique le théorème de l'Energie cinétique entre l'instant t_0 et l'instant t_A.

$\Delta Ec = \sum \vec{F}_{ext}$

$\frac{1}{2} m v_A^2 - \frac{1}{2} m v_0^2 = W(\vec{P})$ (la force de résistance ne travaille pas)

$W(\vec{P}) = mgl \cos(\alpha + \pi/2)$

D'où $v_0 = 2,01$ m/s

3-Les équations horaires sont : (en prenant A comme nouvelle origine)

$x = v_0 \cos\alpha\ t$

$z = -1/2\ g\ t^2 + v_0 \sin\alpha\ t$

5-C'est la portée : $d = V_0^2 \sin 2\alpha / g = 0,39$ m

4- Flèche : $h = V_0^2 \sin^2\alpha / g = 0,117$ m

Question 1

Une voiture atteint une vitesse de 20 ms^{-1} avec une accélération de 2 ms^{-1} quelle sera la distance parcourue durant l'accélération si la voiture est initialement au repos ? Animée d'une vitesse de 10 ms^{-1}

C Q1

$V^2 - V_0^2 = 2a\ x$

$X = 100$ m

Question 2

Une balle est lâchée d'une fenêtre située 84 m au-dessus du sol. a) Quand la balle touchera-t-elle le sol ? b) Quelle sera sa vitesse au moment de l'impact ?

CQ2

$X = 1/2 gt^2$

$84 = \frac{1}{2} gt^2$

t= 4,1 s ; v= 10. 4,1= 41m/ s

Question 3

Une balle est lancée vers le haut avec une vitesse initiale de 9,6 m s^{-1} à partir d'une fenêtre située à 58,8 m au dessus du sol. a) Quelle hauteur atteindra-t-elle ? b) Quand atteindra-t-elle cette hauteur maximum ?

Correction CQ4 :

$V = -gt + 9,6 = 0$

$T_{sommet} = 0,96$ s

$X = -1/2 t^2 + v_0 t + X_0 =$

$X_{sommet} = 67$ m

QCM de dynamique

QCM 1

Un skieur de masse totale de M=80 kg tiré par une perche d'un remonte pente, gravit à la vitesse constante une pente de 30°. La perche est inclinée d'un angle de α=40° par rapport à la piste. L'ensemble des forces de frottements (sur la neige et sur l'air) est équivalent à une force parallèle à la pente, de sens inverse à la vitesse, d'une valeur f=200 N. La force de traction de la perche a alors une intensité de :

A.   261 N

B.   783,2 N

C.   618 N

D.   700 N

E.   1400 N

QCM 2

Un patineur à glace, de masse 55 kg, aux patins parfaitement affûtés, se déplace sur une patinoire à glace parfaitement lisse. Les frottements, y compris sur l'air, sont totalement négligeables. La force de propulsion pendant que le patineur se déplace en ligne droite, à vitesse constante a pour intensité :

A.   5, 5 N

B.   0,55 N

C.   0 N

D.   550 N

E.   65 N

F.

QCM 3

Un joueur de curling pousse un palet de masse 20 kg sur la glace d'une patinoire. La surface en glace est horizontale, les frottements sont négligeables. Le palet est poussé pendant 3 seconde, avec un vecteur force constant, suivant une trajectoire rectiligne, sa vitesse passe de zéro à 10,8 km/h. Donnée g=10N/kg

La valeur de la force constante exercée par le joueur sur le palet est égale à :

A. 36 N
B. 480 N
C. 248 N
D. 20N
E. 40 N

QCM 4
Y a-t-il modification d'énergie cinétique quand le vecteur force résultante :
A.   Est constant et parallèle au vecteur vitesse ?
B.   Est de norme croissante et parallèle au vecteur vitesse ?
C.   Est constant et perpendiculaire au vecteur vitesse ?
D.   Est de norme croissante et perpendiculaire au vecteur vitesse ?
E.   Est constant avec une direction de 45° de celle du vecteur vitesse ?

QCM5
L'énergie mécanique d'un système dans un champ de pesanteur :
A.   Dépend des vitesses des points matériels qui le composent.
B.   Varie en présence de frottements solides.
C.   Dépend de la vitesse de son centre de masse.
D.   Dépend de la position de son centre de masse.µ
E.   Se conserve en l'absence de frottement.
F.

CORRECTIONS

QCM1
$\vec{P} + \vec{R} + \overline{Fm} + \vec{F}_f = m\vec{a}$
Or vitesse cte donc somme des force égale vecteur nul.
En projetant sur un axe x'x colinéaire à la pente on a :
$F_m \cos 40° - 200 - mg\sin 30° = 0$
T=618N

QCM2
$\vec{P} + \vec{R} + \overline{Fm} = m\vec{a}$
Or vitesse constante donc somme des forces égale vecteur nul.
En projetant sur un axe x'x colinéaire à la surface on obtient :
0+0+F=0
Donc réponse C.

QCM3
$\sum \vec{F} = m\vec{a}$
En projetant sur un axe x'x on obtient
$T = ma_x$
$a_x = 1ms^{-2}$
et donc T=20 N

QCM4
A.   Vrai $\Delta Ec = \Delta W = F.AB = ct$
B.   Vrai
C.   Faux

D.   Faux F.AB=0
E.   Vrai
 QCM5
A Faux
B Vrai (frottement énergie diminue)
C Vrai vg = vitesse du centre
D Faux
E Vrai énergie conservée

QCM PROJECTILES

QCM 1
Un joueur de tennis situé à 1 m du filet, tape la balle juste au niveau du sol et lui imprime une vitesse de $V_0=12m/s$ faisant un angle $\theta=60°$ avec l'horizontale. Les frottements sont négligeables.
La hauteur maximale atteinte par la balle est égale à :
   A.   3,5 m
   B.   14,5 m
   C.   5,5 m
   D.   16,5 m
La balle aura parcouru une distance horizontale de :
   A.   1,04m
   B.   10,4m
   C.   12,7m
   D.   20,5 m

QCM 2
A l'instant t=0, on lance un projectile ponctuel à partir d'un point O situé au niveau du sol, avec une vitesse V_0, faisant un angle $\alpha= 30°$ avec l'horizontale. On néglige l'action de l'air sur le projectile. Le projectile atteint le sol au point P, à l'instant t=1,45 s.
Données g=10N/kg

Calculer la valeur V_0 en m/s de la vitesse initiale.
   A.   8,3m/s
   B.   22m/s
   C.   14,5m/s
   D.   170m/s
   E.   88,5 m/s

QCM3
Un solide est lâché d'une hauteur h et sa chute dure 4 s
h vaut :
A.20 m
B.100 m
C. 78m
D. 122 m
Pour que sa chute dure 3 s, la vitesse initiale devrait être :

A. 11m/s
B. 3 m/s
C. 100m/s
D. 14m/s

QCM 4

Un solide tombe d'une hauteur h=10 m avec une vitesse initiale nulle.
On détermine sa vitesse V_1 en fin de chute et on trouve :

a)
A. 2m/s
B. 7 m/s
C. 10 m/s
D. 14 m/s

b)
La durée de la chute vaut :
A. 0.8 s
B. 1,43 s
C. 4,40 s
D. 5,36 s

QCM 5

On lance en t=0 un objet verticalement vers le haut. Il atteint une altitude h=5m

a) La vitesse initiale de l'objet est :

A. V_0=4,50 m/s
B. V_0=0 m/s
C. V_0=36,50 m/s
D. V_0=9,90 m/s

b) il atteint l'altitude h à l'instant :

A. T=1,01 s
B. T=3,2 s
C. T=4,13 s
D. T=8,11 s

c) il atteint l'altitude h/2 pour la première fois à l'instant :

- A. T=0,3 s
- B. T=2,02 s
- C. T=5,1 s
- D. T=4,72s

QCM6

Une boule de rayon r=5 cm et de masse m=800 g est lâchée dans l'eau sans vitesse initiale. On prend la masse volumique de l'eau ρ=1000 kg/m^3. Soit k un vecteur unitaire descendant. La vitesse limite est V_{LM}= 2m/s et h= constante des forces de frottement.

- A. h=1,4 kg/s
- B. h=2,8 kg/s
- C. h=5,6 kg/s
- D. h=18,2 kg/s

QCM 7

Un joueur de pétanque lance une boule de masse m d'un point A situé à une hauteur OA= 0,70 m au dessus du sol.

Le vecteur vitesse initial V_0 de la boule fait un angle α de 60° avec l'horizontale. La boule atteint le sol horizontal à une distance d=10 m de la verticale du point A.

1) Déterminez l'équation de la trajectoire du centre d'inertie G de la boule dans un repère V_0 fait un angle de α degré avec l'axe (Oy), l'axe horizontal.
2) Calculez la valeur de la vitesse initiale.

QCM 8

On considère un projectile évoluant dans le champ de pesanteur terrestre uniforme. Le projectile de masse m est lancé à la date t=0 s d'un point O, origine du repère (O,x,z) d'une hauteur H au dessus du sol avec une vitesse V_0 horizontale. On néglige toute résistance de l'air. L'abscisse x du point de chute du projectile est :

- A. $x= 2V_0 \sqrt{\dfrac{H}{g}}$

- B. $x= V_0 \sqrt{\dfrac{2m}{g}}$

- C. $x=V_0 \sqrt{\dfrac{2H}{g}}$

- D. $x= 2V_0 \sqrt{\dfrac{g}{H}}$

QCM 9

Un skieur de masse m est tracté, sans frottement à vitesse constant, V, en ligne droite, sur une pente enneigée inclinée d'un angle α avec l'horizontale par une perche inclinée d'un angle β par rapport à la pente. Le skieur part de A et s'arrête net en B. Le dénivelé est noté h.

- A. $T= mg\dfrac{sin\,\alpha}{cos\beta}$ est l'expression de la tension exercé par la perche sur le skieur
- B. $W_{A/B}$ (T)= T h cos β/sinα
- C. Le travail de réaction du plan incliné est résistant.
- D. $v=\sqrt{2gh}$

QCM 10

Un golfeur frappe sa balle de masse m en lui communiquant une vitesse V_0 dans une direction faisant un angle α avec l'horizontal. Les frottements de l'air sont négligeables. M=50 g, g=10, α=60° v_0=40 ms^{-1}

A.   La trajectoire de la balle est une parabole dont la concavité est tournée vers le sol.
B.   La composante horizontale de la vitesse est constante.
C.   Le point culminant atteint par la balle se situe à une hauteur égale à 62m
D.   La balle touche le sol avec une vitesse de 62 ms^{-1}

QCM 11
Une bille de masse volumique ρ=2700 kg.m^{-3} plongée dans de l'eau à ρ=1000 kg.m^{-3} effectue une chute verticale, quelle est l'accélération initiale ?
A.   0,3 m/s^2
B.   2,5 m/s^2
C.   6,3 m/s^2
D.   12,1 m/s^2
E.   9,8 m/s^2

QCM 12
Une bille de masse m=20 g, de rayon r=0,5 cm est lâchée dans un récipient rempli d'eau de masse volumique de ρ=1000 kg.m^{-3}
a) Le poids s'exerçant sur la bille vaut :
A.   0,196 N
B.   5,16 N
C.   10,56 N
D.   9,20 N

b) La poussée d'Archimède s'exerçant sur la bille vaut :
A. 1,56 N
B.6,78 N
C. 3,1 10^{-2} N
D. 5,1 10^{-3} N

c) on étudie le mouvement le long d'un axe (Oz) dirigé vers le bas. L'accélération de la bille vaut :
A. 0,9m/s^2
B. 9 m/s^2
C. 12m/s^2
D. 80m/s^2
d) On observe pour une bille l'immobilité de celle-ci, quelle est alors sa masse ?
A. m=0,52 g
B. m= 5,2 g
C. m=8 g
D. m=9 g

QCM 13
Un projectile ponctuel de masse m=50,0 g est lancé depuis le sol verticalement avec une vitesse initiale de norme V_0 . Il s'élève de 10 m avant de redescendre. On néglige tout frottement ; g=10 m s^{-2}
A) V_0= 7,0 m/s
B) V_0= 14 m/s
L'angle de tir par rapport à l'horizontale vaut 0 < α <90

On prend V_0=10 m/s

Au point le plus haut de la trajectoire du projectile

C) L'énergie mécanique du projectile est uniquement sous forme d'énergie potentielle de pesanteur

D) pour que la portée du tir soit de 10 m sur un sol horizontal il faut prendre α =45°

E) Au point d'abscisse égale à la portée du tir de 10 m, l'énergie cinétique vaut 2, 5 J

QCM 14

Une voiture arrêtée à un feu rouge, repart avec une accélération de 2 ms^{-1} lorsque le feu devient vert. Que devient sa vitesse et sa position après 4 s.

Sur un disque de rayon 20cm, on exerce des forces de même intensité (égale à 30N) et situés dans le plan vertical du disque. Calculer le moment de ces forces par rapport à un axe passant par O, centre du disque et perpendiculaire au plan du disque.

CORRECTIONS QCM1
Réponse C

Flèche : h= $V_0^2 \sin^2\alpha$ /2g = 5,39m

Portée : d=$\frac{vo^2 \sin 2a}{g}$= 12,7 m

QCM2

Vo=gt$_p$/(2 sin α)= 14,5 m/s

QCM3 réponse A

z=0.5 g t^2

h=0,5. 10. 4^2

h=78 m

QCM3 :

H=78 m réponse C

h=0,5 a t^2 +v$_0$ t

V_0=11 m/s

QCM4:
h=1/2 gt^2 et donc t= 1,42 s et v(t)=g. t=14 m/s

a) D   b) B

QCM5
h=1/2 gt^2-V$_0$t =V$_0^2$/2g théorème de l'Energie cinétique : v$_0^2$= $\sqrt{2gh}$

V_0=9,90 m/s

a)   Réponse D

b)   Réponse A t=v$_0$/g

c)   Réponse A

QCM6

Poids : $\vec{P} = m\,\vec{g}$

  o Poussée d'Archimède : $\vec{\pi} = -\rho\,V\,\vec{g}$

  o Force de frottement fluide : $\vec{f} = -h\,\vec{v}$

  - Application de la deuxième loi de Newton :

• 2ème loi de Newton : $\sum \vec{F_{ext}} = m\,\vec{a_G}$

$$\sum \vec{F_{ext}} = \vec{P} + \vec{\pi} + \vec{f} = m\,\vec{a_G}$$

$-\pi + P - h\,.v = m\,.dv/dt$

  Réponse A

$-\rho_{eau}\,V.\,g + m.\,g = h\,v_l$

$h = (0,8\,.10 - 1000.\frac{4}{3}\pi\,.10.\,(5.10^{-2})^3).\,\frac{1}{2}$

$h = 1,4$ kg/s

QCM 7

Dans un référentiel terrestre supposé galiléen, on applique la deuxième loi de Newton.

$$\sum \vec{F} = m\,\vec{a}$$

A t= 0 $\vec{vo}$ $\begin{pmatrix} 0 \\ voy = vo\cos\alpha \\ voz = vo\sin\alpha \end{pmatrix}$

$$\vec{OG} \begin{pmatrix} x = 0 \\ y = vo\cos\alpha\,t \\ z = -\frac{1}{2}g\,t^2 + vo\sin\alpha\,t + z_A \end{pmatrix}$$

$z = (-20/vo^2)\,y^2 + 1,73\,y + 0,70$

$v_0 = 10,5$ m/s

QCM 8
REPONSE C

$\begin{cases} ax = 0 \\ az = -g \end{cases}$ $\begin{cases} vx = vo \\ vz = -gt \end{cases}$ $\begin{cases} x = vot \\ z = -\frac{1}{2}gt^2 + h \end{cases}$

$$\vec{OM}\left(\begin{array}{l} x = v_0\,t \\ z = -\frac{1}{2}g\,t^2 + h \end{array} \right) \text{ et } t = \sqrt{\frac{2h}{g}}$$

Donc $x = V_0\sqrt{\dfrac{2h}{g}}$

QCM9 D'après le principe d'inertie on a : $P + R_N + T = 0$
Par projection on a :

$-mg\sin\alpha + T\cos\beta = 0$

$-mg\cos\alpha + T\sin\beta = 0$

T= mg sinα/cos β

Réponse A.VRAI

$W_{AB=}\vec{T}.\overrightarrow{AB}$

= T AB cos β

Et sinα=h/AB

AB=h/sinα

W_{AB}=T h cosβ/sinα

B.VRAI

C. FAUX, il est nul car il n'y a pas de frottements

D.FAUX car ce n'est pas de la chute libre

QCM10

A) VRAI

B) VRAI Vx= V_0 cos α ; Vy= -gt +V_0 sin α

C) Au sommet de la trajectoire v_y= 0 et t_f= vo sin α/g

QCM11

• $\sum\vec{F}$ = m $\vec{a}$

$\vec{P}+\vec{\pi}$ = m $\vec{a}$

P + π = m a

Donc a = (P-ρV g)/m_b

a= (mg-ρ_{eau} Vg)/m_b

a=g-ρ_{eau} g/ ρ_{bille}= 6.6 m.s^{-2}

QCM12

a) Réponse A.

b) Réponse D. (π_a=1000. 4/3. π (5.10^{-3}).^{3} 9,81)

c) $\sum\vec{F}$ = m $\vec{a}$

$\vec{P}+\vec{\pi}$ = m $\vec{a}$

P - π = m a

a= (P-π)/m= (0,196-5.10^{-3}) /0,02= 9 m/s^2

d) Réponse A.

 a=0 m/s^2

 m'=5,1 .10^{-3} /9,81

QCM13

 x=1/2 (2) t^2 +v_0 t+ x_0=4 m

 v= 2t+v_0 = 8 ms^{-1}

2-5 -Moment d'une force

Pour serrer un écrou, on peut considérer que la main exerce une force appliquée en un point A de l'extrémité de la clef. L'axe de rotation D de l'écrou est horizontal ; la force est située dans le plan orthogonal à l'axe de l'écrou et sa direction est verticale.

Calculer le moment de cette force par rapport à l'axe (O, D) sachant que : AO= 20 cm et F=20 N

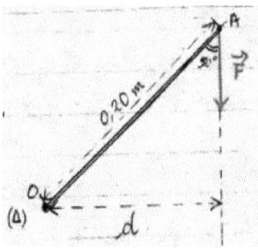

On définit τ le moment de la force F par rapport à l'axe (O,D) ainsi:

$$M_\Delta (\vec{F}) = F.d = \tau = \vec{F} \wedge \vec{d}$$

d est le « bras de levier ». $\sin 50° = \dfrac{d}{OA}$; d= AO sin 50° $M_\Delta (\vec{F})$= F.d= 3,07 Nm

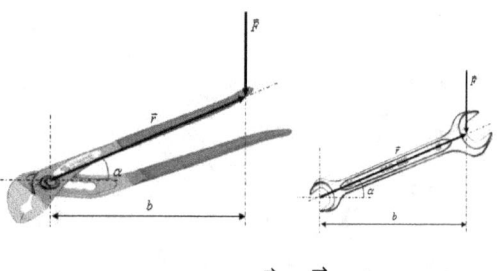

$$M = \tau = \vec{F} \wedge \vec{b}$$

Une tige de poids négligeable est encastrée dans un mur ; elle supporte en B une charge de poids 2500N. Calculer le moment de cette surcharge par rapport à un axe horizontal passant par le point d'encastrement A.
On donne : AB=1,5m

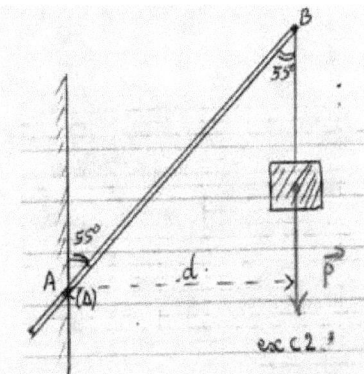

Le moment de la surcharge par rapport à l'axe horizontal passant par A est :

$M_\Delta(\vec{p}) = P.d$

$\sin 55° = d/AB$ $\qquad$ $d = AB \sin 55°$ $\qquad$ Le moment dépend de b et F.

Un maçon se tient debout, immobile au milieu d'un échafaudage. La planche OA =1mm mobile autour de l'axe O est maintenue horizontale grâce au fil AB. L'angle OAB est égal à 60°. Le poids total du maçon et de la planche a pour intensité 1000N.

a) Calculer T la tension du fil AB. B) Déterminer l'angle α que fait R, la réaction avec l'horizontale OA et l'intensité de cette réaction.

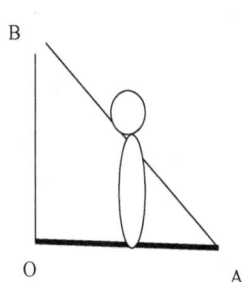

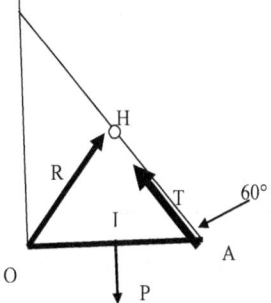

$M(P) = -OI.P = -0,5.OA.P$

$M(T) = OH.T = OA.T.\sin 60°$

Immobilité si $\sum M = 0$

$-0,5.OA.P - OA.T.\sin 60° = 0$

$T = (0,5 P)/\sin 60°$

$T = 577 N$

2-6-Le moment cinétique L

$p = m \cdot v$ et $L = I \cdot \omega$ (L : moment cinétique)

$L = I \cdot \omega$
$L = m \cdot r^2 \cdot \omega$

$\tau = r \cdot F$ est appelé moment de la force

Calcul du moment d'inertie pour une masse ponctuelle

Le moment cinétique peut aussi se déterminer à partir de la vitesse angulaire ω de l'objet:

$$\vec{L} = I\vec{\omega} \quad \text{Unités :} \left[\frac{kg \cdot m^2}{s}\right] = \left[kg \cdot m^2\right] \cdot \left[s^{-1}\right]$$

Soit un point de masse m qui se trouve à l'extrémité d'une ficelle et qui tourne sans frottement sur un plan horizontal.

Les forces qui agissent sont le poids P et la réaction R de la surface.

Ces deux forces par rapport à l'intensité sont égales mais opposées et par rapport à l'axe, le moment du poids et le moment de la réaction vont se compenser.
Le corps, effectuant un mouvement circulaire, est soumis à une force centrifuge.
$f_{centrifuge} = T_{ficelle}$

T produit l'accélération centripète.

Remarque : M_T et M_{FC} sont nuls car ils passent par le centre de rotation (extrémité de la ficelle). Si on ajoute à ce système une force F_a, le système n'est plus en équilibre.
$\Sigma F = m \cdot a$

$\Sigma F = P + R + f_c + T + F_a = m \cdot a$

$F_a = m \cdot a = m \cdot r \cdot \alpha$

$\Sigma M_{F/o} = M_{P/o} + M_{R/o} + M_{fc/o} + M_{T/o} + M_{Fa/o}$

$M_{F/o} = -F_a \wedge r$

$\vec{a} = \vec{a_t} + \vec{a_n} \; ; \; \vec{a_t} = r \alpha \vec{\tau} \; et \; \vec{a_n} = \omega^2 r \vec{n}$

$F_a = m\alpha \; et \; \alpha = r \alpha$

$F_a = r \, m\alpha$

$M_{F/o} = -F_a \cdot r = -m \cdot r \cdot \alpha \cdot r = -(m \cdot r^2) \alpha = -I \cdot \alpha$

La quantité $m \cdot r^2$ est le moment d'inertie I de la masse ponctuelle de notre point
En fonction de la position du moment de rotation on aura une inertie qui sera différente.

<u>On peut donc faire des bilans différents suivant la nature des mouvements:</u>

$\Sigma F = m \cdot a$ mouvement de translation

$\Sigma M = I \cdot \alpha$ mouvement de rotation

<u>Cas particulier :</u> la statique.

Si a = 0 et α = 0   pas de mouvement ou un mouvement uniforme.

Alors $\Sigma F = 0$ et $\Sigma M = 0$

Evaluation du moment d'inertie d'un corps

On divise un corps en n éléments de masses m_1, m_2, ... m_n et de rayons r_1, r_2, ... r_n (distance par rapport à l'axe de rotation)

$I_1 = m_1 \cdot r^2_1$

$$I_{total} = \sum_{1}^{n} I \text{ (moment d'inertie total du corps)}$$

....

$I_n = m_n \cdot r^2_n$

<u>Rq :</u> Plus r sera grand plus I_{total} sera grand et tout dépend aussi du corps et de la position de l'axe par rapport au corps.

Exemple 1 :
Soit un homme de 65 kg dont la cuisse mesure 42 cm. La distance entre le centre de gravité de sa cuisse et son articulation de hanche étant donnée par d = 0,433 x longueur de cuisse, calculer le moment d'inertie du segment cuisse lorsque l'axe de rotation passe : premièrement par le centre de gravité du segment considéré, deuxièmement par la hanche.

1) $I_0 = m \cdot r^2_0$
$I_0 = (0,1 \times 65) \times (0,323 \times 42 \times 10^{-2})^2$
$I_0 = 0,120$ kg.m^2

Première solution :

$I = I_0 + I_1$
$I = I_0 + m.d^2$
$I = 0,120 + (0,1 \times 65) \times (0,433 \times 42 \times 10^{-2})$
$I = 0,335$ kg.m^2

Deuxième solution : (avec table)
$I = m.r^2$
$I = (0,1 \times 65) \times (0,54 \times 42 \times 10^{-2})$
$I = 0,334$ kg.m^2

Exemple 2 :

Une meule r=0,08 m et M=2 kg

$I = M\frac{r^2}{2} = 2 \cdot 0,08^2/2 = 0,064$ kg.m^2

Calculez le moment de la force qui fait passer le disque du repos à $\omega = 120$ rads^{-1}

En 8 secondes

$\alpha = \frac{\Delta\omega}{\Delta t} = 15$ rad. s^{-2}

$\tau = I\alpha = 0,064 \cdot 15 = 0,096$ kgm/s^2. m = 0,096 N.m

Exemple 3 :
Soit une poulie de masse M et rayon R qui tourne sans frottement
Calculer l'accélération tangentielle de la roue :
si $m_2 = M$ et $m_1 = M/2$
a = module de l'accélération des deux masses.

$T_1 = m_1 (g+a) = M/2 (g +a)$

$T_2 = m_2 (g-a) = M/ (g -a)$

$\tau = T_2 R - T_1 R = M.((g-a) - \frac{1}{2}(g+a)) R = M.R \frac{1}{2}(g-3a)$

$\tau = I \alpha = I a_T/R$; a_T accélération tangentielle

$I = \frac{1}{2} M R^2$

$\tau = I \alpha = \frac{1}{2} M R^2 . a_T/R = \frac{1}{2} M R a = M.R \frac{1}{2}(g-3a)$

D'où a= g/4

Exemple 4 : Le lancer du marteau :

Prise d'élan : Le lancer est en rotation.

Bilan des forces :

Fc : force centrifuge. R et P

Si équilibre $\Sigma F = 0$; $\Sigma M = 0$ (somme des moments)

$M_{P/0} + M_{Fc/0} + M_{R/0} = 0$

- $P . d_2 + F_c . d_1 + 0 = 0$

$P . d_2 = F_c . d_1$

Rôle des frottements lors d'un mouvement angulaire

Un cycliste lors d'un virage : il doit se pencher vers l'intérieur pour ne pas déraper.

$P + R + f_c = 0$

$R = -P - f_c$

Pour éviter le dérapage, on a deux possibilités :

- Ralentir : pour diminuer F_c.

- Se pencher : pour augmenter les frottements entre la roue et la route.

Il existe une force de frottement limite telle que cette force soit égale à l'opposé de la force centrifuge.

ft = - fc

La force de frottement crée l'accélération centripète : sa valeur maximale dépend du coefficient de frottement statique maximum.

A chaque moment, la roue est immobile par rapport à la route.

Lors d'un dérapage, ft est déterminée par le coefficient de frottement cinétique (difficulté de récupérer l'adhérence du véhicule)

$$\text{Tan } \alpha = \frac{F_c}{P} = \frac{m \cdot v^2}{R} \times \frac{1}{m \cdot g}$$

$$\text{Tan } \alpha = \frac{v^2}{R\,g}$$

2-7 Retour sur le moment cinétique

Le moment cinétique L joue un rôle analogue à la quantité de mouvement, dans le cas de la rotation. I moment d'inertie $= \sum m\, r^2$

$L = r \times p \sin\theta = \vec{r} \wedge \vec{p}$ avec $\vec{p} = m\,\vec{v}$ et $v = r\,\omega$

$L = r\,p = r\,m\,v = r \cdot m \cdot \omega \cdot r = m r^2 \omega = I \cdot \omega$; $L = I\,\omega$

On peut lier L à la vitesse angulaire ω et au moment d'inertie I, dans le cas d'un mvt circulaire de rayon r: $L = r\ p\ \sin\theta$

De même, dans le cas d'un mouvement circulaire: $\tau = r\ F$, avec τ le moment de force

$\tau = I.\alpha = I\ d\omega/dt = dL/dt$, la dérivée du moment cinétique d'un point par rapport à 0=somme des moments des forces

QCM mécanique

Une voiture tire une caravane de masse m=400 kg sur une route parfaitement horizontale. La composante horizontale de la somme des forces exercées par la route et l'air sur la caravane a pour valeur 100 N. Elle est de sens opposé au sens du vecteur vitesse du centre d'inertie G de la caravane. L'ensemble accélère. La trajectoire du centre d'inertie G de la caravane est situé sur l'axe (O ; i). La coordonnée du vecteur accélération de G est égale à $1,50 m/s^2$.

Q1) La coordonnée Fx de la force exercée par la voiture sur la caravane est égale à :

 a) 500 N
 b) -600 N
 c) 700 N
 d) -700 N

Q2) Celle de la force exercée par la caravane sur la voiture est égale à :
a) Fx
b) -Fx
c) -mg
d) zéro

Q3) Un objet est posé immobile, sur le siège d'une voiture qui accélère le long d'une route rectiligne. La somme du poids et de la force exercée par le siège sur l'objet est :
 a) nulle
 b) dirigée vers l'avant de la voiture
 c) dirigée vers l'arrière de la voiture
 d) verticale

Q4) Une balle de golf et une boule de pétanque sont lancées avec le même vecteur vitesse. On ne tient pas compte des frottements de l'air. La portée du tir pour la boule de pétanque est :
a) inférieure à celle de la balle de golf
b) identique à celle de la balle de golf
c) supérieure à celle de la balle de golf
d) négligeable

Q5) le vecteur de base k étant vertical ascendant et le tir ayant lieu vers le haut, la coordonnée v_z du vecteur vitesse de G a pour expression :

a) gt+vosinα

b)-gt +vosinα

c)gt +vo cos α

d) −gt+ vo sinα

Q6) Le vecteur accélération du centre d'inertie G d'un solide en chute libre :

a) dépend des conditions initiales du mouvement

b) dépend de la masse du solide

c) dépend de la pression atmosphérique

d) est vertical en tout point de la trajectoire

Q7) L'orbite d'une planète est :

a) une ellipse centrée sur le soleil

b) un cercle centré sur le soleil

c)une ellipse centrée sur la Terre

d) aucune des conditions ci-dessus

Q8) le rapport T^2/a^3 :

a) a même valeur pour tous les satellites de Jupiter

b) a des valeurs différentes suivant la masse de Jupiter

c) a des valeurs différentes suivant la constante de gravitation

d) dépend de l'aire balayée par chaque satellite de Jupiter pendant un temps donné

Q9) Lorsque la trajectoire du centre d'une planète est modélisé par un cercle :

a) sa vitesse est variable mais ne dépend pas de la masse de la planète

b) sa vitesse est constant et dépend de la masse de la planète

c) sa vitesse est constante et ne dépend pas de la masse de la planète

d) son vecteur vitesse est invariable et dépend du rayon du cercle

Q10) Pour un mouvement circulaire uniforme de rayon r, la valeur du vecteur accélération est

a) nulle

b) colinéaire au vecteur vitesse à un instant donné

c) multipliée par 2 lorsque la valeur de la vitesse angulaire est multipliée par 2

d) multipliée par 4 lorsque la valeur de la vitesse angulaire est multipliée par 2

Q11) La période de révolution de la terre est égale à :

a) la durée d'un jour

b) la période de rotation propre de la terre

c) la durée pour parcourir la totalité de son orbite

d) $5,25 \, 10^5$ secondes

Q12) On considère un satellite terrestre en mouvement circulaire uniforme dans le référentiel géocentrique. On peut écrire :

a) T=1/f

b) T=2πr/v

c) v=ω/r

d) $d=r\omega^2$

Q13) La terre a un mouvement de révolution autour du soleil sur une orbite quasi-circulaire de rayon a=149,6 10^6 km. On donne M_S= 2 10^{30} kg et M_T=6 10^{34} kg la force d'attraction gravitationnelle que le soleil exerce sur la Terre vaut :

a)   3,57 10^{32} N

b)   -3,57 10^{23} N

c)   3,57 10^4 N

d)   3,57 10^4 m/s^2

Q14) une petite bille de masse m=50 g est suspendue par l'intermédiaire d'un fil au plafond d'un ascenseur. La bille est au repos par rapport à l'ascenseur. On donne g=10m/s^2. L'ascenseur est animé d'un mouvement vertical vers le haut, d'accélération a=1m/s^2 . Quel est le système étudié ?

a) La bille

b) Le fil

c) L'ascenseur

d) La bille+ le fil

Q15) le référentiel à prendre pour l'étude de ce mouvement doit être :

a) Lié à la bille

b) Lié à la terre

c) Lié à l'ascenseur

d) Lié au référentiel de Jupiter

Q16) Quelle est l'accélération de la bille dans ce référentiel ?

a) 0 m. s^{-2}

b) 10 ms^{-2}

c) 1 ms^{-2}

d) 9 m s^{-2}

Q17) La valeur de la force exercée par le fil lorsque l'ascenseur monte d'un mouvement rectiligne uniforme est :

a) T=0 N

b) T=0,5 N

c) T=0,45 N

d) T=0,55 N

Q18) Un avion volant horizontalement à une altitude de 1960 m avec une vitesse constante de 450 km/h largue une charge en passant à la verticale d'un point A du sol. On suppose que la résistance de l'air qui s'exerce sir la charge est négligeable.
Quelle durée sépare l'instant du largage de celui de l'impact au sol ?

a) 46 s

b) 20 s

c) 400 s

d) 40 s

Q19) Quelle distance l'avion a-t-il parcourue pendant cette durée ?

a) 2,5 km

b) 5 km

c) 1,13 km

d) 5,75 km

Q20) A quelle distance de A la charge arrive-t-elle au sol ?

a) 9000 m

b) 5000 m
c) 4500 m
d) 2500 m

Q21) Un satellite de masse tourne autour de la Terre de masse M sur une orbite à l'altitude h. La valeur du rayon de la Terre à l'équateur est R=6370 km.
a) $F=GMm/(R+h)$
b) $F=GMm/R^2$
c) $F=GMm/(R+h)^2$
d) $F=Gm/(R+h)^2$

Q22) On assimile la pesanteur à l'attraction terrestre. L'accélération de la pesanteur au niveau du sol s'écrit donc :
a) $g_0=GM/R^2$
b) $g_0=GMm/R^2$
c) $g_0=GM/(r+R)^2$
d) $g_0=GM/MR$

Q23) La valeur de la force exercée par la Terre sur le satellite peut donc s'écrire en fonction de g_0.
a) $F=Gmg_0R^2/(R+h)^2$
b) $F=mg_0/h^2$
c) $F=g_0R^2/(R+h)^2$
d) $F=mg_0R^2/(R+h)^2$

Q24) La force qui permet au satellite de rester en orbite est:
a) centrifuge
b) centripète
c) tangente à l'orbite dans le sens du mouvement
d) tangente à l'orbite opposée au mouvement

Q25) Si l'orbite du satellite est circulaire alors son accélération est :
a) centrifuge
b) centripète
c) à la fois centrifuge et tangente à la trajectoire
d) à la fois centripète et tangente à la trajectoire.

Q26) Du haut d'un pont je vais effectuer un saut à l'élastique. L'élastique au repos mesure 18 m, a une constante de rappel de 80N/m et est de masse négligeable par rapport à mes 77 kg. Je me laisse tomber verticalement à une vitesse nulle, les frottements sont négligeables. Après combien de temps aurai-je parcouru les 18 m nécessaires pour étendre l'élastique ? Quelle distance me séparera du pont lorsque j'attendrai le point le plus bas (sans toucher le sol) sous l'hypothèse que l'élongation ne dissipe pas d'énergie.
a)1,89 s b) 18 s c) 3,8 s d) 10 s
a) 56m b) 48 m c) 96m
b)

Q27)

Une masse m_1 =20 kg est libre de se mouvoir le long d'une surface horizontale. Une corde sur une poulie le relie à un second bloc de masse m_2=10 kg Déterminez les forces qui s'exercent et leurs accélération. Quelle distance parcourue après 2s ?

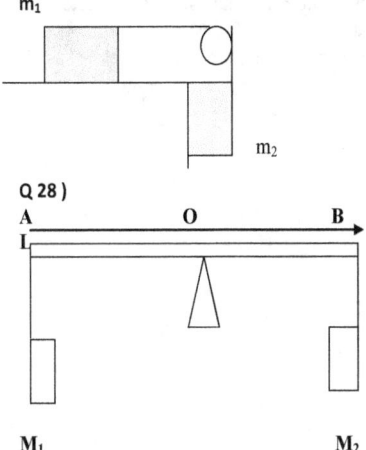

Q 28)

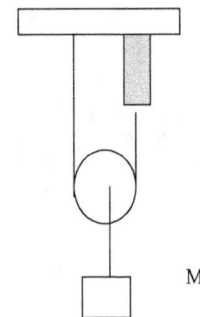

Tige de longueur L (cm) est déposée en O On suspend une masse 10 kg en A et 16 kg en B on a l'équilibre

A quelle distance de A le support a été posé ? Quelle est la réaction en O ?

   a) 0,615 L et 255 N
   b) 0,615 L et 0 N
   c) 0,384 L et 255 N
   d) Aucune réponse

Q 29)

Quelle est la force exercée par le dynamomètre

   a) Mg
   b) 2 Mg
   c) 0 N
   d) Mg/2

Q 30

Une roue est fixée sur un axe horizontal dont le rayon est r=0,01 m la fixation ne présente pas de frottement. Un bloc de 5 kg est attaché à une corde qui est enroulée autour de l'axe. Au départ, le bloc est au repos puis il a une accélération de 0,02 ms^{-2}

Quelle est la tension dans la corde ? Quelle est le moment d'inertie de la roue et de l'axe ?

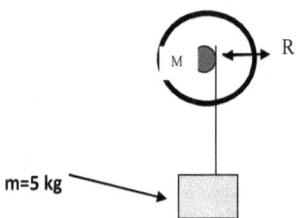

m=5 kg

Correction QCM

Q1) F_x=f+max

F_x=700N

Q2) −Fx

Q3) $\overrightarrow{P}+\overrightarrow{R\,tot}$=m $\vec{a}_G$ et $\vec{a}_G$ dirigé vers l'avant, somme des forces dirigée vers l'avant

Q4) la portée ne dépend pas de la masse, xp=(vo^2 sin 2α)/ g donc b

Q5) −gt +v_0 sinα

Q6) $\vec{a}$ vertical en tout point

Q7) aucune des conditions : l'ellipse n'est pas centrée

Q8) T^2/a^3=constante a)

Q9) v= cte, indépendante de la masse c)

Q10) a=v^2/r= ω^{2}r ; si ω'=2ω alors a'=4a d)

Q11) T= durée pour parcourir la totalité de son orbite c)

Q12) T=2πr/v b)

Q13) F=GMsM$_T$/a^2= 3,57 10^{32} N a)

Q14) système à choisir : la bille : la tension du fil est ici la force exercée par le fil sur la bille

Q15) Référentiel liée à la terre, galiléen b)

Q16) a=1m/s^2 la bille subit la seule accélération de l'ascenseur c)

Q17) P+T= 0   b)

P=T= mg=0,5 N

Q18) h=1/2gt1^2

t$_1$= 20 s   b)

Q19) x(t) =V_0t = 2,5 km

Q20) AP=2500 m

Q21) F=GMm/(R+h)^2

Q22) g$_0$=GM/R^2 réponse a)

Q23) F=mg(z)=mg$_0$ R^2/(R+h)^2

Q24) force centripète

Q25) $F=ma_N$ accélération centripète

Q26) $mgh= mg(h-18) +1/2 mv^2$

$V= 18,9 m/s$

$V=gt, t=v/g=1,89s$

$mg(h-l)+1/2 kx(l-l0)^{l2}= mgh$

$l=48m$ réponse b)

Q 27)

$T=m_1a$

$T-m_2g=-m_2 a$

$a=T/m1$

$T=-m_2 (T/m_1)$

$T= 65,3 N$

$a= T/m_1= 3,27 ms^{-2}$

$\Delta x=1/2 a \Delta t^2= 6,54 m$

Réponse QCM 28 a)

$\Sigma M=0$

$MF_1+MF_2=0$

$-OA. m_1g+OB.m_2g=0$

Soit OB=x

$-m_1g(l-x) +m_2 g x=0$

$x=0,625 l$

Q 29)

Réponse d

Q30)

Soit τ le moment des forces

loi de Newton à la masse m :

$mg-T=ma_T$

$T= 48,9 N$

Or $a_T=r \alpha$ et $\tau= I \alpha$; τ moment cinétique

or $\tau=r.T$

donc $rT=I a_T/r$

$I= r^2T/a = (0,01)^2 (48,9)/0,02 = 0,245$ kg. m^2

3-Quantité de mouvement

Le vecteur quantité de mouvement d'un système donné est défini par le produit de sa masse m et de sa vitesse $\vec{v}$.

$\vec{p}$ = m $\vec{v}$.   avec m en kg, $\vec{v}$. en m. s^{-1} et $\vec{p}$ en   kg. m. s^{-1}

Plus la valeur de p est grande, plus le corps en mouvement a tendance à « continuer sur sa lancée » (c'est-à-dire à continuer son mouvement dans la même direction). Exemple : une balle plus lourde et/ou allant plus vite sera plus difficile à arrêter qu'une balle moins lourde et/ou allant moins vite.

La quantité de mouvement d'un système constitué de plusieurs solides est la somme vectorielle des quantités de mouvement des solides qui constituent le système.

Comment la quantité de mouvement d'un système isolé se conserve-t-elle ?

Pour un système isolé, la vitesse $\vec{v}$ du centre d'inertie ne varie pas. Comme la masse est aussi invariante, la quantité de mouvement ne varie pas. La quantité de mouvement totale d'un ensemble de corps isolés est ainsi conservée (est constante, ne varie pas). $\vec{p}$ = constante
Cette loi de conservation est universelle : elle est vérifiée pour tous les systèmes isolés. C'est une loi fondamentale de la physique. Cette quantité de mouvement est la somme vectorielle des quantités de mouvement des différents corps le composant. Un système isolé est un système pour lequel aucune force extérieure non compensée n'agit sur lui.

Comment se passe l'explosion d'un système de deux fragments ?

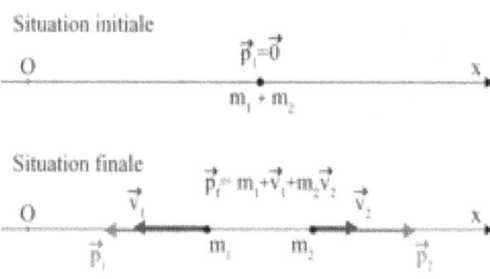

Système étudié : masses m_1 et m_2 sur un rail (référentiel terrestre).
Les forces se compensent : le système est pseudo-isolé.
Conservation de $\vec{p}$:
$$\overrightarrow{p_{initial}} = \overrightarrow{p_{final}}$$
$$\overrightarrow{p_{final}} = \vec{0}$$

$$\overrightarrow{p_{final}} = m_1 \vec{v_1} + m_2 \vec{v_2}$$

Projetons sur l'axe Ox :
$P_{initial\,x} = 0$

$p_{final\,x} = -m_1 v_1 + m_2 v_2$
Donc $0 = -m_1 v_1 + m_2 v_2$
Donc : $m_1 v_1 = m_2 v_2$

L'objet de masse M est initialement au repos. L'objet de masse m a une vitesse v Dans le choc "mou" M se réunit à m pour former un objet de masse (M+m) ;

pi = mv + 0 = pf =(M+m)v'

On applique le principe de la conservation de la quantité de mouvement: v' = mv/(M+m)

EXERCICES METHODE quantité de mouvement

Ex 1

Le biathlon est une épreuve combinant ski de fond et tir à carabine. On étudie un aspect du parcours d'un athlète de masse M=75,0 kg portant une carabine de masse m_C= 4, 0 kg. Lors du tir, une balle de masse m_b= 5,0 g est expulsée avec une vitesse v_b= 310 m . s^{-1}. La balle doit atteindre l'une des cinq cibles disposées sur un support.

Calculez la quantité de mouvement de la balle à la sortie du canon. Comment déterminer la vitesse de recul, v_c de la carabine ? Calculez sa valeur dans le cas où le système étudié est constitué de la carabine et de la balle, système supposé isolé avant et après le tir. La balle arrive à la vitesse horizontale v sur l'une des cinq cibles noires, sous l'impact de la balle, la cible noire se déplace puis active un mécanisme qui fait basculer un cache blanc devant la cible. Le tireur sait qu'il a réussi son tir. En supposant le système isolé constitué par la cible noire et la balle incrustée exprimer sa vitesse juste après l'impact et calculer son énergie cinétique. Données v= 300 m.s^{-1} et masse m_{cible}= 60 g.

Corrigé Ex1

La quantité de mouvement de la balle est $\overrightarrow{p_b}$ = 5,0 10^{-3} 310 = 1,6 kg. m. s^{-1}

La conservation de la quantité de mouvement permet de calculer la vitesse de recul.

Le système étudié est constitué de la carabine et de la balle. Avant le tir : le système étudié est immobile, la quantité de mouvement du système est la somme des quantités de mouvement de la balle et de la carabine : $\overrightarrow{P}$ après= $\overrightarrow{p}$ b+ $\overrightarrow{p}$ c Dans un référentiel galiléen, la conservation de la quantité de mouvement s'écrit $\overrightarrow{P}$avant = $\overrightarrow{P}$ après

$\overrightarrow{p}$ b+ $\overrightarrow{p}$ c =$\overrightarrow{0}$

$\overrightarrow{p}$ c = - $\overrightarrow{p}$ b

Soit $\overrightarrow{v}$ $_c$= $\frac{-mb}{mc}$ $\overrightarrow{v}$ $_b$

Vc= $\frac{mb}{mc}$ Vb

Vc= 5,0 10^{-3} 310/ 4,0 =0,39 m.s^{-1}

Avant l'impact, la quantité de mouvement du système balle-cible s'écrit : $\overrightarrow{p}$ = m $_b$ $\overrightarrow{v}$

Après l'impact $\overrightarrow{p}$ '= (m $_b$ +m $_{cible}$) $\overrightarrow{v'}$

$V'= \frac{m_b\ v}{m_b\ +mcible}$

E_C= ½ (m$_{cible}$+ m$_b$) v'^{2}

= 17 J

Exercice 2

Un neutron se déplace à la vitesse v=2700 kms^{-1}. Il entre en collision avec un noyau d'azote au repos. Le neutron est absorbé par le noyau. Les masses du neutron et du noyau d'azote valent respectivement m=1,67 10^{-27} kg et M= 23 10^{-27} kg . Quelle est la vitesse finale du noyau ayant absorbé le neutron ?

m   v   M   M+m   v'

Avant collision p= mv. Après collision p'=(m+M) v' où v' représente la vitesse finale.
$V' = \frac{mv}{(m+M)}$ = 183 kms^{-1}

Exercice 3

On tire un boulet de canon à la vitesse initiale v=15 ms^{-1} sur la paroi d'un wagon M=15000 kg masse des deux. Que vaut vf , la vitesse finale du boulet ?
Vf= mv/M= 5. 10^{-3} m s^{-1}

QCM QTE DE MVT

•Q1) Un corps de masse m = 3 kg, initialement au repos, tombe d'une hauteur de 20 m. Quelle est sa quantité de mouvement lorsqu'il passe à mi-hauteur ?

A   14 kg.m/s   B 42 N.s   C. 294 J   D 42 m/s

• Q2) Une balle de masse m = 1 g a une vitesse horizontale v = 200 m/s. Elle va se ficher dans un bloc de bois de masse M = 1 kg, initialement immobile, placé sur une surface horizontale. Si on néglige le frottement du bloc sur la surface, la vitesse de l'ensemble après le choc vaut :

A   m v / M   B 100 m/ s   C 0 m/s   D 0,2 m/s

Q3) Une barque de masse M = 100 kg est immobile sur un lac. Un passager (m = 70 kg), jette vers l'arrière, horizontalement, une pierre de 5 kg, avec une vitesse v = 5 m/s par rapport à la rive. La vitesse de la barque juste après le jet de la pierre vaut :
A 0,147 m/s B 0,143 m/s C 5 m/s D 0,25 m/s

Q4)
Une voiture de masse 1000 kg a une v=30 ms^{-1}. Elle percute une voiture de M=2000 kg qui circule à la vitesse de 20ms^{-1} dans la direction opposée. La voiture de 1000 kg se déplace suite au choc dans une direction à 90° de sa première direction et a une vitesse v'= 15 ms^{-1}. Calculer la direction de la voiture M et sa vitesse ?

Corrigés

Q1

Il y a évidemment conservation de l'énergie, donc la diminution d'énergie potentielle est égale au gain d'énergie cinétique, soit :

$m g h = 1/2 \, m v^2$

On en déduit que, après une chute de h = 10 m, le corps a acquis une

vitesse v égale à : $v = 2 g h = 14$ m/s et sa quantité de mouvement vaut : m v = 42 kg•m/s (ou N•s)

(2) est correct, (1) est faux, les réponses (3) et (4) sont fausses (dimensionnellement incorrectes).

Q2

La balle s'arrête dans le bloc ; il s'agit d'un choc mou, c'est-à-dire que la quantité de mouvement est conservée et que les deux objets ont la même vitesse, V, après le choc. Écrivons cette conservation :

$m v = (M + m) V$ d'où $V = v m (M + m) = 0,2$ m/s

La réponse correcte est donc (4), bien que (1) donne une valeur numérique très proche, parce que m/M = 0,001.

Q3

Le lancement de la pierre ne fait intervenir aucune force extérieure au système (barque + passager + pierre). La quantité de mouvement totale du système est constante, égale à zéro (si on prend comme référentiel l'eau !), ce qui peut s'écrire :

$0 = (m_{barque} + m_{passager}) \cdot v_{barque} + m_{pierre} v_{pierre \, par \, rapport \, à \, l'eau}$

$v_{barque} = - (m_{pierre} v_{pierre \, par \, rapport \, à \, l'eau}) / (m_{barque} + m_{passager}) = 0,147$ m/s

Dans cas où la vitesse de la pierre serait donnée par rapport à la barque, on aurait :

$v_{pierre \, par \, rapport \, à \, l'eau} = v_{pierre \, par \, rapport \, à \, la \, barque} + v_{barque}$

et $v_{barque} = -m_{pierre} v_{pierre \, par \, rapport \, à \, la \, barque} / (m_{barque} + m_{passager} + m_{pierre}) = 0,143$ m/s

La réponse (1) est correcte.

Q4

$Mvx + MVx = mv'_x + MV'_x$

$V'_x = 0$ $V'_x = (mvx + MV_x)/M = -5$ ms^{-1}

$Mv'y + MV'_y = 0$ composantes nulles suivant y

$V'_y = -mv'y/M = 7,5$ ms^{-1}

$V = \sqrt{v_y^2 + v_x^2} = 9$ ms^{-1}

$\tan \theta = vy/vx = -1,5$

$\theta = 56°$

4- Systèmes mécaniques oscillants

4-1. Systèmes oscillants : pendule pesant

Définition : Un système oscillant est un système mécanique dont le mouvement du centre d'inertie G : est périodique. L'oscillation s'effectue autour d'une position d'équilibre stable.

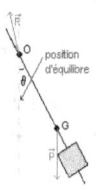

4-2. Mouvement d'un oscillateur : le pendule simple

4-2-1. Définition

On appelle pendule pesant un système mécanique mobile autour d'un axe horizontal ne passant pas par son centre d'inertie.

Pendule pesant

Remarques :

A l'équilibre, $\vec{P} + \vec{R} = \vec{0}$ La position du pendule peut-être repérée par son « abscisse angulaire » θ.

4-2-2 Amplitude et période d'un oscillateur non amorti

Définition : Un oscillateur est dit libre lorsqu'il n'est soumis à aucun apport d'énergie extérieure après sa mise en mouvement. L'évolution temporelle d'un oscillateur mécanique libre et non amorti est la suivante :

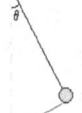

pendule simple
(cas particuliers de pendule pesant)

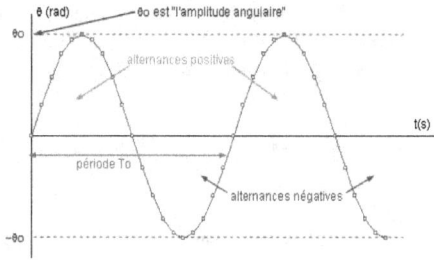

On appelle période T_0 d'un oscillateur non amorti la durée qui s'écoule entre deux passages successifs de l'oscillateur par des positions identiques avec <u>des vecteurs vitesses identiques</u>.

4-2-3. Expression de la période d'un pendule simple.

$T_0 = 2\pi\sqrt{\dfrac{l}{g}}$ T_0 période du pendule en s

l longueur du pendule en m

Analyse dimensionnelle : $[g] = [L]\ [T]^{-2}$

$$\left[\sqrt{\frac{l}{g}}\right] = \left(\frac{[L]}{[L][T]^{-2}}\right) = [T]$$

4-2 4. Amplitude et période d'un oscillateur amorti

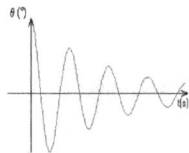

Amortissement faible
(régime pseudopériodique)

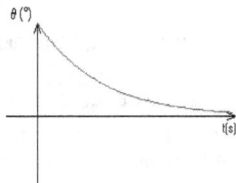

Amortissement fort
(régime apériodique)

Remarque : la pseudopériode T est peu différente de la période propre T_0. En réalité, T est légèrement supérieure à T_0.

Les équations du mouvement

Δ Mise en équation

On repère la position du pendule simple par l'angle qu'il fait avec la verticale descendante. On choisit une orientation positive : la position de la masse est donc repérée par l'élongation angulaire algébrique θ.

On note $\vec{g}$ l'accélération due à la pesanteur

Δ Bilan des forces : Equation différentielle

- Le poids $\vec{P} = m\vec{g}$
- La tension $\vec{T}$ de la tige, toujours perpendiculaire au mouvement circulaire de G.

Dans ce modèle les autres forces sont oubliées, notamment les forces de frottement ; or un pendule s'arrête d'osciller sous l'action des frottements : le mouvement perpétuel n'existe pas à cette échelle d'énergie.

$\vec{T}+\vec{P} = m\vec{a}$ en projetant de façon tangentielle

$a_T = \ddot{\theta}\, l$ (suivant $\vec{u_\theta} = \vec{\tau}$) ; $a_n = -l\, \dot{\theta}^2$(suivant $\vec{u_r} = -\vec{n}$) $= l\, \dot{\theta}^2\, \vec{n}$

$m\vec{a} = \sum \vec{F}_i$ avec $\vec{a} = -l\, \dot{\theta}^2\, \vec{n}$ $+ l\, \ddot{\theta}\, \vec{\tau} = -l\, \omega^2\, \vec{n}$ $+ l\, \alpha\, \vec{\tau}$

et $\vec{P} = -mg\sin\theta\ \vec{\tau}$ $-mg\cos\theta\, \vec{n}$; $\vec{T} = T\, \vec{n}$

$$ml\ddot{\theta} = -g\, m\, \sin\theta$$

$$m\, a_n = ml\, \dot{\theta}^2 = -mg\cos\theta + T$$

$$\ddot{\theta} + \omega_0^2 \sin\theta = 0$$

$$mdv/dt = ma_T = -mg\sin\theta$$

$$-g\sin\theta = l\,\ddot{\theta}$$

$$\ddot{\theta} + (g/l)\,\theta = 0$$

4-2-5 Énergie mécanique du pendule :

- Soit l la longueur du pendule, et soit $\dot{\theta} = \dfrac{d\theta}{dt}$ sa vitesse angulaire. La vitesse de la masse est alors v= l $\dot{\theta}$. La somme de l'énergie cinétique du pendule et de son énergie potentielle de pesanteur, mesurée à partir du point de suspension du pendule, vaut :

$E_m = E_c + E_{pp}$

$\quad = \dfrac{1}{2} m v^2 + mg\,l\,(1-\cos\theta)$

$H = l - l\cos\theta = z_C - z_B$

$E_{pp} = mg\,l\,(1-\cos\theta)$

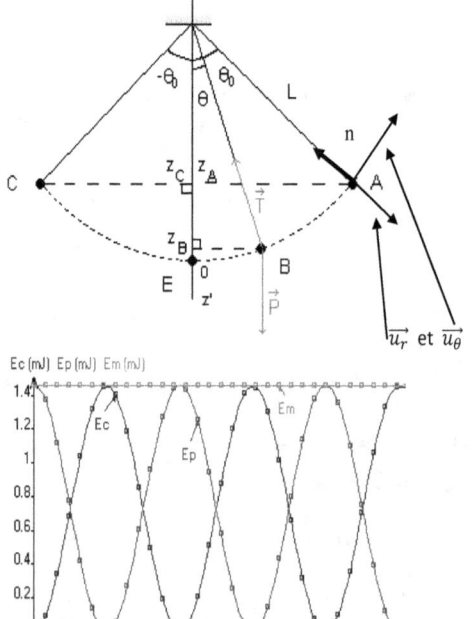

Puisque la tension de la tige est à tout instant perpendiculaire au mouvement circulaire de G, cette force produit un <u>travail</u> nul. De plus comme le poids est une <u>force conservative</u> et que toute autre force est négligée, l'énergie mécanique du système est conservée comme l'illustre le diagramme Ec, Ep, Em, ci dessous. On a échange permanent entre Ec et Ep. Ceci peut se traduire mathématiquement en écrivant que la dérivée par rapport au temps de l'énergie mécanique est nulle.

$$\tfrac{1}{2} m\, l^2\, \dot{\theta}^2 - mgl \cos \theta = cte$$

$$\ddot{\theta} + \omega_0^2 \sin \theta = 0$$

où l'on a posé $\omega_0^2 = g/l$ et $T_0 = 2\pi / \omega_0$

Cette équation peut également être déduite en projetant les deux forces $\vec{T}$ et $\vec{P}$ sur la tangente au mouvement avec la base de Fresnet. Soit $\vec{\tau}$ le vecteur unitaire tangent à la trajectoire et dans le sens du mouvement, et soit $\vec{n}$ le vecteur unitaire normal à la trajectoire et dirigé vers le point de suspension du pendule :

avec $\omega_0^2 = g/l$

Solution du type : $\theta(t) = \theta_m \cos(\omega_0 t + \Phi)$

4-3. Dispositif solide – ressort

Dispositif

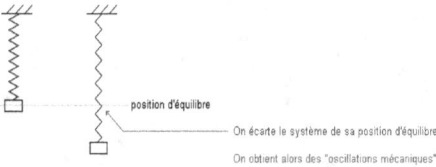

position d'équilibre

On écarte le système de sa position d'équilibre.
On obtient alors des "oscillations mécaniques".

Force de rappel d'un ressort

Système étudié : le ressort.

$$A \xleftarrow{\ \vec{F}_{A/R}\ } \underset{\text{Ressort (R)}}{\text{\textasciitilde\textasciitilde\textasciitilde}} \xrightarrow{\ \vec{F}_{B/R}\ } B$$

Force extérieure appliquée au système: son poids $\vec{P}$ (négligeable si la masse du ressort est faible).

les forces exercées aux extrémités du ressort

$$(\vec{F}_{B/R} \text{ et } \vec{F}_{A/R})$$

Référentiel : terrestre supposé galiléen par approximation.

D'après la deuxième loi de Newton : $\vec{F}_{R/A} + \vec{F}_{B/R} + \vec{P} = \vec{0}$

Un ressort de masse nulle exerce une force de rappel sur les objets A et B en contact avec ses extrémités telle que $\vec{F}_{R/A} + \vec{F}_{R/B} = 0$.

4-4 Etude dynamique du système solide – ressort

Equation différentielle

Le système est écarté de sa position d'équilibre et abandonné sans vitesse initiale.

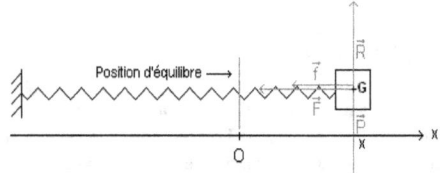

Système étudié : le mobile.

Référentiel : terrestre (galiléen par approximation).

Forces extérieures : $\vec{P}$: poids du solide.

$\vec{R}$: la réaction du support.

$\vec{F}$: la tension du ressort.

$\vec{f}$: la force de frottement.

2ème loi de Newton : $\vec{P} + \vec{R} + \vec{F} + \vec{f} = m\,\vec{a_G}$.

$-k\,x - \mu \dot{x} = m\,a_G$

La projection sur l'axe Ox :

$$\ddot{x} + \frac{\mu}{m}\,\dot{x} + \frac{k}{m}\,x = 0$$

$$\ddot{x} + \frac{k}{m}\,x = 0$$

$\vec{a}\,(\ddot{x}, 0)$ $\vec{T}\,(-kx, 0)$ $\vec{P}(0 ; -mg)$ $\vec{R}\,(0, R)$ $\vec{F}(-\alpha\,\dot{x}, 0)$

Solution de l'équation différentielle

$X = x_m \cos\left(\sqrt{\dfrac{k}{m}}\,t + \Phi\right)$ est solution de l'équation différentielle.

Période des oscillations   Si T_0 est la période des oscillations, $T_0 = 2\pi \sqrt{\dfrac{m}{k}}$ m : masse du

système en kg   : k constante de raideur du ressort en N.kg^{-1}.   **Remarque :** Analyse dimensionnelle de la période :

F=kx et   F=ma . D'où : $[k] = \frac{[ma]}{[x]} = \frac{[M]}{[L]} \frac{[L]\,[T^{-2}]}{1} = [M]\ [T]^{-2}$

$[T] = (\frac{[M]}{[M]} \frac{1}{[T^{-2}]})^{1/2}$

T_0 est homogène à un temps.

Expression de la solution en fonction de T_0

$T_0 = 2\pi \sqrt{\frac{m}{k}}$

$\sqrt{\frac{k}{m}} = \frac{2\pi}{T_0}$

 Conditions initiales (détermination de x_m et Φ)

La connaissances des conditions initiales permet de déterminer les inconnues X_m et Φ.
Deux conditions sont nécessaires pour déterminer ces deux inconnues :
la position initiale du systèmes ainsi que sa vitesse initiale.

Supposons qu'à l'instant t=0, le mobile soit à l'abscisse 0 et que sa vitesse soit nulle (V_0=0).
A l'instant   t=0 , on peut écrire le système

$V_x(0) = 0$
$X(0) = x_0$

$\frac{-2\pi}{T_0} x_m \sin\phi = 0$
$X_m \cos\phi = x_0$
$\sin\phi = 0$; $\phi = 0$ ou π
$x = x_0 \cos(\frac{2}{T_0}\pi t)$

Application:
Soit un oscillateur horizontal sinusoïdal pour lequel l'équation différentielle du mouvement est du type $a_x + \omega_x = 0$
$\omega = 1$ rads^{-1} qd x=1 cm on a $v_x = 3$ cms^{-1}
Calculer X_m

a) $X_m = 7.6$
b) $X_m = 6.5$
c) $X_m = 5.4$
d) $X_m = 4.3$
e) $X_m = 3.2$

- $\cos(t+\phi) = 1/x_m$
- $\sin(t+\phi) = 3/x_m$
- $X = X_m \cos(\omega t + \phi)$; $\dot{X} = X_m \sin t\,(\omega t + \phi)$; $(\frac{1}{Xm})^2 + (\frac{3}{Xm})^2 = 1$
- $X_m = \sqrt{10} = 3.2$

4-5 Le phénomène de résonance

Oscillations forcées

Définition : Un oscillateur forcé est un oscillateur (appelé résonateur) couplé à un excitateur (système aminé d'un mouvement sinusoïdal de fréquence F qui impose au résonateur des oscillations sinusoïdales de fréquence même F). Voir l'exemple ci-contre.

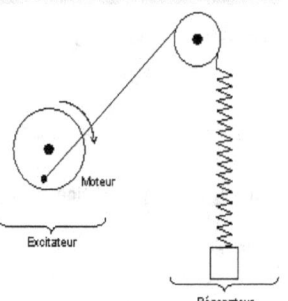

Amplitude des oscillations forcées

Après une phase transitoire, il s'établit un régime permanent dans lequel l'excitateur et le résonateur oscillent à la même fréquence.

L'amplitude A des oscillations du résonateur dépend de la fréquence F des oscillations imposées par l'excitateur. La courbe donnant les variations de l'amplitude des oscillations du résonateur en fonction de la fréquence qui lui est imposée par l'excitateur s'appelle courbe de résonance.

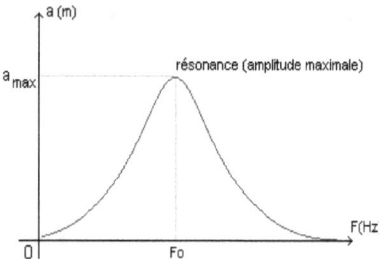

Remarque : Si l'amortissement est faible, la fréquence F qui provoque la résonance est proche de la fréquence propre de l'oscillateur.

$$F_{rés} = F_0$$

4-6. Influence de l'amortissement

Oscillation harmonique amortie libre

Oscillations amorties, si l'amortissement est faible, le mouvement est décrit par des oscillations d'amplitude décroissante, on est en présence d'oscillations amorties ou pseudo-période. Si l'amortissement devient important, on a un système qui n'oscille plus. Le mouvement devient apériodique. Il n'y a plus d'oscillations.

Si on suppose que le mouvement est freiné par une force opposée à la vitesse :

$$\vec{f} = -\alpha \dot{x}\, \vec{i}$$

l'équation devient : $m\ddot{x} = -\alpha\dot{x} - kx$

$$\ddot{x} + \frac{\alpha}{m}\dot{x} + \frac{k}{m}x = 0$$

$$2\lambda = \frac{\alpha}{m} \quad et \quad \omega_0^2 = \frac{k}{m}$$

et en posant :

$$\ddot{x} + 2\lambda\dot{x} + \omega_0 x = 0$$

Cette équation différentielle homogène du second ordre à coefficients constants admet une solution générale de la forme : $x(t) = A_1 e^{r_1 t} + A_2 e^{r_2 t}$

où r_1 et r_2 sont solutions de l'équation caractéristique :

$$r^2 + 2\lambda r + \omega_0^2 = 0$$

A_1 et A_2 constantes d'intégration déterminées par les conditions initiales.

1) Quand les racines de l'équation caractéristique sont réelles, elles sont négatives et le mouvement est amorti ; le retour à l'équilibre est lent : il est apériodique.

$$x(t) = A1 e^{r_1 t} + A2 e^{r_2 t}$$

2) La racine double négative $r_1 = -l$ correspond à "l'amortissement critique".

C'est la limite entre l'amortissement et les oscillations.

$$x(t) = (A_1 + A_2 t) e^{-\lambda\tau}$$

Ce cas correspond au retour le plus rapide à l'équilibre.

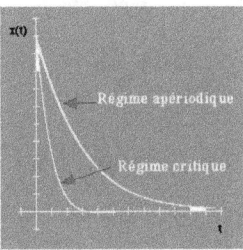

3) Si les racines imaginaires sont conjuguées, on obtient une solution oscillatoire amortie

$$x(t) = A e^{-\lambda t} \cos(\omega t + \phi)$$

La constante λ ayant la dimension de l'inverse d'un temps , on pose $1/\lambda = \tau$

la constante de temps du système (ou temps d'amortissement). $x(t) = A\ e^{-t/\tau} \cos(\omega t + \Phi)$ avec $\omega = \sqrt{\omega_0^2 - \lambda^2}$ avec $T = \dfrac{2\pi}{\sqrt{\omega_0^2 - \lambda^2}}$ est la pseudo période.

Le mouvement n'est pas périodique mais il en diffère peu si l'amortissement est faible.

Il est dit périodique amorti exponentiellement.

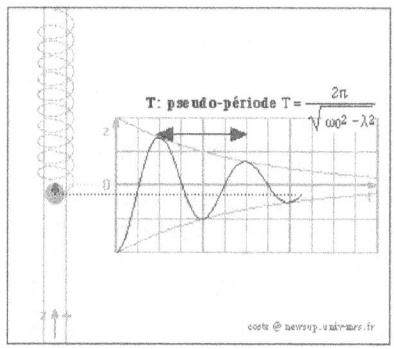

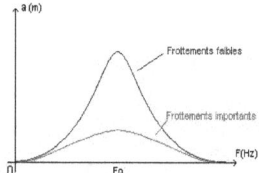

 Exemples de résonance mécanique

Les instruments de musique (un instrument de musique contient souvent une caisse de résonance).

Le haut parleur ne doit pas être le siège de phénomènes de résonance si l'on veut obtenir un rendu régulier des sons.

4-7 Méthode et oscillateurs mécaniques

Exercices d'apprentissage Un pendule est constitué par un solide de masse m=200g, suspendu à un fil inextensible de masse négligeable et de longueur l=0,90m. Une extrémité 0 du fil est fixe.

Le fil restant constamment tendu, on lance le pendule à partir de la position d'équilibre en lui communiquant une vitesse initiale V=2,0m.s^{-1}. Déterminer l'angle α existant entre le fil et la verticale lorsque le solide atteint son altitude maximale. <u>Donnée:</u> intensité de la pesanteur: g=9,8Nkg^{-1}.

Correction : Lorsqu'il est en mouvement, le pendule est soumis à 2 forces: son poids et la tension du fil.

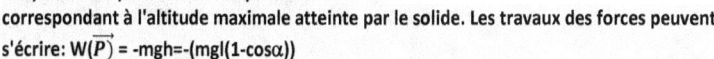

On choisit un référentiel terrestre et un repère associé à ce référentiel. Soient E la position d'équilibre du pendule et A sa position correspondant à l'altitude maximale atteinte par le solide. Les travaux des forces peuvent s'écrire: W($\overrightarrow{P}$) = -mgh=-(mgl(1-cosα))

W($\overrightarrow{T}$) = 0 car $\overrightarrow{T}$ est constamment perpendiculaire au déplacement.

D'après le théorème de l'énergie cinétique:

E$_C$(A)-E$_C$(E)= W ($\overrightarrow{P}$) + W($\overrightarrow{T}$)= -1/2 mv^2= -mgl+mgl cos (α)

Cos(α)= (2gl-V^2)/ 2gl, cos α= 0,77; α=39°

Exercice 2
Un pendule simple est constitué d'une bille de petite dimension, de masse m=50g, reliée à un support fixe par un fil inextensible de longueur L=60,0cm et de masse négligeable. On écarte ce pendule de sa position d'équilibre d'un angle θ_0=30° et on le lâche sans vitesse initiale.1. Faire l'inventaire des forces qui s'appliquent à la bille du pendule et les représenter sur un schéma du dispositif. 2. Déterminer l'expression littérale du travail du poids de la bille du pendule entre sa position initiale et une position quelconque repérée par l'angle θ. 3. Calculer le travail du poids de cette bille entre la position initiale et la position d'équilibre θ_E. 4. Déterminer le travail du poids de la bille entre les positions repérées par θ_0 et -θ_0. 5. Déterminer le travail de la tension du fil entre deux positions quelconques du pendule.

Correction exercice 2

1. Les forces qui agissent sur la bille du pendule sont:, $\overrightarrow{P}$: le poids de la bille, $\overrightarrow{T}$: la tension du fil.

La figure utilisée dans l'ensemble de l'exercice est:

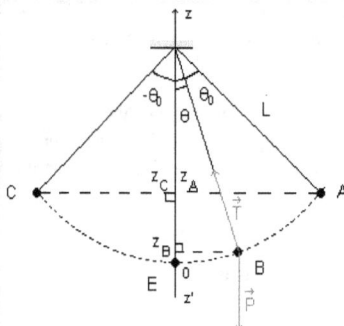

Le travail du poids s'écrit:

$W_{AB}(\vec{P})$=m g (z_A-z_B) or z_A = L - L $\cos\theta_0$ et z_B = L - L $\cos\theta$

Alors z_A-z_B=L($\cos\theta-\cos\theta_0$) $W_{AB}(\vec{P})$=mg   L($\cos\theta-\cos\theta_0$)

Pour la position d'équilibre on a : θ_e= 0 et $\cos\theta_e$= 1 et $W_{AE}(\vec{P})$=m g L (1 - $\cos\theta_0$)

d'où $W_{AE}(\vec{P})$=50.10^{-3} x 9,8 x 0,60 x (1 - cos30)= 3,9 10^{-2}J

3. les positions A et C du pendule sont repérées par les angles θ_0 et -θ_0, alors z_A = z_B et $W_{AB}(\vec{P})$=0.

4. La tension du fil est constamment orthogonale au déplacement de la sphère. En effet, La tension du fil est de même direction que le fil qui est un rayon de la trajectoire. Et le rayon d'un cercle est orthogonal à la tangente au cercle c'est-à-dire au mouvement. Donc son travail est nul.

Exercice 3 **1-** Un ressort de masse négligeable, à spires non jointives et de raideur k=10N.m peut se déplacer le long de l'axe horizontal (Ox) on fixe à l'une de ses extrémités en A et on l'accroche à l'autre extrémité un objet de masse m=0,1 kg.

Lorsque S est en équilibre la projection sur (x'x) de son centre d'inertie G coïncide avec l'origine 0 des abscisses. A l'instant t=0, G a pour abscisse x_0=2 cm et l'on communique à l'objet une vitesse v_0 dirigée suivant l'axe du ressort et de valeur 0,4 m.s^{-1}.

1) Rappelez l'équation différentielle du mouvement du centre d'inertie G du solide.
2) En déduire l'équation horaire du mouvement de G en précisant les valeurs numériques de la pulsation et de la phase.
3) Donnez les expressions de la vitesse et de l'accélération de l'objet.
4) Calculez la valeur de l'Energie mécanique du système.

Correction exercice 3

1) L'équation différentielle du mouvement est donnée par ;

$m\ddot{x} + kx = 0$

$\ddot{x} + k/\ m\ x = 0$

Or $k/m = \omega_0^2$

Donc $\ddot{x} + \omega_0^2\ x = 0$

Une solution de cette équation est $x = X_m \cos(\omega_0 t + \phi)$ où X_m est l'amplitude du mouvement , ϕ est la phase à l'origine des dates et ω_0 la pulsation

La valeur algébrique de la vitesse est égale à : $v = dx/dt = -\omega_0 X_m \sin(\omega_0 t + \phi)$

A l'instant $t = 0$, $x_0 = X_m \cos\phi$

$V_0 = -\omega_0 X_m \sin\phi$

AN: $\omega_0 = \sqrt{\dfrac{k}{m}} = 10$ rad s^{-1} $x_0 = 2$ cm et $V_0 = -0{,}4$ ms^{-1}

$X_m \sin\phi = -V_0/\omega_0 = 4.10^{-2}$ et $X_m \cos\phi = 2.10^{-2}$

$\tan\phi = 2$; $\phi = 63$

$X_m = 2.10^{-2}/\cos\phi = 4{,}5\ 10^{-2}$ m

L'équation horaire s'écrit : $x = 4{,}5\ 10^{-2} \cos(10t + 1{,}1)$

$E_m = \frac{1}{2} k X_m^2 = 1/2.10.(4{,}5\ 10^{-2})^2$

$E_m = 10\ 10^{-3}$ J

Exercice 4 : Une bille de rayon R=5 cm et de masse m=500 g est relié à deux ressorts identiques R_1 et R_2 comme l'indique la figure.

O_1 Ressort 1   Res! O_2

La distance O_1O_2 est de 70 cm ; chaque ressort à une longueur à vide $L_0=20$ cm. Il s'allonge de 8 cm sous l'action d'une force de 2N.

1) Calculer la raideur k de chacun des ressorts.

2) Lorsque le système est à l'équilibre, déterminer :

a- La position O par rapport à O_1 et O_2 de G, le centre d'inertie de la bille.

b- La valeur Δl de l'allongement de chacun des ressorts.

3) La bille pouvant glisser sans frottement le long du plan horizontal sur lequel elle repose, on écarte G de sa position d'équilibre de 4 cm vers O_2 suivant la direction O_1O_2. A cet instant t=0, G est alors en O' et l'on abandonne la bille sans vitesse initiale. Elle prend alors un mouvement oscillatoire. a) faire le bilan des forces qui s'exercent sur la bille lorsque G se trouve entre O et O'. Les représenter sur un schéma. b) En appliquant le théorème du centre d'inertie, déterminer l'équation différentielle du mouvement de la bille. c) Donner l'expression littérale et la valeur numérique de la pulsation du mouvement. d) Déterminer l'équation horaire.

Correction exercice 4

A l'équilibre, $\vec{P} + \vec{F} = \vec{0}$

On projette selon l'axe (Ox)

P-kx=0

K=P/x

Quand x=8 cm P=2N

Donc k=0,25 10^2 donc k=25 N.m^{-1}

2) force de rappel de R_1, $\vec{F_1}$=-k Δl_{10} et force de rappel de R_2, F_2=-k Δl_{20}

A l'équilibre, $P+R_N+F_1+F_2=0$

Projection selon x'x, $- k\Delta l_{10} + k\Delta l_{20}=0$

$\Delta l_{10=}\Delta l_{20}$

Donc à l'équilibre G est au milieu de $O_1O= OO_2=35$ cm

$O_1O=l_0+ \Delta l_{10}+ R$

$\Delta l_{10}= O_1O- l_0-R = 10$ cm

Bilan des forces quand G est en O

Poids, réaction R_N, $\vec{F}_1= -k .\Delta l \, \vec{\imath}$ et $\vec{F}_2$=-k . $\Delta l \, \vec{\imath}$

Bilan des forces quand G est en O'

Poids, réaction R_N, $\vec{F_1}$= -k .$(\Delta l +0,04) \vec{\imath}$ et $\vec{F_2}$=-k . (Δl -0,04) $\vec{\imath}$

On applique le théorème du centre d'inertie : -k Δl

$-2kx=m\ddot{x}$, $\ddot{x}$=2k/(L x)=0

c) $\omega_0=\sqrt{\dfrac{2k}{m}}$ x= 10 rad.s^{-1}

d) l'équation différentielle a une solution de la forme x(t)=$X_m$cos(ωt+ϕ)

Exercice 5

Un objet considéré comme ponctuel, de masse m est maintenu par deux ressorts identiques, liés à deux tiges verticales distantes d'une longueur L. Les deux ressorts sont à spires non jointives avec une constante de raideur k et une longueur libre l_0.

Les points de fixation O_1 et O_2 sont situés à la même hauteur, et la distance les séparant est L = O_1O_2 = $2l_0$. A l'équilibre, l'objet est descendu d'une hauteur h par rapport à la ligne horizontale O_1O_2. L=2 l_0

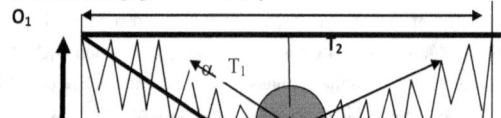
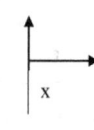

1. Faire l'inventaire des forces appliquées sur l'objet, et les représenter sur un schéma.

2. Appliquer le PFS et trouver la relation liant les longueurs l_1 et l_2 des ressorts à l'équilibre.

3. Déterminer alors la longueur l des ressorts en fonction de l_0 et de h. Faire l'application numérique.

4. Déterminer une expression donnant la raideur k des ressorts et calculer sa valeur.

Données : champ de pesanteur g_0 = 9,81m.s^{-2}, m = 190g, l_0 = 10cm, h = 15cm.

Inventaire des forces : T_1, T_2 et P ; on a L=2l_0

$P = -mg \, \vec{z}$

$\vec{T}_1 = -k \, (l_1-l_0) \cos \alpha \; \vec{\imath} + k \, (l_1-l_0) \sin \alpha \, \vec{z}$

$\vec{T}_2 = k \, (l_2-l_0) \cos \alpha \; \vec{\imath} + k \, (l_1-l_0) \sin \alpha \, \vec{z}$

$l_1 = l_2 = l = \sqrt{l_0^2 + h^2}$

$2k \, (l-l_0) \sin \alpha = mg$

$K = \dfrac{mg}{2 \, (l-l0) \sin \alpha} = 31 \text{ N/m}$

<u>Exercice 6</u> : la vitesse de rotation est constante
120 tours par minute.

masse de la bille accrochée au ressort m=200g

la longueur du ressort est 50 cm

raideur du ressort k=100 Nm^{-1}.

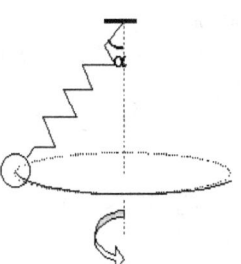

1. Quel est l'allongement du ressort ?
2. Quel est l'angle α?
3. Quelle est la vitesse de la bille ?

vitesse angulaire : $\omega = 120/60*2\pi = 12,56 \text{ rad s}^{-1}$.

Rayon du cercle : r= l .sin(α)

l'accélération est centripète

$a_N = \omega^2 . e = \omega^2 \, l. \sin(\alpha)$

$T\sin(\alpha) = m \, \omega^2 \, l. \sin(\alpha)$

$\sum \vec{F} = m \, \vec{a} = m \, \omega^2 \, l. \sin(\alpha)$

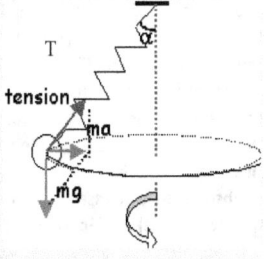

$T = m \, \omega^2 \, l = 0,2*12,56^2*0,5 = 15,77 \text{ N}$

$T = kx$; allongement = 15,77/100 = 0,157 m

<u>angle</u>

$T\cos(\alpha)=mg$

$m\,\omega^2\,l\cos(\alpha)=mg$

$\cos(\alpha) = g / (\omega^2\,l)$

vitesse $v = r\,\omega = \omega\cdot l.\sin(\alpha)$

$12{,}56*0{,}5*0{,}991 = 6{,}22\ \text{ms}^{-1}.$

$9{,}8/ (12{,}56^2*0{,}5)=0{,}124$; $\alpha = 82{,}8\ °$

<u>QCM 1</u> Un pendule simple est constitué d'un solide ponctuel de masse m attaché à l'extrémité d'un fil inextensible, de masse négligeable et de longueur l. On écarte le pendule d'un angle $\theta = 60°$ par rapport à l'équilibre et on le lâche sans vitesse initiale. On négligera tous les frottements.

Donnée : L=1 ;m=100g
Quelle est la tension du fil en N, lors du passage par sa position d'équilibre
A. 0,29
B. 0,67 N
C. 0,8 N
D. 1,35 N
E. 1,96 N
F. Aucune réponse exacte.

<u>QCM2</u>
Un oscillateur mécanique est constitué par un solide de masse m, accroché à l'extrémité libre d'un ressort à spires non jointives, de masse négligeable et de constante de raideur k. Le solide S oscille sans frottement suivant un plan horizontal. On repère la position, à l'instant t, du centre d'inertie G de S par l'abscisse x, sur un axe horizontal dont l'origine correspond à la position du centre d'inertie au repos. L'équation du mouvement, exprimée en unité du système international s'écrit :

$X(t)=8.10^{-2} \cos (2\pi .t/0{,}89)$

Parmi les affirmations combien sont exactes:
A .La période des oscillations vaut $T_0=0{,}89$ s
B. A l'instant initial t=0s, on a écarté le solide de $x_0=+8$cm de la position d'équilibre et on l'a lâché sans vitesse initiale.
C. La valeur absolue de la vitesse est maximale lors du passage par la position d'équilibre.
D. L'équation horaire x(t) ne dépend pas de la masse m du solide

a : 1   b :2   c :3   d :4   e : 5   f. aucune affirmation exacte

<u>QCM 3 Saut à l'élastique</u>

Lors d'un saut à l'élastique, un homme de masse m=70 kg, saute d'un pont situé au-dessus d'une rivière. L'élastique ne commence à s'étirer que lorsque le centre d'inertie de l'homme a effectué une chute de 20 m, c'est-à-dire lorsqu'il passe au point A tel que OA= 20 m. l'homme continue ensuite à tomber, tendant l'élastique jusqu'à ce que son centre d'inertie atteigne le point B tel que AB=15 m.

On prend comme référence des énergies potentielles l'altitude de la position initiale O du centre d'inertie de l'homme ; on prend g= 10 ms^{-2} et on suppose qu'il n'y a pas de frottements.

Etude de la première partie du saut de O à A

Que vaut l'énergie mécanique de l'homme dans le champ de pesanteur en O ?

En déduire la valeur de cette énergie en A

Calculer la valeur de la vitesse de l'homme au point A

Etude de la deuxième partie du saut de A à B

L'élastique assimilable à un ressort de constante de raideur k commence à s'étirer. En B sa longueur est maximale et vaut 35 m. On considère maintenant le système : homme accroché à l'élastique dans le champ de pesanteur. Reproduire le tableau ci-dessous.

Etats du système	Energie cinétique	Energie de pesanteur	Energie Elastique	Energie mécanique
A				
B				

En déduire la valeur de la constante de raideur de l'élastique.

QCM 4 :

Un solide de masse m=250g est suspendu à un ressort vertical de raideur k=30N/m et de longueur à vide l_0=20 cm. On calcule la longueur du ressort quand le solide est à l'équilibre :

A.   L=8cm
B.   L=9cm
C.   L=21 cm
D.   L=28 cm
E.   L=35 cm

QCM 5:

Un solide M est posé sur un plateau solidaire d'un ressort de raideur k=200N/m de longueur à vide l_0=15cm ; l'ensemble solide +plateau a une masse m=1500 g Déterminez la longueur l du ressort quand le système est à l'équilibre.

A.   L=7,5 cm
B.   L=15,3 cm
C.   L=3,5 cm
D.   L=10,4 cm
E.   L=4 cm

QCM 6

Quand on suspend un objet de masse m=350g à un ressort de raideur k, de longueur à vide l_0=20cm sa longueur augmente de 10%. On détermine la raideur du ressort et on trouve :

A.   k=8,2N/m

B.   k=17,5N/m
C.   k=22,5N/m
D.   k=171,5N/m
E.   k=1,71N/m

QCM 7

Un solide de masse m=150g, fixé à un ressort de raideur k=20N/m et de longueur à vide l_0=15 cm, peut coulisser sans frottement le long d'une tige faisant un angle α=40° avec l'horizontale. Calculer la longueur l du ressort à l'équilibre.

A.   l= 2,1 cm
B.   l=12,5 cm
C.   l=5,2 cm
D.   l=10,3 cm
E.   l=20,6cm

QCM 8

La longueur d'un ressort de raideur k=50N/m et de longueur à vide l_0= 20 cm est l_1=36cm lorsque l'on fixe un solide de masse m.

a) la valeur de la masse m du solide est égale à :

A. 820 g

B. 410 g

C. 1042g

D. 650g

b) on calcule quelle serait la valeur l_2 du ressort sur la lune où g_L=1,6 m/s^2 et on trouverait :

A. l_2=0,11 m

B.l_2=0,23 m

C. l_2=0,18m

D. l_2=0,33 m

QCM 9

Un solide de masse m=400g est suspendu à deux ressorts identiques de raideur k=25N/m et de longueur à vide l_0= 10 cm

On détermine l'allongement de chaque ressort à l'équilibre et on trouve :

A.   x= 8 cm
B.   x =16cm
C.   x = 32cm
D.   x = 4 cm

QCM 10

- L'équation horaire du mouvement d'un oscillateur mécanique rectiligne et horizontal est donné par la relation suivante : x = 3cos(20*t + π/4) avec x en cm et t en s.

a-   Donner la période, la fréquence et l'amplitude des oscillations.   b- Donner l'expression de la vitesse et de l'accélération de l'oscillateur en fonction du temps. c- Calculer les valeurs des amplitudes de la vitesse et de l'accélération. d- Calculer la vitesse et l'élongation pour t = 0 et t = 4s e- Calculer l'énergie de l'oscillateur, la masse en mouvement étant de m = 0,1 kg.

QCM 11 - Un solide S est assimilé à un point matériel de masse m peut glisser sans frottement sur une tige horizontale AB. Le solide est fixé à un ressort à spires non jointives de masse négligeable et de raideur k . L'autre extrémité du ressort est fixée en A à un support. a- Donner l'expression la plus générale pour l'abscisse x en fonction du temps t ;

b- calculer l'abscisse de G et la valeur algébrique de la vitesse pour t = 0 dans les trois cas suivants :
$\phi = 60°$, $\phi = 90°$ et $\phi = -60°$. On représentera le vecteur vitesse sur un schéma.
On donne : X_m= 5 cm et ω = 2 rad.s^{-1}
c- Exprimer l'énergie mécanique E_m du système (ressort + solide) à l'instant t = 0 en fonction de X_m
et k; puis en fonction de m, ω et X_m.
d-Donner la norme du vecteur vitesse lorsque le ressort passe par sa position d'équilibre.
e- Donner les positions du solide lorsque la vitesse s'annule.

QCM 12
Soit un oscillateur élastique horizontal pour lequel l'équation différentielle du mouvement est du type : $a_x + \omega^2 x = 0$ avec $\omega = (2\pi)/T = 1,0$ rad.s^{-1} Quand x=1,0 cm on mesure v_x= 3,0 cm s^{-1}
Evaluez l'amplitude X_m du mouvement.
a) X_m= 7,6 cm b) X_m= 6,5 cm c)X_m= 5,4 cm d) X_m= 4,3 cm e) X_m= 3,2 cm

QCM 13
Deux pendules simples P_1 de longueur L_1=0,81 m et l'autre appelé P_2 de longueur L_2=2,56L_1, sont lancés au même instant t_0=0, à partir de leur position d'équilibre, dans le même sens noté +.
A quelles conditions peut on dire qu'un pendule pesant est un pendule simple ?
Calculer T_1 la période du pendule P_1. 3) Exprimez T_2 la période du pendule P_2 en fonction de T_1.
Au bout de combien de temps les deux pendules repasseront-ils simultanément et dans le même sens + pour la première fois, par leur position d'équilibre ?

QCM 14
Deux ressorts R_1 et R_2 de constante de raideur K_1 et K_2 sont reliés entre eux par un crochet B de masse négligeable. Le ressort R_1 est relié à un point fixe. Le ressort R_2 retient une masse m qui peut glisser sans frottement sur une tige horizontale. On note x_1 et x_2 les élongations respectives, à un instant t, des deux ressorts. Chaque élongation est comptée à partir de la position à vide du ressort correspondant.
1-La relation entre x_1 et x_2 sera :
   a. $k_1 x_1 = k_2 x_2$ car les tensions sont opposées
   b. $k_1 x_1 = k_2 x_2$ car $T_1 = T_2$
   c. $k_1/x_1 = k_2/x_2$
   d. $k_1 x_1 = k_2 x_2$ car les tensions ont même direction
2- La propulsion propre ω_0 de ce système sera :

a. a une valeur positive

b. est une racine carrée

c. dépend uniquement de k1 et k2

d. ne peut avoir une valeur négative

e. ne dépend pas de la masse

QCM 15

On dispose d'un ressort de masse négligeable k= 5,4 Nm^{-1} L$_0$=12 cm

L'extrémité est fixée à un support horizontal. On suspend à l'extrémité une sphère métallique R=1,5 cm et L$_1$=17 cm

Immergé dans un liquide de densité inconnue L$_2$=15 cm

ρ_{Eau}=1000kg.m^{-3}

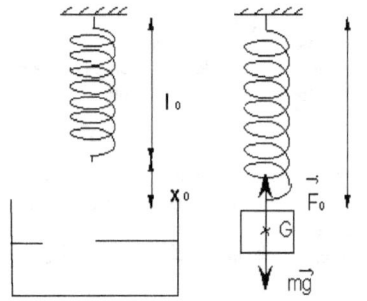

Calculez la densité du liquide :

A 0,62   B 078   C 0,85   D 0,92   E 0,98   F aucune

Corrigés :

QCM1

Réponse 1,96 N   T= mg/cosα= 1/0,5= 2 N

On applique le théorème de l'énergie cinétique entre deux instants :

½ mv$_B$^{2} - ½ mv$_A$^{2} = W$_{AB}$(T) . W$_{AB}$(P)

W$_{AB}$(T)=0

W$_{AB}$(P)=mg(z$_A$-z$_B$)

z$_A$-z$_B$=L-Lcosα

v$_B$^{2}=2gL(1-cosα)

QCM2

A, B, C, D vrai

Réponse d : 4

X(t) =X$_0$ cos (2π t/0,89) A vrai B vrai C vrai D vrai T=2π/ω_0

QCM3

L'énergie mécanique de l'homme en O est Em$_O$= Ec$_O$ + Ep$_O$

or en O z$_O$= 0 et V$_O$=0 puisqu'il part du point O

on en déduit donc que Em $_O$= 0 J

on suppose qu'il n'y a pas de frottements ce qui signifie qu'il y a conservation de l'Em

Em$_A$= Em$_O$ et donc Em$_A$= 0J

$Em_A = E_{CA} + E_{PA} = 0$ donc $\frac{1}{2} mv_A^2 = + mg\, z_A = 0$

$z_A = -20$ m

$v_A = 20$ m/s

$Ec = 1/2\, mv^2$

$Epp = mgz$

$Em = Ec + E_{pp} + Epe$

Etats du système	Energie cinétique	Energie de pesanteur	Energie Elastique	Energie mécanique
A	14000 J	-14000 J	0 J	0 J
B	0 J	-24500 J	24500 J	0 J

$E\, pe(B) = \frac{1}{2} k\, x_B^2$

Or $x_B = AB$ $k = 2\, Ep(B)/ AB^2$

QCM 4

Correction : Réponse D

$P + T = 0$

$x = mg/k = 0{,}25 \cdot 9{,}8/30 = 8\ 10^{-2}$

$L = 28$ cm

Correction QCM 5 : Réponse A.

$P + T = 0$

$mg + k(L - L_0) = 0$

$L = L_0 - mg/k = 7{,}5$ cm

Correction QCM 6 : Réponse D

$P + T = 0$

$-mg + k(L - L_0) = 0$

$k = mg/(L - L_0)$

$k = 0{,}35 \times 10/0{,}02 = 171{,}5$ N/m

Correction QCM 7 : Réponse D

$P + T = 0$

$kx = mg\sin\alpha$

$x = 4{,}8$ cm

$l = 15 - 4.8 = 10{,}2$ cm

Correction QCM 8

Correction a) : Réponse A

$m = kx/g = 0{,}8$ kg $= 820$ g

Correction b) : Réponse B

$x = mg/k = 0{,}820 \cdot 1{,}6/50 = 2{,}6$ cm

$l_2 = 0{,}23$ m

QCM 9

2 ressorts en série $k_{éq} = 0{,}5\ k = 12{,}5$ N/m ; l_0 éq $= 2l_0$

$1/k_{eq} = 1/k_1 + 1/k_2$

$mg = kx$

$x=32 : 2= 16$ cm

Réponse : B

Correction QCM 10

a- $T=\pi/10$ s, $F=10/\pi$, $X_m=3$

b-: $\dot{x}(t)= -60 \sin(20*t + \pi/4)$

$\ddot{x}= -1200 \cos(20*t + \pi/4)$ c- $x(0)=3\sqrt{2}/2$; $\dot{x}(0)=-60\sqrt{2}/2$; A t=0, $E_m= E_c+E_p$, ; $E_c=1/2\ mv^2$
$E_p=1/2\ kx^2$

$k=m\ 4\pi^2/T_0^2$
$k = 40$ N/m
$E_m=180$ J

Corrigé QCM 11
a- $X(t)=X_m\cos(\omega t+\phi)$; $x(0)=2,5$; $x(90)=2,5$. $X(-60)=-2,5$;
b- $E_m= E_c+E_p$, $E_c=1/2\ mv^2$ $E_p=1/2\ kx^2=1/2\ kX_m^2\cos^2(\phi)$
c- $Ec=1/2\ m\ X_m^2\ \omega^2 \sin^2(\phi)$
d- $E=1/2\ X_m^2(k+m\ \omega^2)(\cos^2(\phi) + \sin^2(\phi)) =1/2\ X_m^2(k+m\ \omega^2)$

Corrigé QCM 12
$\ddot{x} + \omega^2 x=0$
D'où $x= X_m \cos(\omega t+ \Phi)$
$\dot{x}= -X_m \sin(\omega t+ \Phi)$
Or $\cos^2(\omega t+\Phi) +\sin^2(\omega t+\Phi)=1$
D'où $(x/X_m)^2 + (\dot{x}/ X_m\omega)^2 =1$
$X= 3,2$ cm
Réponse e

Corrigé QCM 13
• 1) On peut dire qu'un pendule pesant est un pendule simple quand sa période d'oscillations est indépendant de l'amplitude des oscillations.

2) $T_1=2\pi\sqrt{\frac{L1}{g}}$ $T_1=2\pi\sqrt{\frac{0,81}{10}}=1,8$ s

3) $L_2=2,56\ L_1$

$T_2=2\pi\sqrt{2,56\frac{L1}{g}}=2\pi\sqrt{\frac{16.16.L1.0,01}{g}}= 1,6\ T_1$

4) $T_1/T_2= 1/1,6 =10/16$; $T_1/T_2= 5/8$ quand P1 effectue une période, P_2 effectue 5/8 de période de T_1

Quand P_1 effectue n période, P_2 effectue 5/8n de période de T_1 donc pour n=8 les deux pendules ne passeront simultanément dans le même sens pour la première fois pour leur position d'équilibre t=8 x 1,8= 14,4 s

Corrigé QCM 14 : Les forces appliquées en B sont la tension T_1 et la tension T_2, la réaction R, le théorème du centre de l'inertie donne $R + \vec{T}_1 + \vec{T}_2 = m_B\, \vec{a}$

En projection sur AB : $-k_1 x_1 + k_2 x_2 = m_B\, a$

Mais $m_B = 0$ donc $k_1 x_1 = k_2 x_2$ les 2 tensions ont la même norme, la même direction mais des sens opposés. Le fait qu'elles aient la même direction n'implique pas la relation précédente. En effet, si elles ont même direction et le même sens alors $k_1 x_1 = -k_2 x_2$

2-Les deux ressorts sont montés en série donc $1/k_{eq} = 1/k_1 + 1/k_2$ donc $1/k_{eq} = (k_1 + k_2)/(k_1.k_2)$

Corrigé QCM 15

1) P=T

$$Mg = k(l_1 - l_0)$$

2) $\quad \overline{\pi a} + \vec{T} + \vec{P} = \vec{0}$

$Mg - T - \Pi a = 0$

$Mg - k(L_2 - L_0) - \rho\, l_{iq}\, Vg = 0$

$d\, l_{iq} = \dfrac{mg - k(L2 - L0)}{Vg\,\rho eau} = 3 \cdot \dfrac{k(l1 - l0) - k(l2 - l0)}{4\pi\, R^3 g\,\rho eau} = \dfrac{3k\,(l1 - l2)}{4\pi\, R^3 g\,\rho eau} = 0{,}78$ (réponse b)

5- Travail et énergie

5-1. Travail d'une force

5-1-1. Travail d'une force constante

Soit une force $\vec{F}$ constante dont le point d'application se déplace d'un point A vers un point B.

Définition : On appelle travail de la force $\vec{F}$ sur le trajet AB la

$$W_{AB}(\vec{F}) = \vec{F}\, \overrightarrow{AB}$$

Le travail d'une force constante ne dépend pas du chemin suivi. $W_{AB}(\vec{F}) = F\, AB \cos \alpha$

5-1-2. Travail élémentaire d'une force quelconque et puissance

Définition : On appelle travail élémentaire d'une force $\vec{F}$ le travail de $\vec{F}$ sur un déplacement élémentaire $\overrightarrow{dl}$ (portion très petite de la trajectoire considérée comme rectiligne).

$\delta W = \vec{F}\, \overrightarrow{dl}$

$$P = \frac{\delta W}{\delta t} = \vec{F}\vec{v}$$

5-2. Expression générale du travail

Le travail d'une force sur un déplacement quelconque AB est égal à la somme de tous les travaux élémentaires sur le déplacement AB.

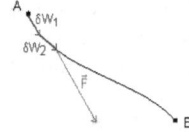

$$W_{AB}(\vec{F}) = \int_A^B \partial W = \int_A^B \vec{F} \, \vec{dl}$$

5-3. Travail du poids d'un corps

$$W_{AB}(\vec{P}) = \int_A^B \vec{P} \, \vec{dl}$$

$$W_{AB}(\vec{P}) = \vec{P} \, \vec{AB}$$

On en déduit

L'expression ci-dessus montre que le travail du poids d'un corps ne dépend pas du chemin suivi. Cette propriété est tout à fait logique, puisque le poids est une force

constante dans une région limitée de l'espace ($\vec{P}$ = m $\vec{g}$ avec $\vec{g}$ vecteur constant :)

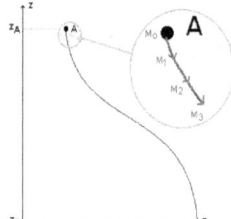 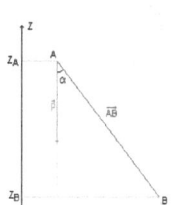

<u>Remarque :</u> $W_{AB}(\vec{P}) = \vec{P} \, \vec{AB}$ = mg AB cos α= mg (z_A-z_B) car AB cos α= z_A-z_B

5.4 Travail d'une force appliquée à l'extrémité d'un ressort

$$\vec{F} = -\vec{T} = k \times \vec{i}$$

Lorsque l'allongement du ressort passe de x à x+dx, on peut considérer la force $\vec{F}$ comme constante.

Le travail élémentaire de $\vec{F}$ sur le petit déplacement dx s'écrit $\partial W = kx \, dx$

Le travail de $\vec{F}$ sur le déplacement AB est donc :

$$W_{AB}(\vec{F}) = \int_{x1}^{x2} kx \, dx$$

$$W_{AB}(\vec{F}) = \frac{1}{2}(k x^2)\Big|_{x1}^{x2}$$

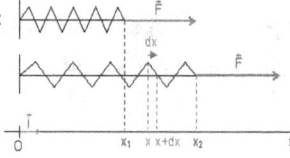

$$\text{d'où : } W_{AB} = \frac{k}{2}(x_2^2 - x_1^2)$$

5-5-Travail d'une force électrostatique

Une particule de charge q placée dans un champ électrostatique E est soumise à la force : f=qE

E_p=qV Energie potentielle électrique en J, q est la charge en C, V, potentiel en V

$W_{A-B} = E_p(A) - E_p(B) = q(V_A - V_B)$

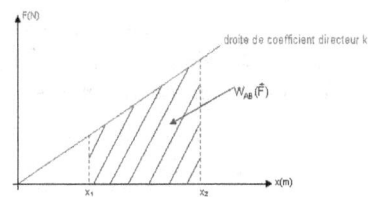

5-6- Energie cinétique et théorème

5-6-1- Energie cinétique

L'énergie cinétique d'un solide de masse m, en translation dans un référentiel où la vitesse de son centre d'inertie G est V_G, a pour expression :

$Ec = 1/2mv_G^2$

m masse du solide en kg
v vitesse du centre d'inertie du solide en m/s
E_c énergie cinétique en J

5-6- 2- Théorème de l'énergie cinétique

Dans un référentiel galiléen, la variation de l'énergie cinétique d'un solide en translation dont le centre d'inertie passe de A à B est égale à la somme des travaux de toutes les forces subies : $E_C(B) - E_C(A) = \sum W_{A \to B}(F_{ext})$

5-7- Energie potentielle

5-7-1. Définition

L'énergie potentielle est l'énergie que possède un système du fait de sa position par rapport au système avec lequel il est en interaction.

5-7-2. Energie potentielle de pesanteur

<u>Définition</u> : L'énergie potentielle de pesanteur est l'énergie que possède un système du fait de sa position par rapport à la Terre.

$E_{pp}=mgz$

avec E_{pp} énergie potentiel de pesanteur (J), g, intensité de la pesanteur (m s^{-2}) z, altitude

<u>Remarque</u> : Si un système passe de l'altitude z=0 à l'altitude z sous l'action d'une force $\vec{F}$, on montre que $E_{pp} = W(\vec{F})$

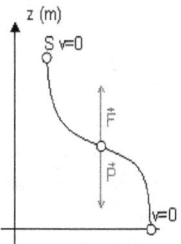

5-7-3. Energie potentielle élastique

<u>Définition</u> : L'énergie potentielle élastique d'un système {solide-ressort} est l'énergie qu'il possède du fait de son allongement. On montre que : $E_{pél}= \frac{1}{2}$ k x^2 $E_{él}$: Energie potentielle élastique en J, k constante du ressort (N m^{-1}) x allongement du ressort en m

5-8 Energie mécanique

5-8 -1. Système solide ressort, oscillateur libre.

<u>Définition</u> : On appelle énergie mécanique d'un système solide ressort la somme :

Em= Ec+ Ep él

<u>Remarque</u> : l'énergie mécanique peut s'écrire

$Em= \frac{1}{2} \dot{x}^2 + \frac{1}{2}$ k x^2

Calculons $\frac{dEm}{dt}= \frac{d(\frac{1}{2}m\dot{x}^2+\frac{1}{2}k x^2)}{dt}= 2 \dot{x}$ (m $\ddot{x}$ + k x)

Or   m $\ddot{x}$ +kx=0

(équation différentielle du système lorsqu'il n'y a pas de frottements). On en déduit

$\frac{dEm}{dt}$ = 0   donc E$_m$ = cte

L'énergie mécanique d'n système (solide-ressort- se conserve si le système évolue sans frottements. Au cours des oscillations libres d'un pendule non soumis à des forces de frottement, l'énergie mécanique du système se conserve. Il y a conversion d'énergie à l'intérieur du système entre les formes cinétiques et potentielle.

Si l'énergie mécanique ne se conserve pas (forces non conservatives dû aux frottements alors la variation d'énergie mécanique est égale au travail des forces non conservatives.)

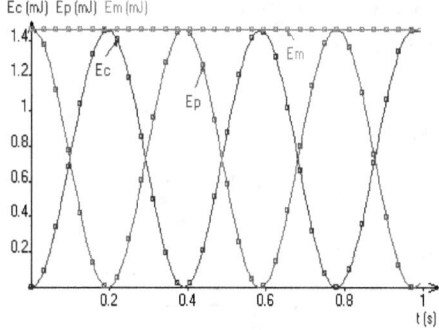

5-8-2 Pendule simple

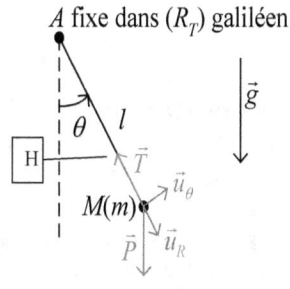

A fixe dans (R_T) galiléen

$$\overrightarrow{AM} = l \cdot \vec{u}_R \; ; \quad \vec{P} = m\vec{g} \; ; \quad \vec{v}_{M/(R_T)} = l\dot{\theta} \cdot \vec{u}_\theta \; ; \quad \vec{T} \, // \, \overrightarrow{AM}, \vec{T} = T_R \vec{u}_R$$

$$E_m = \frac{1}{2} m \cdot \vec{v}_{M/(R_T)}^2 + E_{PP} = \frac{1}{2} m \cdot l^2 \cdot \dot{\theta}^2 + mgz$$

On a $z = \overline{AH} = -l \cos \theta$

Donc $E_m = \dfrac{1}{2} m \cdot l^2 \cdot \dot{\theta}^2 - mg \cdot l \cos \theta$

D'après le théorème de l'énergie mécanique :

$$\frac{dE_m}{dt} = 0 \; (\text{car } \vec{T} \perp \vec{v})$$

Donc $m \cdot l^2 \cdot \ddot{\theta} \cdot \dot{\theta} + mg \cdot l \cdot \dot{\theta} \sin \theta = 0$

$\Leftrightarrow l^2 \cdot \ddot{\theta} + g \cdot l \sin \theta = 0$ **(cas** $\dot{\theta} = 0$ **sans intérêt)**

5- 8- 3 Energie et mouvement d'un projectile

Dans le cas de la chute libre, nous avons vu au chapitre précédent que

$$\begin{cases} m\ddot{x} = 0 \\ m\ddot{z} = -mg \end{cases}$$

L'énergie cinétique

$$Ec = \frac{1}{2} m v^2$$

L'énergie mécanique est donc :

Em = Ec +Ep

L'énergie mécanique d'un objet en chute libre se conserve.

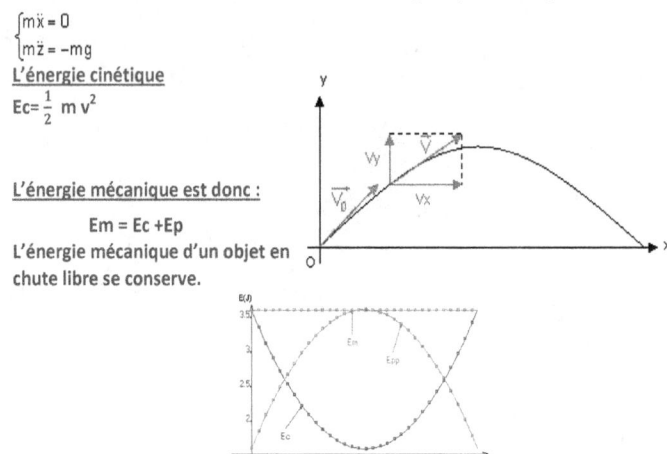

5-8-4-Travail et énergie mécanique

Par définition l'énergie mécanique d'un système est la somme de son énergie cinétique et de son (ou ses) énergie potentielle:

Em = Ec + Ep

Lorsqu'un système est soumis seulement à des forces conservatives alors l'énergie mécanique est constante. Dans ce cas les variations d'énergie cinétique sont compensées par des variations d'énergie potentielle (et inversement).

Lorsqu'un système est soumis à des forces non conservatives alors la variation d'énergie mécanique est égale à la somme des travaux des forces non conservatives:

Théorème de l'énergie mécanique :

ΔEm= ΣW(F   non conservatives) <0

Le travail d'une force non conservative étant toujours négatif, l'énergie mécanique d'un système ne peut donc que décroître. L'énergie d'un pendule est soumis à des frottements et don diminue progressivement.

5- 9 Puissance moyenne d'une force :

La puissance moyenne P_{moy} d'une force F est le quotient du travail $W\ (\overrightarrow{F})$ par la durée Δt mise à l'effectuer. $\quad P_{moy} = \frac{W\ (f)}{\Delta t}$

P s'exprime en Watt (W) ; W s'exprime en Joule (J) et Δ t s'exprime en seconde (s)

<u>Cas particulier d'un solide en translation rectiligne uniforme :</u>
Tous les points du solide ont le même vecteur vitesse v, constant.
$P_{moy} = W_{AB}\ (\overrightarrow{F})/Dt = \overrightarrow{F}.\overrightarrow{AB}/\Delta t$ avec $= \overrightarrow{f}\ \overrightarrow{v}.Dt$

Dans le cas d'un solide en translation rectiligne uniforme, la puissance moyenne d'une force constante F appliquée au solide est égale au produit scalaire de la force F par le vecteur vitesse v du solide :
$P_{moy}= F.v$

En rotation on a : $Ec = 1/2\ I\ \omega^2$

$P = \tau\omega$ puissance en W

$W = \tau\theta$ et $\Delta Ec = W$

$1/2\ I\ \omega_2^2 - 1/2\ I\ \omega_1^2 = \tau\theta$

Lors d'un mouvement circulaire uniforme : $\sum \tau = 0$

$\omega_0 t + \theta_0 = \theta$; $F = m.a$

$\Sigma M = I.\alpha$
$\Sigma M.\Delta t = I.\alpha.\Delta t$; avec $\alpha = \dfrac{\Delta\omega}{\Delta t}$

$\Sigma M.\Delta t = I.\Delta\omega$

$F.\Delta t = m.\Delta v$

$P = \tau\omega$ puissance en W ; $\tau = Fr$ moment de la force

$W = \int F\ r\ d\theta = \tau\theta$ et $\Delta Ec = W$

Théorème de l'Ec pour rotation :

$1/2\ I\ \omega_2^2 - 1/2\ I\ \omega_1^2 = \tau\theta$

Exemple : un seau de 20 kg maintenu par une corde. L'axe est un cylindre. Le moment d'inertie est de 0,2 kgm^2. Si le sceau est au repos quelle vitesse aura-t-il au moment d'atteindre le bas.

$E=1/2\ mv^2 + \frac{1}{2}\ I\omega^2 = mgh$ et $\omega = v/r$

Exemple
Un piano de 250 kg est soulevé par un treuil à vitesse cte= 0,1 ms-1
Calculer la puissance
P= Fv= 245W

5-10 Exercice méthodes énergie

Exercice 1 Une grue met 18s pour soulever une charge de masse m=500kg sur une hauteur h=20m. La charge est animée d'un mouvement rectiligne uniforme. 1. Déterminer la valeur de la tension du câble qui soulève la charge. 2. Déterminer le travail de la tension du câble lors de ce déplacement. 3. Déterminer la puissance de cette force.

Correction . Lors de son mouvement, la charge est soumise à deux forces: son poids $\vec{P}$ et la tension du câble $\vec{T}$. La charge est animée d'un mouvement rectiligne uniforme par rapport au référentiel terrestre supposé galiléen en première approximation. En vertu du principe de l'inertie on peut écrire: $\vec{P} + \vec{T} = \vec{0}$; T=P Alors $T = mg = 500 \times 9,8 = 4,9\ 10^3$ N 2. La tension du câble est une force constante. Son travail est donné par: $W_{AB}(\vec{T}) = \vec{T} \cdot \overrightarrow{AB} = 9,8.10^4$ J 3. La puissance est donnée par: $P = W_{AB}/\Delta t = 5,4\ 10^3$ W

Exercice 2 Une bille masse m=15,0g est en chute libre sans vitesse initiale. Elle a été lâchée d'un balcon au 6ème étage situé à une hauteur h=18,0m. 1. Représenter les forces s'exerçant sur la bille. 2. Déterminer le travail du poids de la bille au cours de la chute. 3. Déterminer l'énergie cinétique de la bille lorsqu'elle arrive au sol. 4. En déduire la vitesse de son centre d'inertie.

Correction : On étudie le système {bille} dans le référentiel terrestre (galiléen par approximation). Le système {bille} est soumis à une force de la part du milieu extérieur: 2. Le travail du poids de la bille au cours de la chute s'écrit: $W(\vec{P}) = mgh = 2,65$ J ; Remarque: W($\vec{P}$)>0: le poids de la bille effectue un travail moteur. 3. La variation d'énergie cinétique de la bille entre le 6ème étage et le sol s'écrit: $\Delta Ec = W(\vec{P}) = Ec(sol) - Ec\ (6^{\text{ème}}) = W(\vec{P})$ Or Ec(6ème) = 0 car la bille est lâchée sans vitesse initiale, d'où: $Ec(sol) = W(\vec{P}) = 2,65$ J 4) E_C (sol) $\frac{1}{2}\ m\ V^2$ d'où V= 18,8 m.s^{-1}

Exercice 3 Un skieur de masse m=80,0kg (équipement compris) part, sans vitesse initiale, du sommet d'une piste inclinée d'un angle α=20° par rapport à l'horizontale. Le contact avec la piste a lieu avec frottement; la réaction de la piste sur les skis n'est donc pas perpendiculaire à la piste, on désigne par $\vec{R}_N$ et $\vec{f}$ les composantes normale et tangentielle de cette réaction.

1. Faire un schéma représentant les forces s'appliquant sur le skieur (on ne se préoccupera pas du point d'application de $\vec{R}_N$ et $\vec{f}$). 2. Utiliser le fait que la vitesse du centre d'inertie du skieur perpendiculairement à la pente ne varie pas pour obtenir une relation entre les valeurs R_N et de f. Calculer R_N numériquement. 3. Sachant que $f=0,2.R_N$, calculer la valeur de la force de frottement f. 4. Calculer la valeur de la vitesse du skieur après 500m de descente: Si la résistance de l'air sur le skieur est négligeable. Si la résistance de l'air sur le skieur peut être modélisée par une force constante $\vec{f}$' parallèle au mouvement, en sens inverse et de valeur 50,0N.

<u>Donnée</u>: intensité de la pesanteur: g=9,81Nkg^{-1}.

<u>Correction</u>

1. On étudie le système {skieur} dans le référentiel terrestre (galiléen par approximation). Le système est soumis à deux forces extérieures: son poids P , la réaction R qui se décompose en deux composantes : en deux composantes: R_N la réaction normale perpendiculaire à la piste. La force de frottement opposée au mouvement avec R= R_N + f . Soit $\Delta\vec{v}$ la variation du vecteur vitesse au cours de la descente. D'après le texte, $\Delta\vec{v}$ est colinéaire à la pente et la composante de $\Delta\vec{v}$ sur l'axe Oy est nulle. D'après la deuxième loi de Newton $\Delta\vec{v}$ à la direction de la résultante des forces extérieures appliquées au système. La coordonnée de cette résultante sur l'axe Oy est donc nulle, d'ou: $(\Sigma\vec{F})_y = 0$, R_N - P.cos(α) = 0, R_N = 80,0 x 9,81 x cos(20)=737,5 N; 3. f=0,2 R_N; f= 0,2 x 737,5 = 147,5 N ; 4. Soit A la position du skieur en haut de la descente et B sa position en bas

Ec(A) = 0 (vitesse initiale nulle) et Ec(B)=$^1/_2$.m.V^2. <u>Si la résistance de l'air sur le skieur est négligeable</u>: D'après le théorème de l'énergie cinétique: Ec(B)-Ec(A) = W(P) +W(R_N) +W(f)

1/2m V^2= mgh +0 –fd; h=d sin(α)

½ mv^2=mgd sin (α) -fd

$$V=\sqrt{2\,(mg\,sin\alpha - f)d}/m;\ v=\sqrt{2.\,(80.9,81.\sin(20) - 147,5)500/80}= 38,9\ m.s^{-1}$$

<u>Si la résistance de l'air sur le skieur est négligeable</u>: L'ensemble des forces de frottement peut s'écrire $\vec{f}$ + $\vec{f}$'. Le raisonnement est analogue au précédent: Ec(B)-Ec(A) = W(P) +W(R_N) +W(f)+W(f') ; 1/2mv^2=mgh +0 –fd –fd' ; ½ Mv^2=mgd sin(α) –(f+f') d

1/2mv^2=mgh +0 –fd –fd'

$$V=\sqrt{2(mg\,sina) - f - f')/md}\ v= 29,\ 8\ m.\ s^{-1}$$

<u>Exercice 4</u> Un bobsleigh de masse m=500Kg est animé d'un mouvement de translation. La valeur de sa vitesse varie de 5m.s^{-1} à 10m.s^{-1}.

a.   Enoncer le théorème de l'énergie cinétique.

b.   Calculer le travail reçu par le bobsleigh.

c. Pendant la course d'élan, les bobeurs exercent sur une distance d=10m une force F=200N parallèle à la piste. Calculer la vitesse acquise par le bobsleigh de masse m=350Kg à la fin de <u>la course d'élan horizontale</u>. En négligeant la force de frottement. En considérant que la force de frottement f, supposée parallèle à la piste, a pour valeur 20N.

<u>Correction Exercice 4</u> : 1.a Soit un solide S en mouvement de translation entre deux instants t_1 et t_2. Dans un référentiel galiléen. Théorème de l'énergie cinétique: La variation d'énergie cinétique du centre du solide entre les instants t_1 et t_2 est égale à la somme des travaux de toutes les forces extérieures appliquées au solide entre les instants t_1 et t_2

$$\boxed{Ec_2 - Ec_1 = \sum W(\overrightarrow{F_{ext}})}$$

1.b Soit W le travail reçu par le bobsleigh, d'après le théorème de l'énergie cinétique: W = $Ec_2 - Ec_1$
W = $1/2.m.v_2^2 - 1/2.m.v_1^2$
W = $1/2.500.(10^2 - 5^2)$ W = 18750J

2.a On étudie le système {bobsleigh} dans le référentiel terrestre (galiléen en première approximation) Le système est soumis à 3 forces extérieures: Son poids $\overrightarrow{P}$.

- La réaction normale du sol $\overrightarrow{RN}$.
- La force motrice $\overrightarrow{F}$ due à la poussée.

$Ec_2 - Ec_1 = W(\overrightarrow{P}) + W(\overrightarrow{R_N}) + W(\overrightarrow{F})$.

$W(\overrightarrow{P})=0$ et $W(\overrightarrow{R_N})$ car les forces $\overrightarrow{P}$ et $\overrightarrow{R_N}$ sont perpendiculaires au déplacement.

Le travail de $\overrightarrow{F}$ est un travail moteur: $W(\overrightarrow{F}) = \overrightarrow{F}.\overrightarrow{d}$ =F.d, d' où: $E_{C2}-E_{C1}=W(F)$

$1/2mv^2-0=Fd$; $v=(2Fd/m)^{1/2}$ $v=3,38$ ms^{-1}
On étudie le système {bobsleigh} dans le référentiel terrestre (galiléen en première approximation). le bobsleigh est soumis à la force de frottements $\overrightarrow{f}$.

Soit $\overrightarrow{R}$ la réaction de la piste. On remarquera que $\overrightarrow{R} = \overrightarrow{R_N} + \overrightarrow{f}$

D'après le théorème de l'énergie cinétique:

$Ec_2 - Ec_1 = W(\overrightarrow{P}) + W(\overrightarrow{R_N}) + W(\overrightarrow{F}) + W(\overrightarrow{f})$.

Or $W(\overrightarrow{P})=0$ et $W(\overrightarrow{R_N})$ car les forces $\overrightarrow{P}$ et $\overrightarrow{R_N}$ sont perpendiculaires au déplacement.

Le travail de $\overrightarrow{F}$ est un travail moteur: $W(\overrightarrow{F}) = \overrightarrow{F}.\overrightarrow{d}$ = F.d

Le travail de $\overrightarrow{f}$ est un travail résistant: $W(\overrightarrow{f}) = \overrightarrow{f}.\overrightarrow{d}$ = -f.d ; $Ec_2-Ec_1= W(F) +W(f)$

½ m V^2-0= Fd-fd; v=3,2 m s^{-1}

Exercice 5 Le moteur d'une *Formule 1* de masse M= 620 kg développe une puissance supposée constante P=540kW. La voiture démarre du bas d'une côte rectiligne de pente 6,00%. Au bout d'une durée de t=2,60s, elle a atteint la vitesse de valeur 234km.h^{-1}. En supposant toutes les résistances à l'avancement négligeables, calculer la distance parcourue par la voiture entre le départ et cet instant.

Correction : La *Formule 1* est soumise à 3 forces extérieures: son poids, la réaction R$_N$, la force motrice ; on choisit un référentiel terrestre et un repère associé à ce référentiel ; soient A la position de départ de la voiture et B sa position à l'instant t=2,30 s, les travaux des forces peuvent s'écrire : W($\vec{P}$)= -mgh=-mgd sin α W($\vec{R}$)= 0 car perpendiculaire à d, W (F) =P t ; D'après le théorème de l'énergie cinétique: Ec(B)-Ec(A)=W(P)+W(R$_N$)+W(F) ;

Ec(B)-0 =mgd sin (α) +Pt

1/2mv^2+2P.t=-m g d sin(α); -mv^2+2P.t=2 mg d sin (α); d= 2Pt-mv^2/(2mg sinα)= 259m

QCM travail et énergie mécanique

QCM 1
Un skieur immobile (75 kg) à t=0s s'élance dans une pente d'inclinaison constante, au bout de 100 m sa vitesse est de 50,4 km/h ; les forces de frottements, parallèle à la pente, en sens inverse de la vitesse sont estimées à F=100N.
L'inclinaison de la pente est de :
A. 2,06°
B. 5,74°
C. 13,65°
D. 18,08°
E. 22,06°

QCM 2
Une personne jette à la verticale et vers le haut un livre à partir d'une altitude de 1,5m par rapport au sol à la vitesse de 10 m/s. Les frottements sont équivalents à une force constante opposée à la vitesse de norme 5 N. La masse du livre est de 2 kg. L'altitude maximale atteinte, par rapport au sol, par le livre est de :
A. 4m
B. 5,5m
C. 8,17 m
D. 14,28 m
E. 3 m

QCM3
Un objet est lancé vers le haut depuis un point d'altitude 15 m, dans une direction faisant un angle de 30° avec la verticale. La hauteur maximale atteinte par le poids est de 61m. Si on néglige tout frottement, la vitesse initiale du jet est de :

A. 24,67 m/s
B. 34,67 m/s
C. 44,67 m/s

D. 124,82 km/h

E. 88,82 m/s

QCM4

Une bille d'acier sphérique de rayon r=4 mm tombe verticalement dans l'air à la vitesse constant V. L'air exerce sur la bille une force de frottement fluide qui a pour expression $F = K\pi r^2 \rho_{air} V^2$ où K est une constante. On négligera la poussée d'Archimède s'exerçant sur la bille.

Données $\rho_{acier} = 7800$ kg.m^{-3} $\rho_{air} = 1,29$ kg.m^{-3} $\quad$ K=0,2

Déterminer l'énergie cinétique en (J) de la bille arrivant au sol.

A. 1,65 $\quad$ B. 2,47 $\quad$ C. 2,88 $\quad$ D 3,15 $\quad$ E 3,35 $\quad$ F. 3,62

QCM 5

Un solide S de masse m glissant sans frottement sur une tige horizontale, est accroché à un ressort idéal de raideur k dont l'une des extrémités est fixée sur un support. La position du centre d'inertie G du solide à l'équilibre constitue l'origine O de l'axe des abscisses. On écarte le solide de sa position d'équilibre de 5 cm dans le sens des abscisses et on le lâche sans vitesse initiale. L'origine des temps sera prise au premier passage du centre d'inertie par sa position d'équilibre. L'énergie mécanique du système (solide+ressort) est constante et est égale à 20 mJ. A la date t=50 ms, l'énergie potentielle élastique du système est de 4,9 mJ.

Déterminer la constante k du solide S.

A 50 $\quad$ B. 100 $\quad$ C. 16 $\quad$ D. 100 $\quad$ E. 1,6 $\quad$ F. 160

QCM6

Un cascadeur à moto décolle d'une rampe suivant une direction qui fait un angle de 30° avec l'horizontale. Il parvient juste à franchir un alignement de camions placés sur une longueur de 36 m. Il retombe à la hauteur de son point de départ. Quelle était sa vitesse au moment du décollage ?

QCM7

Un ballon de foot est lancé à une distance de 60 m sur terrain plat. Si l'angle de lancement est de 60°, quelle doit être sa vitesse initiale.

QCM 8

Un objet tombe en chute libre sans vitesse initiale d'une hauteur h. Cet objet parcours 9,5 m lors de sa dernière seconde de chute.

Calculer sa vitesse (en km.h^{-1}) lorsqu'il atteint le sol.

a) 31 $\quad$ b) 38 $\quad$ c) 49 $\quad$ d) 52 $\quad$ e) 54

QCM 9

Le travail du poids d'un corps est

A toujours positif quand le corps descend

B est toujours moteur

C a un signe qui dépend du choix de l'axe vertical

QCM 10

Lors de la chute libre d'un point matériel A :

A il y a conversion d'énergie de A entre les formes potentielle et cinétique

B L'énergie mécanique de A diminue quand son énergie potentielle diminue
C L'Energie mécanique de A diminue toujours

QCM 11
Lors des oscillations libres d'un pendule, l'énergie mécanique du pendule :
A s'exprime par Em = Ec +Ep
B reste constante en l'absence de frottement
C reste toujours constante que les oscillations soient amorties ou pas

Corrections

QCM1
C. 13,65°
$\sum W(\overrightarrow{F}) = \Delta Ec$
$W(\overrightarrow{P}) + W(\overrightarrow{F}) = 1/2 \, m \, v^2$
$-P. L \cos(\pi/2 + \alpha) - F.L = 1/2 \, m \, v^2$
M (skieur)=75kg

QCM2
Réponse B
$\sum W(\overrightarrow{F}) = \Delta Ec$
Avec v=0 pour l'altitude maximum
Donc $0 - 1/2mv^2 = mg(z_B - z_A) - F(z_B - z_A)$
$(z_A - z_B)(-F - mg) = -1/2mv^2$
$(z_A - z_B) = 100/25 = 4$
H=4+1,5
H=5,5M

QCM3
B et D
$x = v_0 \cos\alpha$
$y - y_0 = -1/2 \, g \, (x/v_0\cos\alpha)^2 + tg \, \alpha \, x$
vrai pour x_{max}
$x_{max} = v_0^2 \sin 2\alpha/g$; x_m est la portée
$t_{max} = v_0 \sin\alpha/g$
$46 = v_0^2 \sin^2\alpha/2g$
$H = \frac{V_0^2}{2g} \sin^2\alpha$
Avec $\alpha = 60°$ par rapport horizontale
B et D
$x = v_0 \cos\alpha$
$V_0 = 34,67$ m/s

QCM 4 :
$P + F = 0$ $P = F$, $mg = K\pi \rho r^2 v^2$
$v^2 = 4 \, r.\rho_{acier} \, g / 3K \rho_{air}$
$Ec = 1/2 \, m \, v^2 = 1,65$ J (réponse A)

QCM5

Réponse C

Corrigé $\quad\quad X = X_m \cos(\omega_0 t + \Phi)$

$V = -X_m \omega_0 \sin(\omega_0 t + \Phi)$

A t=0 on a $x_0 = 0 \quad \cos\Phi = 0$

$V_0 = -V_{max} = X\omega_0 \sin(\omega_0 T + \Phi)$ d'où $\sin\Phi = 1$

D'où

$\Phi = \pi/2$

$x = 5 \cdot 10^{-2} \cos(\omega_0 t - \pi/2)$

A $\tau = 50$ ms $\quad Ec = E - E_{pé} = 15.1$ mJ $\quad Ec = 1/2\, m\, v^2$

$E_{pé} = 1/2\, kx^2$

$m = 2Ec/v^2$

En élongation maximale, $E_{pé} = E_{méca} = 1/2\, k\, x_{max}^2$

$K = 2E_{méca}/X_{max}^2$

$k = 16$ N.m^{-1}

Réponse C

QCM6

$V_0 = \sqrt{\dfrac{xp}{\sin 2\alpha}} = 20{,}4$ m/s

QCM7

$Xp = v_0^2 \sin 2\alpha / g = 60$

$V_0 = 26{,}3$ m/s

QCM8

$(1) \quad\quad z = \frac{1}{2} gt^2$

$(2) \quad h = 1/2\, gt_c^2$

$h - 9{,}5 = 1/2\, g(t_c - 1)^2$

$9{,}5 = \frac{1}{2} g(tc^2 - (t_c - 1)^2)$

$v = gt_c \quad\quad v = 9{,}81 \cdot 1{,}468$ s

réponse E

6-Satellites et planètes
LOIS DE KEPLER

6-1 Rappel sur le mouvement circulaire uniforme

6-1 -1. Définition

On dit qu'un solide a un mouvement circulaire uniforme si sa trajectoire est un cercle et si la valeur de sa vitesse est constante.

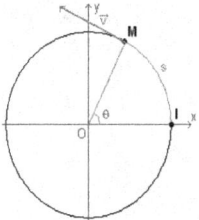

6-1 - 2. Vitesse

Le vecteur vitesse $\vec{v}$ est tangent à la trajectoire.

Le vecteur vitesse $\vec{v}$ n'est pas constant car sa direction n'est pas constante.

Repère de Frenet :

Soit un vecteur unitaire $\vec{\tau}$ orienté dans le sens positif de la tangente à la trajectoire.

Soit un vecteur unitaire $\vec{n}$ normal à la trajectoire et orienté vers le centre O de celle-ci.

$$\vec{\tau} \text{ et } \vec{n} \text{ base de Fresnet}$$

Dans le repère de Frenet, on peut écrire : $\vec{V} = \frac{ds}{dt}\vec{\tau}$, r : rayon en m, s , abscisse curviligne.

S=r θ et v= r ω, ω : vitesse angulaire du mobile en rad. s^{-1}

6-1 - 3 Vecteur accélération

$$a_n = \frac{v^2}{r}$$

-De façon générale, dans le repère de Frenet, le vecteur accélération a pour expression :

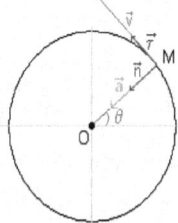

$$\vec{a} = \frac{v^2}{r}\ \vec{n}\ +\ \frac{dv}{dt}\ \vec{\tau}$$

Dans le cas d'un mouvement uniforme, la valeur de la vitesse est constante et $\frac{dv}{dt}$ =0

Le vecteur accélération s'écrit alors :

$$\vec{a} = \frac{v^2}{r}\ \vec{n}$$

Le mouvement est périodique de période de révolution : $T = \frac{2\pi r}{v}$ = 2π/ω

6-2 Mouvement des planètes autour du Soleil

6-2 -1 Loi de gravitation universelle

Deux corps A et B, de masses respectives m_A et m_B, à répartition sphérique de masse (en abrégé RSDM), sont soumis à des forces d'attraction :

$$\overrightarrow{F_{AB}} = -\overrightarrow{F_{BA}} = - Gm_A m_B/r^2\ \vec{u}_{AB}$$

$G = 6,67\ 10^{-11}\ N\ m^2 kg^{-2}$

$\vec{u}_{AB}$: vecteur unitaire dirigé de A vers B

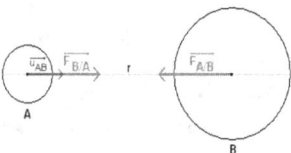

6-2 -2. Etude du mouvement d'une planète

Système étudié : la planète de masse m.

Force extérieure appliquée au système: la force d'attraction gravitationnelle exercée par le Soleil (de masse Ms) sur la planète.

$$\vec{F} = -\ \frac{G\ m\ Ms}{r^2}\ \vec{u}_{SP}$$

Référentiel : héliocentrique supposé galiléen par approximation.

D'après la deuxième loi de Newton,

$$\frac{G\ m\ Ms}{r^2}\ \vec{u}_{SP}\ = m\ \vec{a}$$

Le vecteur accélération de la planète est donc radial (dirigé vers le centre du Soleil).

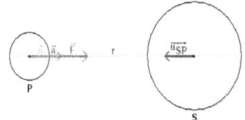

Lorsque le vecteur accélération est radial, le mouvement circulaire uniforme est l'une des solutions possibles. En réalité, le mouvement des planètes est elliptique avec une faible excentricité.

Nous considérerons que le mouvement des planètes est circulaire. Dans ce cas, le vecteur accélération est centripète (dirigé vers le centre de la trajectoire).

L'accélération tangentielle est alors nulle ($\vec{a_t} = \vec{0}$) et on peut écrire

$$\frac{dv}{dt} = 0$$

V=cte.

Le mouvement est uniforme et le vecteur accélération est normal

$\vec{a} = v_0^2/r \ \vec{n}$.

Vitesse de la planète : La valeur de la vitesse étant constante, nous la noterons v_0 dans la suite. Le vecteur accélération est normal :

$\frac{G \ m \ Ms}{r^2} = \frac{m \ v_0^2}{r}$ $\quad v_0 = \sqrt{\frac{GM_S}{r}}$ $\quad$ la vitesse ne dépend pas de la masse de la planète la période de révolution est T

$$T = \frac{2 \ \pi}{V0} \ r \ ; \qquad T^2 = 4 \ \frac{\pi^2 r^3}{GM_S} \qquad T = 2\pi \sqrt{\frac{r^3}{G \ M_S}}$$

La période ne dépend pas de la masse de la planète.

d'où $\quad \frac{T^2}{r^3} = \frac{4 \ \pi^2}{G \ M_S} = $ cte

6-3 Mouvement d'un satellite autour de la Terre

Le raisonnement est identique :

Système étudié : le satellite de masse m .

Force extérieure appliquée au système: la force d'attraction gravitationnelle exercée par la Terre de masse MT sur le satellite

$$\vec{F} = \frac{G \ M_T}{r^2} \vec{n}$$

Référentiel : géocentrique supposé galiléen par approximation.

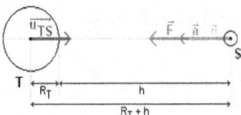

D'après la deuxième loi de Newton,

$$\vec{F} = m\,\vec{a}\;;\;\vec{a} = \frac{G\,M_T}{r^2}\,\vec{n} \qquad\qquad V_0 = \sqrt{\frac{GM_T}{r}}$$

$$r = h + R_T\;;\quad V_0 = \sqrt{\frac{GM_T}{h + R_T}}$$

$$g(h) = g(0)\frac{R^2}{(R+h)^{\,2}}$$

La vitesse ne dépend pas de la masse du satellite.

$$T = 2\pi(R_T + h)/v_0$$

$$T = 2\pi\sqrt{\frac{(h + R_T)^3}{G\,M_T}}$$

La période ne dépend pas de la masse du satellite. Un satellite géostationnaire a une position fixe par rapport au référentiel terrestre. Il tourne dans le plan de l'équateur, dans le même sens que la rotation de la Terre. Sa période de révolution est égale au jour sidéral soit $T_0 = 23\text{h}56\text{min} = 86400$ s.

Le calcul de son altitude donne h= 36000 km.

6-4 Lois de Képler

Première loi de Képler (loi des orbites)

Dans le référentiel héliocentrique, la trajectoire du centre d'une planète est un ellipse dont le centre du Soleil est l'un des foyers.

Deuxième loi de Képler (loi des aires)

Le vecteur $\overrightarrow{SP}$ qui relie le centre du Soleil à celui de la planète balaie des aires égales pendant des durées égales.

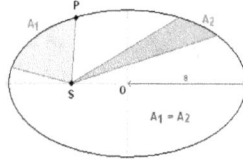

Troisième loi de Képler (loi des périodes)

Le rapport T^2/a^3 est constant ; a demi-grand axe

Energie potentielle de gravitation d'une masse m située à une distance d d'une masse M

$Ep = \frac{-G\,m\,M}{r}$

Energie d'un satelitte

$Ep = \frac{-GmMt}{r}$

Energie d'un satellite

Ec= ½ mv^2= GM$_T$m/2r   car (GM$_T$m/ r^2= mv^2/r d'après deuxième loi de Newton)

E= Ep +Ec= $\frac{-G\,m\,MT}{2r}$

Vitesse de libération E= ½ mv$_0$^{2} –GMtm/Rt=0

$v_0 = \sqrt{\frac{2GMt}{Rt}} = \sqrt{2gRt}$

Exemples

La distance entre terre et lune est 3,84 105 km. A quelle distance du centre de la terre les énergies potentielles gravitationnelles de la terre et de la lune sont elles égales.
Ml=1,2 10^{-2}Mt

QCM – Satellites et Planètes

QCM 1 :

Pour étudier le mouvement d'un satellite autour de la Terre, on utilise :

A   :   Le référentiel terrestre

B   :   Le référentiel géocentrique.

C   :   Le référentiel héliocentrique.

QCM 2 :

On observe un astre sur la voute céleste, pratiquement tous les jours, pendant un mois, et on note sa position ; celle-ci se déplace lentement au fil des jours. Cet astre est :

A   :   Une étoile.

B   :   Un astre du système solaire.

C   :   Une étoile filante.

QCM 3 :

Dans un référentiel géocentrique supposé galiléen, un satellite tourne autour de la Terre et sa vitesse est nulle.

A   :   S'il s'agit d'un satellite géostationnaire, sa vitesse par rapport à la Terre est nulle.

B   :   La norme de la vitesse est constante.

C   :   Le vecteur vitesse est constant.

D   :   L'accélération est nulle.

E   :   La période est proportionnelle au rayon.

F   :   Un satellite géostationnaire possède une vitesse nulle.

G   :   Pour deux satellites différents, leur vitesse peut être différente pour une même trajectoire.

QCM 4 :

La trajectoire d'un satellite est elliptique. Son apogée a une altitude de 2 967 km par rapport à la Terre. Son périgée a une altitude de 806 km par rapport à la Terre. Le rayon terrestre est de 6 380km. Le champ de pesanteur à la surface de la Terre est de 9,8N.kg^{-1}.

La valeur du champ de gravitation crée par la terre au point d'apogée est de :

A : 4,56 N.kg^{-1}.

B : 2,28 N.kg^{-1}.

C : 45,8 N.kg^{-1}.

D : 0,228m.s^{-2}.

E : 12,8m.s^{-2}.

QCM 5 :

Choisir la ou les bonnes réponses :

A : Dans un référentiel galiléen, un mouvement circulaire uniforme est produit par des forces dont la somme F est égale à la force centripète : $Fc = m.r.\omega$

B : Un satellite en orbite circulaire a un mouvement uniforme.

C : Tous les satellites évoluant sur une orbite déterminée ont même vitesse.

D : La période T d'un satellite est le temps qu'il met pour effectuer la moitié d'un tour sur sa trajectoire.

E : Un satellite géostationnaire évolue en orbite circulaire à une altitude voisine de 36 000 km.

QCM 6 :

Données :masse du soleil Ms = 2.10^{30} kg.

Distance Terre-Soleil : R_{TS} = 1,5.10^8 km= 1 ua

Masse de la Lune : M_L = 7,35.10^{22} kg.

Distance Terre-Lune D_{TL}= 38500 km Distance soleil saturne= 1,35 10^9 km

Masse de la Terre : M_T = 6.10^{24}kg.

Constante de gravitation : G = 6,67.10^{-11} N.m^2.kg^{-2}

Quelle est, en unités astronomiques, la distance Saturne-Soleil :

A : 6,4

B : 9,5

C : 19,2

D : 39,5

E : 180

QCM 7 :

On assimilera la Terre à une boule homogène, à symétrie sphérique, de masse M_T et de rayon R_T . L'origine des altitudes est prise à la surface de la Terre.

Données : Constate de gravitation universelle : G = 6,67.10^{-11} USI.

Champ de pesanteur à la surface de la Terre : g_0 = 9,8 N/Kg.

Rayon de la Terre : R_t = 6 370 km.

7-1. Calculer le champ de gravitation crée par la Terre en un point d'altitude z = 1 000 km (unité : N/Kg)

A : 2,92

B : 5,50

C : 5,14

D : 8,89

E : 10,71

F : 7,32

7-2. Calculer la masse de la Terre en tonnes :

A : $4,20.10^{22}$

B : $5,96.10^{21}$

C : $9,02.10^{24}$

D : $10,12.10^{23}$

E : $9,88.10^{20}$

F : $9,92.10^{24}$

G : $4,98.10^{23}$

On envoie un satellite artificiel gravitant autour de la Terre à l'altitude z = 1 000km, dont l'orbite est circulaire

L'altitude z = 1 000 Km

7-3. Calculer sa vitesse de révolution en km/s

A : 7,35

B : 8,99

C : 9,84

D : 10,80

E : 28,42

F : 40,88

G : 97,77

H : 108,90

7-4. Calculer sa période de révolution

A : 24h

B : 19h20min

C : 6h30mn

D : 3h40mn

E : 1h01mn

F : 8h mn

G : 4h15mn

H : 1h45mn

7-5. Sachant que la Lune tourne autour de la Terre avec une période de révolution de 27,25 jours, déterminer le rayon de l'orbite lunaire (supposée circulaire) décrite autour de la Terre. NB : 1 jour = 24h ; unité : 10^{3} km

A : 8 240

B : 6 220

C : 3 170

D : 2 412

E : 1780

F : 382

G : 1299

H : 1261

QCM 8 :

L'orbite d'une planète autour du soleil est assimilée à un cercle de rayon R. on note T la période de révolution de cette planète. On définit l'unité astronomique (u.a.) comme la distance Terre-Soleil.

La période de révolution de Saturne est de 29,5 années.

Calculer la distance Saturne-Soleil en unité astronomiques.

QCM 9 :

Un satellite survole la Terre d'Ouest en Est dans le plan équatorial à une altitude de 430 km.

Données : constante de gravitation universelle : $G = 6,67.10^{-11}$ U.S.I.

Rayon de la Terre : $R_T = 6\ 370$ km.

Masse de la Terre : $M_T = 5,98.10^{24}$ kg.

Par rapport à un repère géocentrique, que vaut la vitesse du satellite :

A   : $1,50.10^4$ km.h^{-1}

B   : $2,76.10^4$ km.h^{-1}

C   : $2,75.10^4$ km.h^{-1}.

D   : $2,99.10^5$ km.h^{-1}.

E   : $9,72.10^5$ km.h^{-1}.

QCM 10   :

On donne les caractéristiques de deux satellites artificiels de la Terre animés d'un mouvement circulaire uniforme dans un référentiel géocentrique. Les périodes des satellites sont données dans le référentiel géocentrique :

	Altitude (km)	Période (minutes)
Météosat	36 000	1 440 min =24h
Spot	820	101

On donne le rayon de la Terre : R = 6 400 km.

Quelles sont les affirmatives exactes :

A   :   Météosat est un satellite géostationnaire.

B   :   Spot est un satellite géostationnaire.

C   :   La vitesse de Météosat dans le référentiel géocentrique est nulle.

D   :   La vitesse de Spot dans le référentiel géocentrique est de l'ordre de 3km/s.

QCM 11   :

Un astronaute s'approche d'une planète inconnue qui possède un satellite de masse beaucoup plus petite. Il effectue rapidement les mesures suivantes : rayon de la planète, rayon de l'orbite circulaire du satellite, période de révolution du satellite.

L'astronaute peut à l'aide de ces résultats calculer :

A   :   La masse de la planète.

B   :   La masse du satellite.

C   :   La force exercée par la planète sur le satellite.

D   :   L'énergie cinétique du satellite.

QCM 12   :

L'un des satellites naturels de Mars, Deimos, décrit autour du centre de la planète une orbite quasi-circulaire de rayon $r = 23\ 460$ km, avec une période $T = 30$ h 18 min. la constante de gravitation universelle est $G = 6,67.10^{-11}$ S.I.

Avec ces données, la masse de Mars est :

A   : $1,98.10^{24}$ kg.

B   : $6,42.10^{23}$ kg.

C   : $12,94.10^{23}$ kg.

D   : $19,54.10^{23}$ kg.

QCM 13 :
Deux satellites S_1, et S_2 sont en orbite circulaire autour de la Terre. L'altitude de S_1 est 1 000 km et sa masse m_1. S_2 a une masse quatre fois plus grande que S_1. La force gravitationnelle qui s'exerce sur chacun des satellites a la même intensité.
Données : Rayon terrestre : R = 6 400 km.
Intensité du champ de gravitation au sol : g_0 = 9,8N.kg^{-1}.
L'altitude de S_2 est :
A : 2 400 km
B : 3 000 km
C : 15 800 km
D : 8 400 km

QCM 14 :
On considère que les orbites de révolution de Vénus et de la terre sont assimilables à des cercles dans le référentiel hétérocentriques la période de révolution de la terre est égale à $1,50.10^8$ km, ce qui correspond à une unité astronomique notée U.A
Calculer le rayon (en UA) de l'orbite de révolution de venus
A- 0,46   B- 0,52   C- 0,61   D- 0,66   E- 0,72   F aucune réponse exacte

QCM 15
On considère un satellite artificiel soumis uniquement à la force gravitationnelle de la terre de rayon R_T et de masse M_T. Le satellite de mass m, situ à l'altitude h par rapport au sol terrestre est animé d'un mouvement circulaire et uniforme à la vitesse V. On se place dans le référentiel géocentrique supposé galiléen.
   A. Le satellite est en chute libre.
   B. G s'exprime en $m^3.s^{-2}.kg^{-1}$
   C. La vitesse du satellite est donnée par la relation
   D. Le vecteur accélération a_G du centre d'inertie du satellite est centripète.

QCM 16 Dans un référentiel géocentrique supposé galiléen, un satellite terrestre supposé ponctuel décrit une orbite circulaire de rayon r

A la norme de la vitesse est constante

B Le vecteur vitesse du satellite est un vecteur constant

C L'accélération est nulle

D Sa période est proportionnelle au rayon de son orbite

E Si le satellite est géostationnaire sa vitesse est nulle.

Correction :
QCM 1 :
Le référentiel géocentrique
QCM 2 :
Un astre du système solaire.
QCM 3 :
Réponse A : vraie
Réponse B : vraie

Réponse C : fausse (accélération centripète non nule)

Réponse D fausse

Réponse E fausse

Réponse F fausse

Réponse G fausse la vitesse ne dépend que de l'altitude.

QCM 4 :

Réponse A

$g(h)=g(0) \times R_T^2/(R_T+h)^2 = 4,5$ N.kg $=9,8 (6380)^2/(9347)^{|2}$

Donc réponse A.

QCM 5 :

A : $F = m \, a$ avec $a=v^2/r=r^2\omega^2/r$

$ma = F = mr\omega^2$ faux

B : oui

C : Oui

D : Faux

E : altitude de 36 000km vrai

Réponse B , C et E

QCM 6 :

Réponse B

QCM 7

7-1-Réponse F   On a $g(h)=g(0) R_T^2/(R_T+h)^2$

$g(1000. 10^3) =7,32$ N/kg

7-2

$g(0) = GM_T/R_T^2$

$M_T = g(0) R_T^2/G$

7-2-B Vrai $M_T= 9,8 R_T^2/ G = 5,96 \ 10^{21}$ t

7-3 – $v = \sqrt{\dfrac{GMT}{R+z}}$

$v= \sqrt{\dfrac{5,96 \ 10^{24} 6,67 \ 10^{-11}}{(10^3+6370)10^3}}$

$V= \sqrt{\dfrac{5,96 \ X \ 6,677.10^{13}}{7,37.10^6}} = 7344$ m/s

$= 7,35$ km/s

7-3-Réponse A

7-4-Réponse H

$T= 2\pi \sqrt{\dfrac{r^3}{GMT}}$

$T= 6291$ s= 1h45 min

7-5- Réponse F

$r^3=G M_T (T/2\pi)^2$

$r= 382 \ 000$ km

105

QCM 8 :

$$\frac{T^2\,Sat}{R^3\,Sat} = \frac{4\,\pi^2}{GM\,Soleil}$$

$$\frac{T^2\,t}{R^3\,t} = \frac{4\,\pi^2}{GM\,Soleil}$$

D'où $\quad \frac{T^2\,t}{R^3\,t} = \frac{T^2\,Sat}{R^3\,Sat} \qquad \frac{R_S^3}{R_T^3} = \frac{T_{Sat}^2}{T_T^2}$

$$\frac{Rs}{Rt} = \sqrt[3]{\frac{T^2\,Sat}{T^2\,t}}$$

$$R_s = R_t \sqrt[3]{\frac{T^2\,Sat}{T^2\,t}}$$

T_{Sat} = 29,5 a
T_{terre} = 1 a
R_t = 1 ua
D'où R_{sat}= 9,5 ua

QCM 9 :
R_t = 6370 km
Mt = $5,98.10^{24}$ kg

$V = \sqrt{\frac{GMt}{(R+z)}}$

$V = \sqrt{\frac{6,67.10^{-11}\,5,98 \times 10^{24}}{6800000}}$

V= 7745 m/s
Réponse C

QCM 10
A vrai
B faux
C vrai
D faux
E vrai

QCM 11   :
A.   vrai
B.   faux la masse du satellite n'intervient pas $\frac{T^2}{r^3} = \frac{4\,\pi^2}{GMm}$ M$_m$ masse de Mars.
C.   faux la force exercée par la planète ou le satellite dépend des 2 masses
D.   Vrai Ec = ½ mv^2 v= 2π (R+h)/T$_S$

QCM 12   :

$$\frac{T^2}{r^3} = \frac{4\,\pi^2}{G\,Mm}$$

$M_m = \frac{4\pi^2 . r^3}{T^2 G}$

$M_m = 6,42 . 10^{23} \, kg$

Réponse B

QCM 13 :

Réponse D   8400 km

$F_1 = = \frac{G \, ms_1 \, Mt}{r_1^2}$

$F_2 = \frac{G \, ms_2 \, Mt}{r_2^2}$

$F_1 = F_2$

$\frac{G \, ms_1 \, Mt}{r_1^2} = \frac{G \, ms_2 \, Mt}{r_2^2}$

$r_2^2 = ms_2 \, r_1^2 / \, m_{S1}$

$r_2 = 8400 \, km$

QCM 14

D'après la loi de Kepler (3eme loi)

on a $\frac{T^2}{r^3}$ = cte

d'où : $\frac{T_t^2}{R_t^3} = \frac{T_v^2}{R_v^3}$, $R_V = R_T \, (T_V/T_T)^{2/3}$

Rv = 0,723 U.A

Réponse :   e

Correction QCM 15

A)   VRAI

B)   VRAI

F=ma=GmM/d^2

[G]=m.s-^{2}m^2/kg=m^{3}s^{-2}kg^{-1}

C)   VRAI

D)   VRAI

QCM 16

A vrai (la norme est cte mais pas le vecteur, l'accélération tangentielle est nulle mais pas an et la vitesse est égale à vitesse de rotation terrestre) C faux D faux E vitesse nulle dans un référentiel géocentrique

DEVOIRS

1) Le vecteur position d'un point mobile animé d'un mouvement rectiligne est
x(t)=-5t^2 +30 t +10

Quelle est la nature du mouvement ?

Quelle est la valeur de la vitesse et de l'abscisse de M à l'instant initial ?

Quelle est la valeur de l'accélération ?

Exprimer la vitesse v en fonction du temps.
A quelle date le mouvement de M change-t-il de sens ?

2) Un motard se rend d'une ville A_1 à une ville A_2 à la vitesse moyenne de V_1= 96 kmh^{-1}
Il revient immédiatement de la ville A_2 à la ville A_1 en passant par la même route à la vitesse moyenne V_2= 66 kmh^{-1} Calculez sa vitesse moyenne (en kmh^{-1}) sur l'ensemble du parcours.
A 78   B 81   C 84   D 87   E 90   F AUCUNE BONNE REPONSE

3) Parmi les affirmations suivantes liées aux lois de Képler combien y en a-t-il d'exactes ?
a) dans le référentiel géocentrique, la trajectoire du centre d'une planète est une ellipse dont le centre du Soleil occupe l'un des foyers
b) les planètes les plus éloignées du Soleil ont des périodes de révolution plus grandes que celles qui en sont proches.
c) la période de révolution d'un satellite est indépendante de sa masse.
d) la constante de gravitation universelle s'exprime en N kg^2 m^{-2}
e) la vitesse d'une planète dont la trajectoire est elliptique est plus grande lorsqu'elle est plus éloignée du Soleil

4)Une tondeuse à gazon sur coussin d'air de masse m= 12 kg est initialement immobile sur un plan horizontal. A partir de l'instant t=0 on lui applique un ensemble de forces extérieures dont la somme F est constante et horizontale et de valeur F=7N
Calculez l'accélération du centre d'inertie de la tondeuse
Sa vitesse à l'instant t=2s

5)Un ballon de foot est lancé à une distance de 80 m sur terrain plat. Si l'angle de lancement est de 60° quelle doit être sa vitesse initiale.

6)Un kangourou peut effectuer un saut horizontal d'une portée de 8 mètres. Si l'angle de saut vaut 45° par rapport à l'horizontale, quelle est la vitesse initiale du kangourou ?

7)La terre tourne sur elle-même en 24 heures. Evaluez la grandeur de l'accélération moyenne d'un point situé à l'équateur au cours d'un intervalle de temps de 6h (le rayon de la terre est de 6,38 10^6 m

8)Un cascadeur à moto décolle d'une rampe suivant une direction qui fait un angle de 30° avec l'horizontale. Il parvient juste à franchir un alignement de camions placés sur une longueur de 36 m. Il retombe à la hauteur de son point de départ. Quelle était sa vitesse au moment du décollage.

9)Un objet tombe en chute libre sans vitesse initiale d'une hauteur h

Cet objet parcourt 9,5 m lors de sa dernière seconde de chute. Calculer sa vitesse (en kmh^{-1} lorsqu'il atteint le sol.
A 31   B 38   C 49   D 52   E 54   F aucune bonne réponse

10)Une sphère de porcelaine de diamètre D= 30 mm est accrochée à un fil inextensible et de masse négligeable. Cette sphère est immergée dans de l'éthanol.

Donnée densité éthanol d=0,79

Masse volumique de la porcelaine= 2,3 gcm^{-3}

Volume d'une sphère de rayon R=4/3 π R^{3}La valeur de la tension (en N) exercée par le fil sur la sphère.

A 0,21   B 0,42   C 0,57   D 0,68   E 0,92   F AUCUNE BONNE REPONSE

11) Un golfeur frappe sa balle de masse m en lui communiquant une vitesse V_0 dans une direction faisant un angle a avec l'horizontal. Les frottements de l'air sont négligeables.

M=50 g, g=10   α=60° v=40ms^{-1}

La trajectoire de la balle est une parabole dont la concavité est tournée vers le sol.

La composante horizontale de la vitesse est constante.

Le point culminant atteint par la balle se situe à une hauteur égale à 62m

La balle touche le sol avec une vitesse de 60 ms^{-1}

QCM 11 Entourez les réponses correctes

A. l'axe vertical est orienté vers le haut
B. A l'instant initial la balle est immobile
C. L'accélération de la balle est constante
D. Les coordonnées du vecteur position sont $x(t)= V_0 \cos \alpha\, t$
   et $y(t)= -1/2\, g\, t^2 + V_0 \sin \alpha\, t$

QCM 12

A . Au moment où la balle touche le sol, sa vitesse est nulle.
B. La bille atteint une hauteur maximale de 7,0 m
C. La balle touche le sol au bout de 2,2 s
D. La trajectoire de la balle est une parabole d'équation
   $Y= -x^2/ 80 \cos^2 \alpha + x/ 2 \cos \alpha +2$

QCM 13

Vx et vy

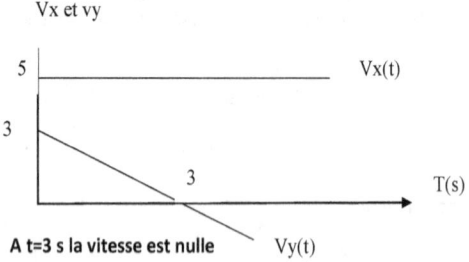

A t=3 s la vitesse est nulle

B A t=0 s la vitesse est de 6 ms^{-1}

C l'accélération de la bille est constante et égale à 1 ms^{-1}

D les coordonnées temporelles du vecteur vitesse sont $v_x(t) = 5$ et $v_y(t) = -t + 3$

Corrections

1) a) Décéléré b) v_0= 30 m/s et x_0= 10 m c) a=-10ms^{-2} d) v(t)=30-10t e) t=30

2) réponse A ; $v = \dfrac{2\,AB}{\frac{AB}{v1} + \frac{AB}{v2}}$

3) réponse B; 2 bonnes réponses

4) a=0.58ms^{-2}
V=at ; t=1,16 s

5) a) Xp=60 m
b) V_0=26,5 ms^{-1}
•
6) Xp=8 car Xp =Vo^2/g sin 2 α donc v_0=8,9 ms^{-1}

7) a=v^2/R ; T=2 πr/v
a= 3,14 10^{-2} rad.s^{-2}

8)
a. V_0=20.4 ms^{-1}

9)   ½ g (tc-1)^2=1/2gt$_c$^{2}-9.5
tc=1,14 s
V=g.tc= 14,4 ms^{-1}
Etude d'une balle dans un repère (O, i,j) l'axe (O, i) est horizontal et l'axe (O,j) est vertical.
V_0= 20 m.s^{-1} et α= 30° A l'instant initial, le centre G de la balle a pour coordonnées $x_G(0)$=0
et $y_G(0)$ =2 $v_x(t) = V_0 \cos \alpha$ et $v_y(t) = -gt + V_0 \sin \alpha$

13) A FAUX
B VRAI

C VRAI

D VRAI

CHAPITRE 2 Les ondes mécaniques progressives

1-Généralités et propriétés

1- 1 Définition.

On appelle onde mécanique le phénomène de propagation d'une perturbation dans un milieu sans transport de matière.

1-2 Les ondes transversales :

Une onde est transversale si la direction du mouvement des éléments du milieu de propagation est perpendiculaire à la direction de propagation.

Exemples :
Onde le long d'une corde.
Onde à la surface de l'eau.
Onde de torsion sur l'échelle de perroquet.
Certaines ondes sismiques.

1-3 Les ondes longitudinales :

Une onde est longitudinale si la direction du mouvement des éléments du milieu de propagation est parallèle à la direction de propagation.
Exemples :
Onde le long dans un ressort.
Onde de pression dans un solide, liquide ou gaz (onde sonore)
Certaines ondes sismiques.

1-4 Propriétés générales des ondes.

Une onde se propage, à partir de la source, dans toutes les directions qui lui sont offertes (milieu à 1, 2 ou 3 dimensions)

La perturbation se propage de proche en proche. Il y a transfert d'énergie, sans transport de matière.

Dans la plupart des cas, on observe une diminution de l'amplitude de l'onde due à un transfert d'énergie au milieu de propagation (travail des forces de frottement, viscosité, friction).

Elongation : position d'un point du milieu par rapport à son position d'équilibre.

Amplitude : valeur maximale de l'élongation.

La vitesse de propagation d'une onde est une propriété du milieu.

La célérité : $c = \dfrac{d}{\Delta t}$ c (m.s^{-1}) d (m) Δt (s),   la célérité est caractéristique du milieu. La célérité est indépendante de la forme et de l'amplitude du signal (si l'amplitude reste faible) La célérité dépend du type d'onde qui se propage :

Une onde transversale à la surface de l'eau a une célérité beaucoup plus faible qu'une onde de pression longitudinale qui se propage dans le liquide. La célérité d'une onde de torsion diminue quand on augmente l'inertie du milieu (augmente de la masse des masselottes) et quand on augmente la tension. La célérité dépend de la compressibilité du fluide :

La célérité d'une onde progressive est plus grande dans l'eau que dans l'air. Deux ondes peuvent se croiser sans se perturber. Deux cailloux lancés dans l'eau génèrent des ondes circulaires qui se croisent sans se perturber.

1-5 Onde progressive à une dimension.

Définition : une onde mécanique progressive à une dimension est une onde qui ne se propage que dans une seule direction.

Notion de retard

La perturbation au point M' à l'instant t' est celle qui existait auparavant en un point M à l'instant $t = t' - \tau$

τ est le retard

avec $\tau = \dfrac{MM'}{v}$ τ (s) MM' (m) v : célérité (m.s^{-1})

La perturbation en un point à l'instant t est celle qu'avait la source à la date $t' = t - \tau$

Cette relation est valable pour les milieux non dispersifs. Un milieu est dispersif si la célérité dépend de la fréquence

Une onde progressive sinusoïdale est la propagation d'une perturbation décrite par une fonction sinusoïdale du temps. La périodicité temporelle T d'une onde progressive correspond à la plus petite durée pour que chaque point du milieu se retrouve dans le même état vibratoire. Elle s'exprime en seconde. La fréquence d'une onde progressive sinusoïdale correspond au nombre de périodes temporelles T par unité de temps. La fréquence est donc la grandeur inverse de la période.

La périodicité spatiale correspond à la plus petite distance séparant deux points du milieu présentant le même état vibratoire.

$\lambda = v . T$ λ en m, T en seconde, v en m s^{-1}

2-Les ondes sonores et ultrasonores

2-1 Source d'une onde sonore ou ultrasonore

Les ondes sonores et ultrasonores sont produites par les vibrations périodiques d'un solide qui successivement comprime et détend la couche d'air avec laquelle il est en contact. Cette couche d'air comprime puis détend à son tour la couche d'air voisine avant de retrouver son état initial puis le phénomène se produit avec les couches d'air suivantes permettant ainsi la propagation de l'onde. La fréquence de l'onde ainsi produite correspond à la fréquence de vibration de sa source.

2-2 Fréquences des ondes sonores et ultrasonores

L'oreille humaine n'est en moyenne capable de détecter que les ondes sonores dont la fréquence est supérieure à 20 Hz et inférieure à 20 kHz. En dessous de 20 Hz les ondes sont qualifiées d'infrasons et ne sont pas audibles. Au delà de 20 kHz il s'agit d'ultrasons qui ne peuvent pas non plus être perçus par l'oreille humaine.
Ces valeurs ne sont que des moyennes et la sensibilité peut différer d'un individu à l'autre (en particulier la sensibilité peut varier avec l'âge). Remarque: bien que les ultrasons ne puissent pas être entendus par l'homme certains animaux comme les chauves souris, les dauphins ou les baleines sont capable de les percevoir.

2-3 Sons purs et sons complexes
Un son est dit pur s'il n'est composé que d'ondes sonores d'une seule fréquence. Par contre un son peut aussi être composé d'une combinaison d'ondes sonores de différentes fréquences et dans ce cas on parle de sons "complexes ". Un diapason a comme caractéristique de produire un son pur mais plupart des autres instruments de musique produisent des sons complexes.

Fondamental et harmoniques

Lorsqu'un son est complexe la plus faible fréquence qu'il comporte est appelée " fondamentale ". Toutes les autres fréquences sont appelées " harmonique " et leur fréquence est un multiple de celle du fondamental Un son complexe de fréquence f 1 est de même hauteur mais de timbre différent. Il résulte de la superposition d'harmoniques de fréquence multiples de f_1. $f_n = n f_1$ n(1,2,3) Le son de fréquence f1 est appelé le fondamental.

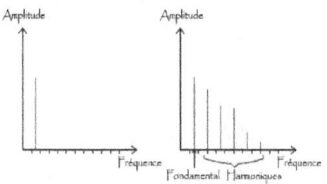

spectre d'un son pur et d'un son complexe

2-4 Hauteur d'un son : est liée à la fréquence.

La hauteur d'un son est la propriété qui donne la sensation que ce son est aigu ou grave. Un son est grave si sa fréquence est faible, il est aigu si sa fréquence est élevée.

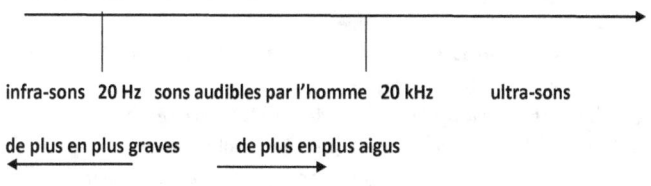

infra-sons   20 Hz   sons audibles par l'homme   20 kHz   ultra-sons

de plus en plus graves   de plus en plus aigus

2-5 Spectre d'un son

Le spectre d'un son est obtenu en identifiant les ondes de différentes longueurs d'onde qui le constituent et en indiquant leur amplitude Le spectre peut être représenté sur un diagramme où l'axe des abscisses correspond aux fréquences, celui des ordonnées correspond aux amplitudes et où chaque fréquence est représentée par un trait.

2-6 Timbre d'un son

Le timbre d'un son dépend du nombre d'harmoniques qui accompagnent le fondamental ainsi que de leur amplitude. Chaque instrument possède son propre timbre qui le distingue des autres.

Exemple : le spectre du « ré$_4$ »

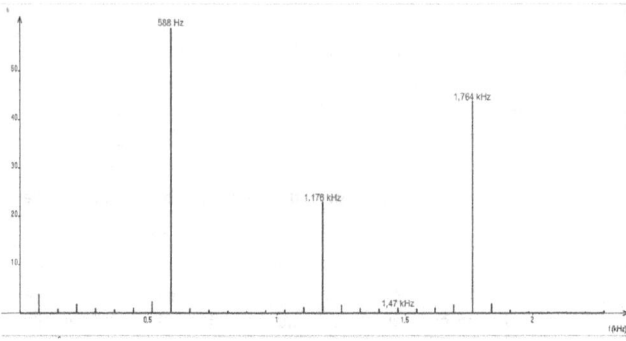

Le premier pic, <u>quelle que soit son amplitude</u>, indique toujours la fréquence ou sa hauteur 588 Hz est appelée fréquence fondamentale, f_1.

Les deux pics suivants, de fréquence f_2 = 1176 Hz et f_3 = 1764 Hz, caractérisent les harmoniques de ce son. On a f_2 = 2×f_1 et f_3 = 3×f_1

Toutes les fréquences harmoniques sont des multiples de la fréquence fondamentale.

Le nombre et l'amplitude relative des harmoniques définissent le timbre d'un son.

Deux sons de même hauteur peuvent se distinguer par leur timbre ; ceci se voit :
à l'allure temporelle, qui est différente ; à la répartition en harmoniques (amplitude, nombre d'harmoniques) qui est aussi différente.

Plus un timbre est riche plus il possède d'harmoniques et plus la courbe temporelle a un motif complexe.

2-7 Le niveau d'intensité sonore

$$L = 10 \log I/I_0 \quad I \text{ en Wm}^{-2}$$
I_0 intensité sonore de référence = 10^{-12} Wm^{-2}
L en décibel

2-8 Intensité sonore

L'intensité est liée à la puissance P du transfert de l'énergie reçue au voisinage d'un point par un récepteur de surface S par la relation :

$$I=P/S \quad P \text{ en W} \quad S \text{ en m}^2 \text{ et I en W m}^{-2}$$

3 Interférences avec des ultra-sons

Deux émetteurs d'ultra-sons E_1 et E_2 identiques, branchés au même générateur basse fréquence dont le signal est appliqué à la voie 1 d'un oscilloscope. Plaçons un récepteur R, relié à la vie 2 de l'oscilloscope à quelques dizaines de centimètres des émetteurs. Nous observons en certains points des amplitudes maxi et en d'autres points des amplitudes nulles. Au point d'amplitude maximale, les vibrations qui parviennent au récepteur sont en phase, elles ajoutent leurs effets. Calculons $\delta = d_2 - d_1$, distances parcourues par les ondes issues de E_1 et de E_2. $\delta = k\,\lambda$ on a des interférences constructives.

$\delta = d_2 - d_1 = (k+1/2)\,\lambda$ les interférences sont destructives.

Pour les interférences lumineuses nous avons de même, en un point d'une frange brillante, les deux ondes émises par les sources arrivent en phase. La différence de marche vaut $\delta = k\lambda$

Si elles arrivent en opposition de phase en un point d'une frange sombre on a alors :
$\delta = (k+1/2)\,\lambda$

Calculs de la différence de marche

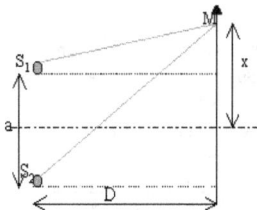

La différence de marche $\delta = n\,(S_1M - S_2M)$. Tout le système est plongé dans le même milieu d'indice n. On supposera D >> a soit $S_1M + S_2M$ voisin 2 D.

$$S_1M^2 = D^2 + (x - 0{,}5\ a)^2$$

$$S_2M^2 = D^2 + (x + 0{,}5\ a)^2$$

$$S_2M^2 - S_1M^2 = (x + 0{,}5\ a)^2 - (x - 0{,}5\ a)^2$$

$$(S_2M - S_1M)(S_1M + S_2M) = 2\ a\ x$$

$$S_2M - S_1M \text{ voisin de } a\ x\ /D$$

$$\delta = n\ a\ x\ /D$$

La valeur de l'interférence $i = \dfrac{D\lambda}{a}$; D distance entre écran et fentes ; a distance entre deux fentes.

3-1 Effet Doppler :

L'effet Doppler correspond à un décalage $\Delta f = f_r - f_s$ non nul, f_r est la fréquence du signal reçu par un récepteur R et la fréquence fs est celle du signal émis par la source S lorsque R et S sont en mouvement l'un par rapport à l'autre. Si R et S se rapprochent fr>fs $\Delta f = f_r - f_s$ est positif ; fr<fs $\Delta f = f_r - f_s$ est négatif si R et S s'éloignent.

vs célérité de l'onde sonore, v_E vitesse de l'émetteur, f_E fréquence émise, f_1 fréquence du récepteur quand il s'approche et f2 qd il s'éoigne

$$f_1 = \frac{fe}{1 - \frac{v_E}{v_s}} \; ;, \text{ s'approche et}$$

$$f_2 = \frac{fe}{1 + \frac{v_E}{v_s}} \text{ lorsqu'elle s'éloigne}$$

Exemple : un émetteur f_E=400 Hz se rapproche d'un récepteur immobile à la vitesse de 90 km/h ; v_E=90/3,6 =25m/s lorsqu'il s'approche on compte v_E positif et si il s'éloigne on compte négatif.

f_1= 588 / (1-25/340)=634 Hz et f_1= 588 / (1+25/340)=634 Hz

Exercice 1 d'application :
Les ondes lumineuses émises par deux sources secondaires S_1 et S_2 ont une fréquence v= 5,093 10^{14} Hz En un point M du champ d'interférences la différence de marche δ=5,89 μm
2.   Calculer la longueur d'onde de la lumière émise.
3.   Les ondes arrivent-elles en M en phase ou en opposition de phase ?
λ=c/v= 589 10^{-9} m
δ= k λ donc k= δ/λ= 5890/589= 10 la différence étant un multiple entier de la longueur d'onde les ondes émises par S_1 et S_2 arrivent en phase.

Exercice 2 : Calculer pour ces 4 cas, la différence de marche au point M
La longueur d'onde vaut 8 mm. Déterminer s'il y a interférences constructives ou destructives dans chacun des cas.
    a) S'S_1= 5 ;S'S_2=5 ; S_1M=15 ; S_2M= 15
    b) S'S_1= 5 ;S'S_2=5 ; S_1M=15,2 ; S_2M= 17
    c)S'S_1= 5 ;S'S_2=6,2 ; S_1M=15 ; S_2M= 15; d) S'S_1= 5,6 ;S'S_2=6 ; S_1M=20 ; S_2M= 18
Correction a) constructive k=0
b) rien
c) destructive k=1,5
d) k=2

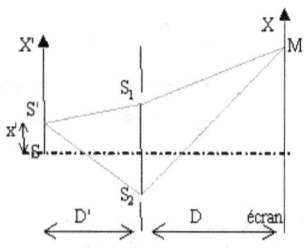

Exercice n°3 : célérité d'une onde

Lors d'un orage, un promeneur voit la foudre tomber sur une colline distante de 6,5 km. 19 secondes plus tard, il entend le bruit du tonnerre. Calculez la célérité du son dans l'air. Justifiez le raisonnement.

La célérité d'un son est-elle la même dans l'air et dans l'eau ? Pourquoi ?

La lumière met 8 minutes et 20 secondes pour parcourir la distance séparant le soleil de la Terre. La célérité de la lumière est $3.00\ 10^8$ m/s dans le vide ou dans l'air. Calculez la distance séparant le soleil de la Terre. Justifiez.

La célérité de la lumière est elle la même dans l'air et dans l'eau ? Pourquoi ?

Correction Exercice 3

1-C=6,5 .1000/19=340 m/s   2-L'air est beaucoup plus compressible que l'eau et la propagation du son y sera plus lente

3-d=c.T= $500.3\ 10^8$ =$1,5\ 10^{10}$ m

4 Non car v=c/n, n étant l'indice de réfraction, v la célérité de la lumière dans l'eau.

Exercice n°4 : Longueur d'onde, période et fréquence

Exploitation de l'oscillogramme du son « La₃ » d'un diapason enregistré à l'aide d'un microphone :

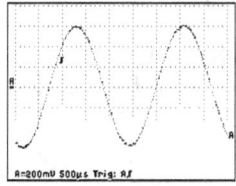

a)

1. Déterminez la valeur de la période du son « La₃ ». Déterminez la valeur de la fréquence du son « La₃ ». Exploitation de l'oscillogramme du son « oh » enregistré à l'aide d'un microphone :

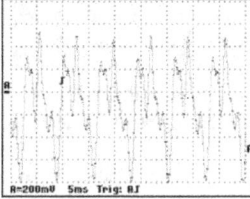

b)

2. Déterminez la valeur de la période du son « oh ».Déterminez la valeur de la fréquence du son. 3. Le la₃ de la gamme musicale est un son pur. Le la₃ possède une fréquence de 440 Hz. Calculez la valeur de la période et de la longueur d'onde de cette onde sonore sinusoïdale. Justifiez. Données : célérité du son dans l'air : 340 m/s. 4. Un laser Hélium-Néon émet dans le vide une onde lumineuse sinusoïdale de longueur d'onde égale à 632,8 nm. La célérité de la lumière dans le vide est égale à $2,998.10^{8}$ m/s. Calculez la valeur de la période et de la fréquence de cette onde lumineuse sinusoïdale. Justifiez

5 a) Exploitation des données :
 Identifiez l'oscillogramme qui correspondrait à un son « pur ».
 Identifiez l'oscillogramme qui correspondrait à un son « complexe ».

b) Emission d'un son complexe : Séquencement de l'expérience : Abréviation : HP (Haut Parleur)

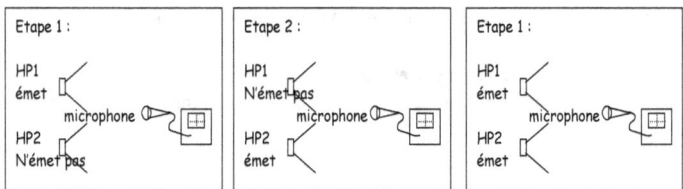

Oscillogramme visualisé à l'oscilloscope lors de chaque étape :

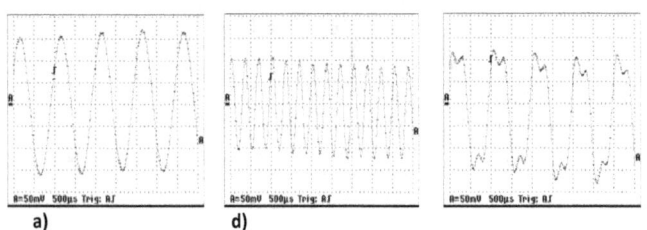

a)   d)

Exploitation de l'étape 1 :
Déterminez la nature du son émis par le haut parleur 1. Déterminez la valeur de la fréquence du son émis.

Exploitation de l'étape 2 : Déterminez la nature du son émis par le haut parleur 2. Justifiez. Déterminez la valeur de la fréquence du son émis. Justifiez.
Exploitation de l'étape 3 :
Déterminez la nature du son émis par les hauts parleurs 1 et 2. Justifiez.
Un technicien affirme que « un son complexe est constitué de sons purs de fréquences multiples ». Qu'en pensez-vous ?
Déterminez la valeur de la fréquence du son émis par les deux hauts parleurs. Justifiez.
Quel son pur émis impose la valeur de la fréquence du son complexe ?

Correction Exercice 4-1 $T = 4,5 .500.10^{-6}$ s $= 2,25 \cdot 10^{-3}$ s

$F_{La} = 1/T = 444$ Hz

Correction 4-2 $T = 5.10^{-3} .1,5 = 7,5 .10^{-3}$ s ; $f_{Oh} = 1/T = 133$ Hz

Correction 4-3 $T = 1/f = 2,27 \cdot 10^{-3}$ s; $\lambda = cT = 340 . 2,27 \cdot 10^{-3} = 0,77$ m

Correction 4-4 $T = \lambda/c = 632,8/2,998 .10^{8} = 2,11 .10^{-6}$ s

$f = 1/T = 473\ 933$ Hz

Correction 4-5

Par lecture graphique sur le spectre sur l'oscillogramme : f = 1 000 Hz. D'après le spectre présenté (étape 3), le son contient 1 harmonique, en plus du fondamental. Par lecture graphique sur le spectre, la fréquence de premier (et unique) harmonique est 3,006 kHz, soit 3 006 Hz.   Pour étudier l'évolution temporelle du son, le graphique du haut (oscillogramme) est plus adéquate. Pour connaître les fréquences présentes dans le son, le spectre est plus pertinent.   La nature du son "Oh" est un son complexe harmonique. En effet, il est périodique mais non sinusoïdal.   Par détection graphique : 5T = 7,3Div, soit 5T = 7,3 x 0,005 ⇔ T = 0,0073 s, soit 7,3 ms. La fréquence est f = 1/0,0073 = 137 Hz.   La valeur de la fréquence du fondamental de ce son "oh" est égale à la valeur de la fréquence du son global, soit $f_{ondamental}$ = 137 Hz. Oui, le son "Oh" contient des harmoniques, puisque sa forme d'onde présentée sur l'oscillogramme est périodique non sinusoïdale, ce qui caractérise la présence d'harmoniques. Par lecture sur le spectre : f_{fond} = 140,4 Hz. Oui, aux erreurs de lecture près, et compte tenu de la précision des mesures, la valeur du fondamental est cohérente avec celle mesurée sur l'oscilloscope (140,4 Hz et 137 Hz.).   En plus du fondamental, le spectre présente 5 harmoniques (détection graphique), pour le son "Oh". La valeur de la fréquence du premier harmonique est 280,8 Hz, le double de la valeur de la fréquence fondamentale. L'harmonique de rang 3 a pour fréquence 561,6 Hz (en considérant le premier harmonique de fréquence 280,8 Hz).   L'amplitude de l'harmonique 4 est de 25 % en considérant que le fondamental a une amplitude de 100 %.

Exercice 5: Onde périodique se propageant le long d'une corde

Un vibreur de fréquence f = 150 Hz est relié à une corde.
Une onde progressive périodique sinusoïdale se
propage alors dans cette corde. (schéma ci-contre)

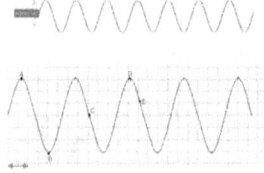

1. Périodicité temporelle

1.1 Quelle est la fréquence de l'onde? Justifier votre réponse
1.2 Définir la notion de période temporelle. Donner sa valeur

dans le cas ici étudié.

2. Périodicité spatiale

2.1 Définir de deux manières différentes la longueur d'onde.

2.2 On a représenté ci-contre l'état de la corde à un instant t_1(graphe1). Déterminer graphiquement la longueur d'onde.

2.3 Que peut-on dire sur les points A et D? Sur les points A et B? Justifier votre réponse

3. Calculer la célérité de l'onde.

4. Evolution temporelle

4.1 Représenter l'évolution de l'ordonnée du point C en fonction du temps. On prendra comme origine des temps l'instant t_1 pour lequel l'ordonnée du point C est nulle.

4.2 On note T la période temporelle de l'onde.

Représenter l'état de la corde aux instants $t_2 = t_1 + T$ et $t_3 = t_1 + 3T/2$. On fera notamment apparaître les points A, B, C, D et E. De plus, on utilisera la même échelle que pour le graphe 1.

Correction exercice 5 : 1.1- La fréquence de l'onde périodique créée par un vibreur est égale à la fréquence du mouvement de ce vibreur, soit ici 150Hz.

1.2- La période temporelle T est la durée d'une oscillation.

On peut aussi la décrire comme étant le temps nécessaire (ou minimal) pour qu'un point (dont l'état vibratoire évolue au cours du temps) se retrouve dans son état vibratoire initial. Si une grandeur A caractérise l'état vibratoire, on a A(t+t)=A(t).

A(t+kT)=A(t). La période est l'inverse de la fréquence d'où T = 1/f = 1/150 = $6,67.10^{-3}$ s soit 6,67ms 2-1 La longueur d'onde est la distance parcourue par l'onde pendant une période (temporelle).

On peut également la définir comme étant la distance minimale séparant, à tout instant, deux points dans le même état vibratoire (en phase). Si on travaille à une dimension et que A caractérise l'état vibratoire, on a A(x+λ)=A(x).

A(x+k'λ)=A(x). 2.2- AD=6,0cm or les points A et D sont espacés de 2λ

d'où λ = AD/2 = $6,0.10^{-2}$ /2 = $3,0.10^{-2}$m soit 3cm

2.3 – Deux points sont en phase s'ils sont espacés d'un nombre entier de longueurs d'onde k*λ. Ils sont en opposition de phase s'ils sont espacés de (k+1/2)λ. Les points A et D sont espacés de 2λ ; Ils sont donc en phase. Les points A et B sont espacés de 0,5λ ; Ils sont donc en opposition de phase. - La longueur d'onde et la période sont liées par la relation λ = v*T d'où, on a : v = λ/T

Ici, on a T = $6,67.10^{-3}$s et λ = $3,0.10^{-2}$m d'où v = $(3,0.10^{-2})$ / $(6,67.10^{-3})$ soit v = $4,5m.s^{-1}$ Au bout d'un temps $t_1 + T$, tous les points de la corde sont dans le même état qu'à l'instant t_1. Au bout d'un temps $t_1 + 3/2T$, chacun des points est dans l'état vibratoire « opposé » à celui dans lequel il était à l'instant t_1.

Exercice 6:

Une onde acoustique mono fréquentielle de fréquence 1 000 Hz se propage dans l'air. La température (élément influant sur la célérité "c" du son) est de θ = 22 °C. Calculer la période temporelle T (durée mise par l'onde pour effectuer un cycle complet) de cette fréquence. Calculer la célérité "c" du son dans l'air, pour cette température de 22 °C.

Cette onde parcourt une distance d = 5 mètres. Calculer le temps de parcours mis par l'onde pour effectuer ce trajet.

La longueur d'onde λ définit la période spatiale, distance séparant deux fronts d'onde consécutifs (ou deux points de l'espace vibrant en phase).

Faire un schéma de l'onde sinusoïdale en faisant apparaître la longueur d'onde.

Calculer la longueur d'onde de cette fréquence (prendre c = 340 m/s).

L'air est qualifié de milieu non-dispersif : pour la majeure partie des cas rencontrés, et pour les ondes du domaine audible, la célérité est constante quelques soit la fréquence de l'onde et son intensité.

Un son de fréquence f = 100 Hz met-elle plus ou moins de temps que la fréquence f = 1 000 Hz pour parcourir les 5 mètres ? Même question pour un son de fréquence f = 10 000 Hz.

Données : $c = 20 \times \sqrt{T°C + 273}$;   c = d/t ; $\lambda = c/f = c.T$;   T = 1/f

Corrigé exercice 6 :

Par définition, f = 1/T, donc T = 1/f = 1/1 000 = 0,0001 s, soit 1 ms.

Pour une température de 22°C, la célérité c = 20 x (273+22)$^{1/2}$ = 343,51 m/s.

Pour parcourir une distance d = 5 m. On a c = d/t, ⇔ t = d/c = 5/340 = 0,0147 s, soit 14,7 ms.

Longueur d'onde :

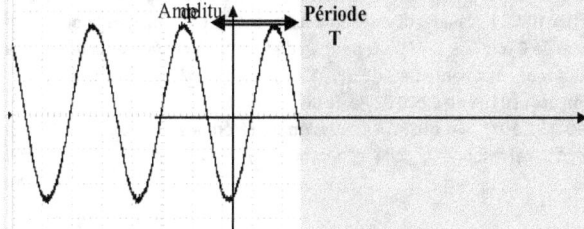

Par définition : λ = c/f = 340/1 000 = 0,34 m. Soit 34 cm.

Comme précisé dans l'énoncé, toutes les fréquences d'un son se propage à la même vitesse dans l'air, et ce quelque soit leur intensité. Donc une fréquence de 100 Hz ou une fréquence de 10 000 Hz mettront la même durée qu'une fréquence de 1 000 Hz pour parcourir 5 mètres : t = 1,7 ms.

Exercice 7 :

Un son correspond à une variation de pression rapide (entre 20 fois et 20 000 fois par seconde) et locale (en un point de l'espace) dont l'amplitude s'exprime en pascal (Pa). Par commodité, l'échelle des pascals est convertie en échelle des décibels (dB), donnant un "Niveau de Pression Sonore" ("Sound Pressure Level" en anglais). La formule donnant le niveau de pression L_p en fonction de l'amplitude de pression "p" est :

$$Lp(dBSPL) = 20 \times \log\left(\frac{p}{2.10^{-5}}\right)$$

On appelle "$p_{réf}$" la pression acoustique de référence pour lequel l'origine de l'échelle des décibels est fixée : $p_{réf}$ = 2.10^{-5} Pa.

On considère que l'être humain peut percevoir les sons dont le niveau de pression est supérieur à 0 dB SPL (Seuil d'audition). En revanche, les sons dont le niveau dépasse 120 DB SPL sont dangereux pour l'audition (seuil de douleur).

Un son a une amplitude de pression de 1 Pa. Calculer le niveau Lp de pression acoustique de ce son. Est-il audible ? Est-il dangereux pour l'audition ?

a)   On donne, à la source générant ce son, quatre fois plus d'énergie que pour la question précédente. L'amplitude de pression passe alors à 2 Pa. Calculer le nouveau niveau de pression Lp. En déduire le lien linéaire (ou loi) existant entre un doublement de l'énergie fournie à la source et l'augmentation de niveau sonore en dBSPL qui en découle.

b)   Une montre mécanique génère un son d'amplitude 0,000 02 Pa à un mètre de distance. Calculer le niveau sonore Lp. En déduire le choix de la valeur de la pression de référence utilisée dans la formule de l'énoncé.

Corrigé exercice 7 :

En utilisant la formule donnée : Lp = 20.log(1/(2.10^{-5})) = 94 dB SPL. Ce niveau est audible car supérieur à0 dB le seuil d'audition, mais non dangereux pour l'audition car inférieur au seuil de douleur de 120 dB SPL.

Pour une source quatre fois plus puissante, le niveau sonore correspondant à 2 Pa est : Lp = 20.log(2/2.10^{-5}) = 100 dB. L'augmentation en décibel est de 6 dB lorsque la puissance de la source est doublée 2 fois (2 x 2 = 4). On peut en déduire qu'à chaque doublement de puissance, le niveau sonore augmente de 3 dB SPL.

Pour une pression acoustique de 0,000 02 Pa, le niveau sonore Lp = 20.log((2.10^{-5})/(2.10^{-5})) = 0 dBSPL. La pression de référence $p_{réf}$, donnée dans la formule de l'énoncée, correspond à celle générant un niveau de 0 dB SPL, le seuil d'audition.

Exercice n°8 : A propos du spectre en fréquence et du spectre en longueur d'onde des différentes catégories d'ondes électromagnétiques. Ci dessous, le spectre en fréquence d'ondes électromagnétiques :

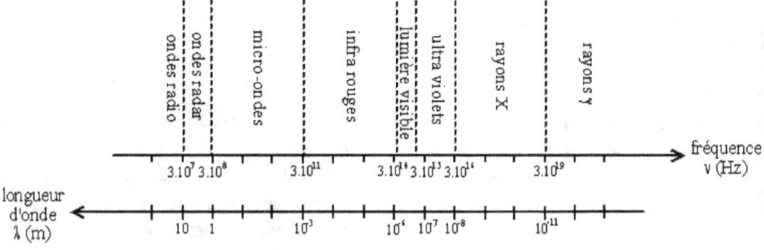

Calculez les énergies de chaque type d'onde.

Données : h =6,6 10^{-34} J.S c=3 10^8 m.s^{-1}

Exercice 9

Avant de débuter un concert, les instrumentistes doivent accorder leurs instruments. Le chef d'orchestre dispose de repères techniques simples mais efficaces pour vérifier la justesse des sons émis par l'orchestre.

L'objet de cet exercice porte sur l'étude des sons émis par des violons, la vérification de l'accord entre deux violons et la participation du chef d'orchestre à ces réglages.

Pour tout l'exercice, on considère la célérité v du son dans l'air, à 20 °C, égale à *340 ms^{-1}*.

Le violon

La figure 1 représente les enregistrements réalisés dans les mêmes conditions de sons de fréquence f_1=440 Hz (la$_3$) émis par un violon d'une part et par un diapason d'autre part.

1. Parmi les caractéristiques physiques d'un son musical figurent la hauteur et le timbre. En analysant les deux oscillogrammes de la figure 1 ci-après, préciser la caractéristique qui différencie les sons des deux émetteurs.

2. Quel nom donne-t-on à la fréquence f_1

3. Calculer les valeurs des fréquences f_2 et f_3 présentes dans le spectre fréquentiel du violon.

Figure 1. Enregistrements et spectres fréquentiels des deux émetteurs sonores.

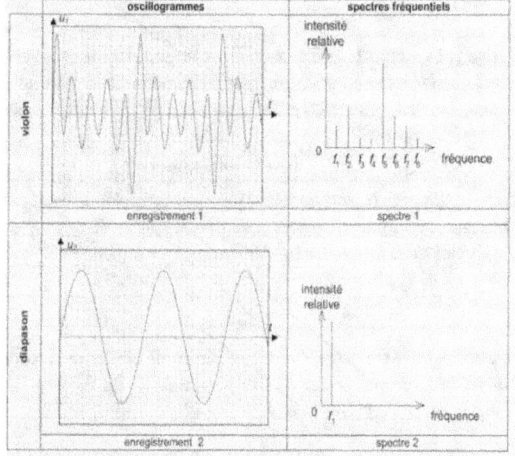

Parmi les caractéristiques physiques d'un son musical figurent la hauteur et le timbre.

4. a) On considère une corde de violon. On note L la distance entre les deux points d'attache sur l'instrument. Excitée dans son mode fondamental à la fréquence f_0, la corde est le siège d'ondes stationnaires, on observe un fuseau. Donner la relation entre L et la longueur d'onde λ.

b) Les ondes stationnaires résultent de la superposition d'ondes progressives de célérité *v*. Exprimer *v* en fonction de f_0 et L.

c) On donne $v = \sqrt{\dfrac{F}{\mu}}$ avec F la valeur de la tension de la corde et μ sa masse linéique.

Vérifier l'homogénéité de cette équation.

d) Donner une expression de la fréquence f_0 en fonction de F, μ et L.

e) Si la corde d'un violon émet un son de fréquence 460 Hz, comment doit-on agir sur la corde pour retrouver la note la3 de fréquence 440 Hz ?

3. Niveau sonore et intensité

Au début du concert, un groupe musical comportant dix violons se produit. On rappelle que le niveau sonore, exprimé en décibels (dB), d'une source sonore est donné par la formule : $L_1 = 10 \times \log(I_1/I_0)$

Avec : $I_0 = 1.\ 10^{-12}$ W m^{-2} : intensité de référence correspondant à l'intensité minimale audible ; I_1 : intensité sonore donnée par une source sonore en W m^{-2}.

a) Vérifier que le niveau sonore minimal perceptible est de 0 dB.

b) On estime à 70 dB le niveau sonore produit par un seul violon à 5 m. Calculer le niveau sonore produit par le groupe musical. On considère que tous les violons sont à 5 m de l'auditeur.

c) L'exposition à une intensité sonore $I = 1,0\ 10^{-1}$ Wm^{-2} peut endommager l'oreille de l'auditeur. Combien de violons doivent jouer pour atteindre cette intensité pour un auditeur situé à 5 m ? Conclure.

Correction Exercice 9. Le violon 1. Le diapason émet un son pur, le signal est sinusoïdal de fréquence f_1, alors que le violon émet un son complexe, périodique mais non sinusoïdal, et le spectre fait apparaître la fréquence f_1 mais aussi plusieurs fréquences multiples de f_1, les harmoniques.

Les sons émis par les deux instruments ont la même hauteur (la$_3$) mais des timbres différents. 2. La fréquence f_1 est appelée fréquence fondamentale ; c'est elle qui détermine la hauteur de la note jouée. 3. Les fréquences f_2 et f_3 sont des fréquences harmoniques, multiples de la fréquence fondamentale $f_2 = 2f_1 = 880$ Hz

$f_3 = 3f_1 = 1320$ Hz

a) Une onde stationnaire peut s'établir dans une corde vibrante à condition que la longueur L de la corde soit un multiple de : $\lambda/2 L = n\ \lambda/2$ Pour le mode fondamental $n = 1$ donc $L = \lambda/2$

b) La longueur d'onde λ et la fréquence f_0 d'une vibration sont liées par la relation :
$v = \lambda f_0$
$v = 2 L f_0$
D'après la question précédente $\lambda = 2L$
$[F] = [m][a] = M\,L\,T^{-2}$

On connaît la relation $F = ma$, donc μ est la masse linéique, rapport de la masse de la corde et de sa longueur :

$$[\mu] = \frac{[m]}{[\ell]} = M \cdot L^{-1}$$

On en déduit

$$\left[\sqrt{\frac{F}{\mu}}\right] = \sqrt{\frac{M \cdot L \cdot T^{-2}}{M \cdot L^{-1}}} = \sqrt{L^2 \cdot T^{-2}} = L \cdot T^{-1}$$

b)

L'expression $\sqrt{\frac{F}{\mu}}$ est bien homogène à une vitesse.

c) $f_0 = v/2L = 1/2L\sqrt{\frac{F}{\mu}}$

d) D'après l'expression précédente, lorsque la tension de la corde augmente, la fréquence du son émis augmente également. Puisqu'ici on cherche à diminuer la fréquence, il faudra détendre la corde.

3. Niveau sonore et intensité

a) Le niveau sonore minimal perceptible correspond à une intensité $I_1 = I_0$. Dans ces conditions : $L_1 = 10 \log (I_0/I_0) = 10 \log 1 = 0$ dB

b) Si I_1 et L_1 sont respectivement l'intensité et le niveau sonore produits par un violon, et I_{10} et L_{10} ceux produits par le groupe de 10 violons, alors :

$L_{10} = 10 \log(I_{10}/I_0) = 10 \log(10\, I_1/I_0) = 10 \log(10) + 10 \log (I_1/I_0)$

$L_{10} = 10 + L_1 = 10 + 70 = 80$ dB

c)   En reprenant le calcul précédent pour n violons, on trouve

$Ln = 10 \log n + L_1 = 70 + 10 \log n$

Le niveau sonore correspondant à l'intensité sonore maximale I vaut :

$L = 10 \log (I/I_0) = 10 \lg (10^{-1}/10^{-12}) = 10. 11 = 110$ dB

$L = L_n$ d'où $70 + 10 \log n = 110$

$10 \log n = 40$; $\log n = 4$; donc $n = 10^4$

Pour endommager l'oreille de l'auditeur, il faudrait faire jouer 10 000 violons dans un rayon de 5 m... Ce n'est donc pas en écoutant un orchestre classique qu'on peut endommager son audition !

QCM onde

QCM1 Une pointe vibrant à la fréquence $f = 80\, Hz$ produit des rides circulaires concentriques à la surface de l'eau d'une cuve à onde.
La célérité de l'onde est 24 cm s^{-1}.
Déterminer la distance en cm de la 1ère à la 10ème crête.
a :   2,7   b : 3   c : 3,3   d : 6,0   e : 6,6   f aucune

QCM2 Si on considère l'air comme un gaz parfait alors la vitesse du son de l'air se calcule par la relation de Laplace : v$=\sqrt{\gamma P/\mu}$; μ=1,39, P pression, μ masse volumique
Données
Masse molaire de l'air M = 29g/mol
Constante des gaz parfaits
R = 8,31
Calculer la vitesse du son dans l'air à la température de -17°C.

A : 308   b : 319   c : 327   d : 331   e : 340   f : aucune réponse

QCM3

Un coup sec est appliqué à une canalisation en acier dans laquelle circule du pétrole. Un capteur situé à la distance d=480 m du point d'application du coup, enregistre deux signaux sonores très brefs séparés par une durée Δt= 224 ms. Vitesse de propagation du son dans l'acier v_a= 5,00 kms^{-1}.

Déterminer la vitesse (en km/s) de propagation du son dans le pétrole.

a :0,85 ;   b : 1,20 ;   c : 1,50 ;   d : 1,70 ; e : 2,10 ; f : aucune bonne réponse

QCM4

On dispose d'un tuyau de canalisation en cuivre de longueur L=375 m, une personne située à l'autre extrémité du tuyau frappe d'un coup à l'aide d'un marteau. Une seconde personne B située à l'autre extrémité du tuyau perçoit deux coups décalés d'une durée de t=1,0 s

Calculez la célérité du son dans le cuivre.

On remplace le tuyau de cuivre par un tuyau de même longueur en aluminium. Comment évolue le décalage temporel ?

QCM5

La célérité du son dans l'air ou dans un gaz diatomique est donnée par la relation suivante :

$v = [(1,4 \times R \times T) / M]^{1/2}$ où R est la constante des gaz parfaits, T est la température en degré K et M est la masse molaire du gaz exprimée en kg.mol^{-1}.

1)   Déterminer la masse molaire de l'air.   2) Calculer les célérités du son dans le dihydrogène et le dioxygène à 20°C.

Données : Célérité du son dans l'air à 0° C : vair = 331,45m.s^{-1} M(H)= 1 g.mol^{-1}; M(O) = 16 g.mol^{-1}. R = 8,314 SI.

QCM6

La célérité d'une onde transversale le long d'une corde élastique tendue est donnée par la relation suivante :

$v = (T / \mu)^{1/2}$ où T est la tension de la corde exprimée en N et μ est la masse linéique de la corde exprimée en kg.m^{-1}

Déterminer la tension d'une corde de longueur L = 42 cm et de masse m = 2,6 g pour que les ondes s'y propagent avec une   célérité v = 370 m.s^{-1} Comment doit-on modifier la tension de la corde pour doubler la célérité de l'onde ?

QCM7

Le sonar, système émetteur et récepteur d'ultrasons, permet de mesurer la profondeur des océans. Disposé sous la coque d'un navire, le sonar comprend un émetteur de fréquence v = 40 kHz émettant une onde ultrasonore verticalement vers le fond de l'océan et un récepteur situé juste à côté de l'émetteur. Le récepteur arrête l'émission de l'onde à la réception de l'onde réfléchie ; un compteur relié à l'émetteur permet de dénombrer le nombre n de périodes complètes émises. 1)   Une mesure obtenue indique n = 330 123. Quelle est la profondeur de l'océan à cet endroit ? 2)   L'amplitude   de   l'onde ultrasonore diminue lors de la progression de l'onde. Après une distance L parcourue, l'onde présente une amplitude P telle que : $P = P_0 . e^{-\mu L}$ où P ainsi que P_0 sont des pressions et μ est un coefficient d'amortissement. Sachant que le récepteur est capable de détecter une onde d'amplitude supérieure à $P_{min} = 1,0 \times 10^{-3}$Pa, quelle profondeur maximale le sonar peut-il mesurer ?

Données :

Célérité des ultrasons dans l'eau de mer : $v = 1\,500$ m.s^{-1}.

$P_0 = 10,0$ Pa ; $\mu = 2,5 \times 10^{-4}$ m^{-1}

QCM 8

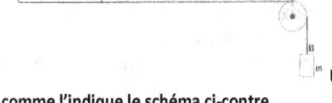

Une corde est tendue par le poids d'une masse m' comme l'indique le schéma ci-contre.

Données : longueur de corde

AP= 150 cm   m'= 200 g

On montre que la célérité des ondes transversales le long d'une corde est donnée par la relation :

$v = \sqrt{\dfrac{F}{\mu}}$ avec F tension de la corde en N et μ masse par unité de longueur de la corde.

On produit une brève secousse à l'extrémité O de la corde

On déclenche le chronomètre lorsque la perturbation arrive au point A de la corde.

On arrête le chronomètre lorsque la perturbation arrive au point P et on lit sur le chronomètre $\Delta t = 0,35$ s.

On suppose que la perturbation s'est déplacée à vitesse constante entre A et B.

Déterminer la masse (en kg) de la corde

A : 0,16 B : 0,27 C : 0,35 D: 0,56   E : 0,84 F:aucune réponse exacte

QCM9 Une onde sonore ou ultrasonore :

        a)se propage dans le vide à la vitesse de 340 m/s.

        b) ne se propage pas dans le vide.

b) s'accompagne d'un transport de matière.

c) se propage dans l'air à 20°C à la vitesse de $3 \cdot 10^8$ m/s.

QCM10- Une onde électromagnétique :

A- se propage dans le vide à la vitesse de $3 \cdot 10^8$ m/s. B- ne se propage pas dans le vide. C- s'accompagne d'un transport de matière. D- se propage dans l'air à 20°C à la vitesse de 500 m/s.

QCM 11 À Québec, deux stations de radio, CHIK FM (98,9 MHz) et CHOI FM (98,1 MHz), se livrent une guerre des ondes pour les meilleures cotes d'écoute. Quelle longueur d'onde est associée à chacune de ces stations?

a)   CHIK FM.

b)   CHOI FM.

B. Déterminer l'énergie reliée à la fréquence de chacune des stations radiophoniques de la question précédente (CHOI FM : 98,1 MHz; et CHIK FM : 98,9 MHz). La constante de Planck a une valeur de $6,62 \times 10^{-34}$ J·s.

a)   CHIK FM.

b)   CHOI FM.

QCM 12-1

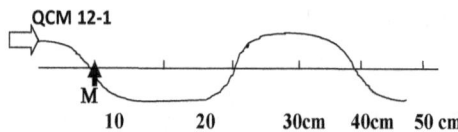

On fixe un vibreur à l'extrémité d'une corde tendue. Une onde sinusoïdale f= 50 Hz se propage le long de la corde à la célérité v. Le milieu n'est pas dispersif.

A) Cette onde est périodique et longitudinale. B) cette onde présente une double périodicité. C)λ=3 10^{-1} m D) une onde de fréquence f'=2 f a pour célérité v'=2v

QCM12-2

A)   La corde étudiée a une longueur de 50 cm

B)   La célérité de l'onde est de v=20 m.s^{-1}

C)   La fin de la perturbation se situe à 50 cm du vibreur

D)   Le point M n'est pas perturbé au cours du temps.

QCM 13 VRAI OU FAUX

A)   Une onde ultrasonore a une fréquence inférieure à 200 kHz

B)   Une onde ultrasonore a pour célérité dans l'air vair = 340ms^{-1}

C)   Une onde ultrasonore est une onde longitudinale et multi-directionnelle

D)   Une onde ultrasonore a une célérité dans l'eau v>v air

QCM 14 Une onde mono-chromatique de fréquence f=4 10^{15} Hz se propage dans le verre à la célérité v_{verre}=2 10^8 m.s^{-1}

A)   Pour cette onde λ=5 10^{-7} m

B)   L'indice de réfraction de ce verre est n=1,2

C)   Dans l'air, la fréquence est f=4. 10^{15} Hz

D)   Lorsqu'elle passe du verre à l'air, cette onde est dispersée.

QCM 15

A la surface d'un lac on dépose deux bouchons A et B distants de 1 m, puis on lance une pierre qui tombe verticalement au voisinage de A : des rides se propagent à la surface de l'eau. On déclenche le chronomètre quand la première ride atteint le bouchon A, puis on arrête le chronomètre quand cette ride atteint le bouchon B. Le bouchon indique un temps de 2 s.

L'onde qui se propage à la surface de l'eau est une onde :

1) A) Transversale ;B) longitudinale, C) horizontale ; D) circulaire

2) Sa célérité est : A)1 m/s ; B) 1,5m/s ; C)0,5 m/s ; D)0,25 m/s ; E)0,95 m/s

3) le bouchon possède :A) de l'énergie mécanique ; B) de l'énergie acoustique ; C) de l'énergie élastique ; D) aucune énergie.

4) Le bouchon A) se rapprochera du bouchon B) s'éloignera du bouchon B ; C) restera immobile ; D) se déplacera suivant une verticale.

5) Une lampe à vapeur de sodium émet un rayonnement de fréquence v = 5,099 10^{14} Hz. Dans l'air la couleur de ce rayonnement est jaune. La longueur d'onde de ce rayonnement est λ= ?

389 nm ; B) 489 nm ; C) 589 nm ; D) 689 nm ; E)789 nm

6) Le rayonnement pénètre dans l'eau, d'indice de réfraction 1,33 ; donc la longueur d'onde du rayonnement dans ce milieu est :

489 nm ; B) 443 nm ; C) 578 nm ; D) 644nm

7) Dans l'eau la longueur d'onde du rayonnement est voisine de celle de

L'ultra-violet ; B) l'infra-rouge ; C)des rayons X, D)des micro-ondes ; E)autre réponse

8) Si une telle lumière traverse une fente fine de diamètre a = 0,3 mm, la lumière est diffractée.

Sur un écran situé à D = 3 m, la largeur de la tache est :

A)   L = 0,443 mm ; B) L = 0,334 mm ; C) L = 4,6 mm ; D) L = 12 mm ; E) L = 9,6 mm

QCM 16

Onde progressive sinusoïdale à la surface de l'eau

fréquence f=50Hz. A la date t on donne une loupe verticale de la surface de l'eau.

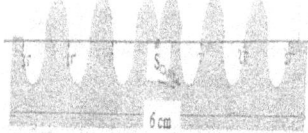

Quelle est la valeur de λ ?

A)   6 cm ; B) 3cm ; C) 60 cm ; D)90 mm ; E)1 cm.

De c?

QCM 17

Soit une onde à la surface de l'eau

Les courbes représentent la hauteur d'eau dans un bassin dont la surface est soumise à des vagues.

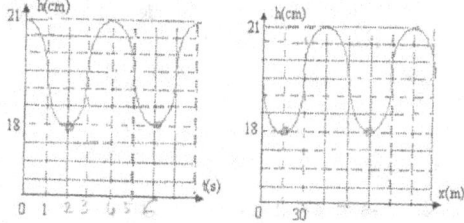

Quelle est la célérité des vagues ?

A) 25 m/s, B)10 m/s ; C)15 m/s ; D)5 m/s ; E)11,5 m/s.

QCM 18

La houle dans l'approximation de la houle (vague d'amplitude très inférieur à la longueur d'onde) en eau profonde, la célérité de la houle s'exprime par la relation $c = [g\lambda/(2\pi)]$, dans laquelle g est l'accélération de la pesanteur et λ la longueur d'onde de la houle. 1) Quelle est la nature de l'onde?

A) longitudinale ; B) transversale; C) apériodique ; verticale

2) Comment caractériser le milieu? A) Progressif; B)longitudinal; D)homogène ; E)dispersif

3) Sachant que la fréquence est égale a 3,14 Hz, quelle est la célérité? A)0,5 m/s; B)5 m/s; C)10 m/s; D)15 m/s; E)17,5 m/s,

QCM 19

Ondes sur une corde   Deux ondes se propagent dans la même direction et en sens contraire sur une corde. La valeur -commune de la célérité des deux ondes est v= 5,0 m/s. A l'instant t = 0 la corde a l'aspect suivant :

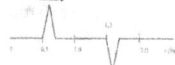

Tracer l'allure de la corde à t=0.1 s

QCM 20

Dans le cas d'une diffraction d'une onde lumineuse monochromatique de longueur d'onde λPar une fente de largeur a l'écart angulaire θ a pour expression :

B) a/ λ B)λ/a C) λ a

QCM 21

 Lorsqu'une onde progressive sinusoidale rencontre un obstacle ou une ouverture dont la taille est du même ordre de grandeur que la longueur d'onde. L'onde est : A) dispersée   B) Réfléchie C) Diffractée

QCM 22

Un vibreur est relié à l'extrémité S d'une corde élastique. A l'instant t = 0, le vibreur est mis en mouvement. L'aspect de la corde après une durée de 400 ms est représenté ci-dessous. L'origine des abscisses x=0 correspond à l'extrémité S

A A l'instant t=0 le vibreur s'est mis en mouvement vers le haut.

B La longueur d'onde créée est de 1,0 m C La période T est de 200 ms

D La célérité de l'onde le long de la corde a pour valeur 12,5 ms^{-1} E Le vibreur a provoqué le long de la corde une onde méca transversale.

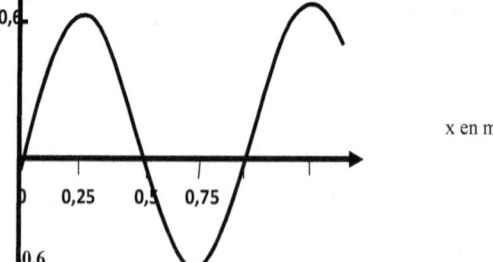

x en m

QCM 23

Propagation le long d'une corde. a)   Un dispositif permet de générer à l'extrémité O de la corde, tendue horizontalement une déformation qui se propage le   long de cette corde. Dans tout l'exercice, on néglige les phénomènes d'amortissement et de réflexion.

La corde est représentée ci-dessous aux dates t_1 et t_2

a)Déterminer la célérité de propagation de la déformation sachant que $t_2 - t_1 = 20$ ms.

b) L'origine des dates correspond au début de la déformation transversale en O.
Déterminer la date t_1. Représenter la corde à la date $t_3 = 35$ ms

La célérité de l'onde le long d'une corde tendu est donnée par la relation $v = \sqrt{\frac{T}{\mu}}$;

T est la tension de la corde et μ sa masse linéique. Calculer T sachant que $\mu = 5,0$ g.m^{-1}

L'extrémité   O de la corde est maintenant reliée a un vibreur produisant une onde sinusoïdale transversale de fréquence f = 100Hz le long de la corde .

c)   Calculer la longueur d'onde A.

d)   Donner l'allure de la corde lorsque le front d'onde F est à la distance OF=100cm du point O. On donnera deux réponses que l'on expliquera.

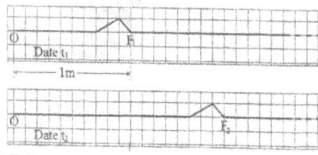

QCM 24

On émet à l'aide d'un haut parleur un signal sonore sinusoïdal qui se propage à la célérité v = 340 m/s. La fréquence du signal est f = 425 Hz et la longueur d'onde est notée λ. A) λ, v et f sont liés par la relation v = λ / f. B) La longueur d'onde est-elle indépendante du milieu de propagation. C) Deux points distants de 40 cm situés l'un et l'autre dans la direction de propagation sont en phase. D) L'écho est-il entendu 1 s après l'émission du signal ?

QCM 25

La houle dans l'approximation de la houle (vague d'amplitude très inférieur à la longueur d'onde) en eau profonde, la célérité de la houle s'exprime par la relation c= $[g\lambda/(2\pi)]$ ½ dans laquelle g est l'accélération de la pesanteur et λ la longueur d'onde de la houle. Parmi les affirmations suivantes lesquelles sont vraies ? A) la surface de la mer constitue un milieu dispersif pour la houle. B) La célérité ne dépend pas de la fréquence. C) La houle se propageant à la surface est une onde longitudinale. D) Si la célérité vaut 15 km/ la fréquence vaut 3,7 Hz E) Si la période double, la célérité est divisée par deux.

QCM 26

Une perturbation créée en point source S se propage le long d'une corde élastique. Cette corde est représentée aux instants $t_1 = 1,6$ et $t_2 = 2,4$ s L'abscisse 0,0 m sur les schémas ne correspond pas à la position du point source S. A) Il s'agit d'une onde progressive longitudinale B) Au cours de sa progression l'onde est amortie C) La célérité de l'onde entre t_1 et t_2 est de 5,0 m.s^{-1} D) un point M de la corde reproduit la déformation initiale de la source avec un retard égal à SM/c, c célérité E) La perturbation affecte 2,0 m de la corde.

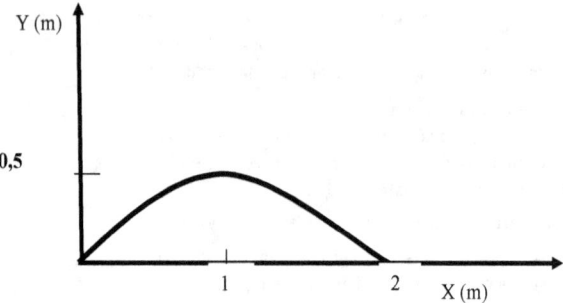

QCM 27

L'expérience suivante est réalisée avec un laser He-Ne émettant une radiation de longueur λ= 633 nm Le dispositif comprend deux fentes distantes de a= 500 μm

Cette plaque est disposée à une distance d=20 cm du laser on observe le phénomène sur un écran parallèle à la plaque et situé à la distance D= 4,0 m

Les deux fentes sont à égale distance d de la source. L'axe OX est axe de symétrie du système.

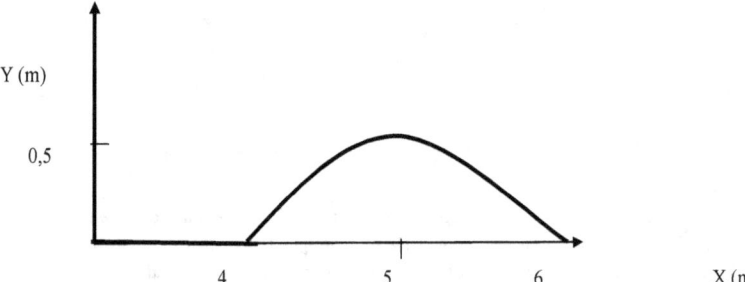

$d= 20cm$ $D= 4,0m$

A le phénomène est un phénomène d'interférences des ondes lumineuses

B L'observation reste identique si on remplace la source laser par une source de lumière blanche.

C on observe une frange sombre au point O

D si on déplace une source lumineuse S le long de l'axe (Ox) l'interfrange conserve la même valeur qu'auparavant $5\ 10^{-3}$ mm

E si on utilise une radiation verte quasi monochromatique l'interfrange a une valeur inférieure à celle obtenue avec le laser Ne-He

QCM 28

Parmi les radiations émises par une source à hydrogène, on isole, avec un filtre, la radiation de longueur d'onde $\lambda = 656$ nm. On utilise cette radiation pour produire des franges d'interférence, à l'aide du dispositif de la figure 1 (fentes d'Young). S est la source produisant la radiation monochromatique de longueur d'onde $\lambda = 656$ nm. Les deux fentes F_1 et F_2, placées à égale distance de la fente F, se comportent comme deux sources synchrones et cohérentes.

1 Peut-on utiliser 2 lampes S_1 et S_2 au lieu d'une seule lampe S éclairant 2 fentes F_1 et F_2 ? Pourquoi ?

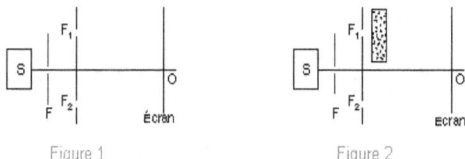

Figure 1   Figure 2

Au point O de l'écran, équidistant de F_1 et de F_2, observe-t-on une frange d'interférences sombre ou brillante ? Justifier.

A l'arrière de la fente F_1, on dispose une petite lame de verre d'indice n = 1,5 (figure 2) qui augmente le temps de trajet de l'onde lumineuse qui, partant de S_1 passe par F_1. On appelle frange centrale située en O′, la frange initialement en O pour laquelle la lumière met le même temps pour effectuer les trajets $F_1O′$ et $F_2O′$. Le point O′ est-il situé au-dessus ou au-dessous de O ? Justifier la réponse.

QCM 29

Lorsqu'une chauve-souris se déplace le battement de ses ailes produit un son dans l'air v=5m/s et $f_{son}= 2000$ Hz

1) Lorsque les chauves-souris s'approchent de vous, le son est

A plus aigu qu'au dessus de votre tête

B Le même

C plus grave

2) Calculez la fréquence.
3) Lorsque les chauves s'éloignent de vous le son est
   - A plus aigu qu'au dessus de votre tête
   - B Le même
   - C plus grave

Corrections

QCM1
Calcul de la longueur d'onde :
$$\lambda = \frac{c}{f}$$
$\lambda = 24.10^{-2}/80 = 3mm$
d=9 l=2,7 cm

QCM2   réponse b
$PV=nRT$ et $n=m/M_{air}$ et $P=nRT/V$
D'où $P=\mu RT/M_{air}$

$V=\sqrt{\gamma RT/M_{air}}$ $v=\sqrt{\dfrac{RT\gamma}{M_{air}}}$ =319 m s^{-1}

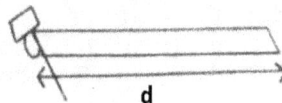

QCM 3
$\Delta t = t_p - t_a$
$\Delta t = \dfrac{d}{C_p} - \dfrac{d}{C_a} \Rightarrow \dfrac{\Delta t}{d} = \dfrac{1}{C_p} - \dfrac{1}{C_a} \Rightarrow \dfrac{1}{C_p} = \dfrac{1}{C_a} + \dfrac{\Delta t}{d}$ $C_p = \dfrac{1.50km}{s}$

QCM4

$T_{cuivre} = L/v_{cuivre}$
$T_{air} = L/V_{air}$
$v_{cuivre} > v_{air}$
$\tau = L/v_{air} - L/v_{cuivre}$
$V_{cuivre} = (L\ v_{air})/(L-(v_{air}\ \tau))$
$V_{cuivre} = 3,6$ ms^{-1}
Le cuivre étant moins rigide que l'aluminium, $v_{cuivre} < v_{alu}$ et $t_{alu} < t_{cuivre}$
$\tau' < \tau$

QCM 5 De la relation : $v = [(1,4 \times R \times T)/M]^{1/2}$
on en déduit : $M = (1,4 \times R \times T)/v^2$

Soit : A.N : M_{air}= (1,4 × 8,314 × 273) / (331,45)^2 ≈ 2,9 × 10^{-2} kg.mol^{-1}

2)   La célérité du son dans le dihydrogène est :

La célérité du son dans le dioxygène est :

A.N : v_{H2}= [(1,4 × 8,314 × 293) / (2 × 10^{-3})]$^{1/2}$ ≈ 1 306 m.s^{-1}
v_{O2} = [(1,4 × 8,314 × 293) / 32.10^{-3}]$^{1/2}$ ≈ 326 m.s^{-1}

QCM 6

1) De la relation : $v = (T / \mu)^{1/2}$, on en déduit : $T = \mu \times v^2$

Or, par définition, $\mu = m / L$

Soit : A.N : T = (2,6 × 10^{-3} × 370^2) / 0,42 ≈ 850 N   (26 10^{-3} 370 ^{2}/ 0,42)

2)   La célérité v étant proportionnelle à $T_{1/2}$, il faut quadrupler la valeur de T.

   Soit : A.N : T' = 4 × 850 = 3 400 N

QCM 7 1)

L'onde ultrasonore a parcouru la distance d = 2 h entre l'instant où elle est émise et l'instant où elle est captée par le récepteur. n étant le nombre de périodes T de l'onde ultrasonore émise, le temps mis par l'onde pour effectuer un aller-retour entre la coque du navire et le fond de l'océan est :

t = nT = n / f

Sachant que d = v.t, on en déduit : 2 h = n × v × T = (n × v) / f

Soit : A.N : h = (330 123 × 1,5 × 10^3) / (2 × 40 × 10^3) = 6,2 × 10^3 m ou 6,2 km

2)   Il faut que $P_{reçue} \geq P_{min}$

D'où : $P_0 \times e^{-\mu L} = P_0 \times e^{-2\mu h} \geq P_{min}$

• $2 \mu \times h \geq \ln (P_{min}/ P_0)$

Soit : A.N : h_{max} = [1 / (2 × 2,5 × 10^{-4})] × ln (10 / 10^{-3}) ≈ 18 400 m ou 18,4 km

QCM8

$v = \sqrt{\dfrac{m'g}{\mu}} = \sqrt{\dfrac{m'g}{m/l}}$ =1,5/0,35=4,28 ; $v^2 = (1,5/0,35)^2$

m=2 . 1,5/4,2^2

m=0,17 kg   réponse A

QCM 9: A Faux B Vrai, une onde sonore ou ultrasonore est une onde mécanique : elle ne se propage pas dans le vide. C Faux Une onde transporte de l'énergie ; elle ne transporte pas de matière. D Faux Se propage dans l'air à environ 340 m/s.

QCM10 A Vrai B Faux C Faux D Faux

QCM 11 a)λ=c/f=3,03 m   b)   λ=c/f=3,06 m
a)   6,55 10^{-25} J
b)   6,49 10^{-26} J

QCM 12-1 - A) FAUX transversale
B)Vrai, spatiale et temporelle

C) $\lambda=0,4$ m FAUX

D)   Milieu non dispersif, d'où v est indépendante de la fréquence

QCM 12-2 -A) Faux L>50 cm

B) $v=\lambda f=20$ ms^{-1} VRAI

C)   Faux (le début de la perturbation)

D)   faux

QCM13

A)FAUX (ne correspond pas à une onde sonore) B)VRAI C)VRAI D)VRAI

QCM14

A)$V=\lambda f$ donc $\lambda=2.10^8 / 4\ 10^{15} =5\ 10^{-8}$m FAUX

B)$n=c/v=$ 1,5 FAUX

C)VRAI

D)Faux elle est déviée

QCM 15

1)Transversale

2)0.5m/s

3)Energie mécanique

4) Se déplacera suivant une verticale

5)589

6)443

7) Autre réponse

8) L = 12 mm

QCM 16

$\lambda=1$ cm réponse E

$C=0,5$ ms^{-1}

QCM 17 Réponse E : 45 m en 4 s

Donc c=11,5 m/s

QCM 18

2)   Transversale

3)   Dispersif

4)   A) 0,5 m /s $v=g/2\pi f= 10/(2.\ 3,14.3.14)=$ 0,5 m/s

QCM 19 Allure plane, les deux ondes s'annihilent.

QCM 20

Réponse B ; λ/a

QCM21

Réponse c diffractée

QCM 22

A B E vraie la période vaut 400 ms puisque S au repos après 400 ms et c=1/ 0,4 = 2,5 m/s

QCM 23 $v=d/(t_2-t_1)$

Parcourt 0,8 m en 20 10^{-3} s c= 40 m.s^{-1}

d=0,8 m $d_3= vt_3$ d_3 =1,4 m (14 carreaux)

c) $T= \mu v^2$; $T= 40^2 . 5\ 10^{-3}$

T= 8 N

$$v = \lambda\ f\ ;\ \lambda = v/f = 40/100 = 0,4\ m$$

QCM 24

A) Faux. $v = \lambda f$.

B) La longueur d'onde est-elle indépendante du milieu de propagation ? Faux.

C) l = v / f = 340 / 425 = 0,8 m. Faux

Deux points distants d'un nombre entier de longueur d'onde vibrent en phase.

Deux points distants d'un nombre impair de demi-longueur d'onde vibrent en opposition de phase. L'onde se réfléchit sur un obstacle situé à 34 m de la source.

D) Faux.

2*34 = 340 t ; t = 0,20 s.

QCM 25

Vrai

$V = g/2\pi\ f$ car $\lambda = v/f$; $v^2 = g\lambda/2\pi$; v $v = g\ \lambda/2\ \pi$;

$v\ \lambda f = g\ \lambda/2\pi$; v $= g/2\pi\ f$

Faux transversal

La célérité est proportionnelle à la période vrai

Faux 15/3,6= 4,17 m/s ; f= g/ 2πv= 9,81/ (6,28. 4,17)= 0,37 Hz

Si la période double, la célérité est divisée par deux; faux.

QCM 26

A et E

QCM 27

A E

C est fausse car les distances OF_1 et OF_2 sont identiques donc lumineuse

$l = \frac{\lambda}{a} D = 5\ 10^{-3}\ m$

QCM 28   interférences.

Deux sources lumineuses distinctes, même si elles sont monochromatiques, ont une incohérence temporelle. Elles émettent, de façon aléatoire, des trains d'ondes ayant des déphasages quelconques les uns par rapport aux autres. Dans ces conditions, il est impossible d'observer le phénomène d'interférences.   Au point O de l'écran, équidistant de F_1 et de F_2, observe-t-on une frange d'interférences sombre ou brillante ?

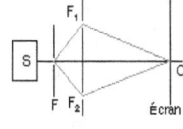

Figure 3

Les ondes parties en phase de F_1 et de F_2 parcourent, dans l'air, des distances $d_1 = F_1 O$ et $d_2 = F_2 O$ égales. Elles mettent le même temps pour parcourir ces distances égales et arrivent en phase au point O. Leur interférence est constructive. Par conséquent : Le point

O de l'écran, équidistant de F_1 et de F_2, est sur une frange brillante On sait qu'en un point d'une frange brillante les ondes qui interférent sont telles que leur différence de marche est : $d_2 - d_1 = \lambda$ K K étant un entier relatif)

Ici, pour le point O, on a K = 0.

3 A l'arrière de la fente F_1, on dispose une petite lame de verre d'indice $n = 1,5$, d'épaisseur e (figure 2) qui augmente le temps de trajet de l'onde lumineuse qui, partant de S_1 passe par F_1. On appelle frange centrale située en O′, la frange initialement en O pour laquelle la lumière met le même temps pour effectuer les trajets $F_1O′$ et $F_2O′$. Le point O′ est-il situé au-dessus ou au-dessous de O ?

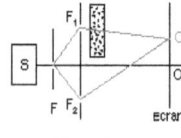

Figure 4

- Les ondes monochromatiques partant en phase de F_1 et de F_2 mettront des durées t_1 et t_2 égales pour parvenir en O' situé sur la frange "centrale".

- La durée t_2 que met la lumière pour parcourir la distance $d'_2 = F_2O$ est facile à calculer :

$t_2 = F_2O′ / c$ avec c = 3.10^8 m / s (vitesse de la lumière dans l'air ou le vide, quelle que soit la couleur. Ici on utilise la lumière rouge de longueur d'onde $\lambda = 656$ nm dans l'air)

- La durée t_1 que met la lumière pour parcourir la distance $d'_1 = F_1O'$ est très voisine de :

$t_1 = (F_1O′ - e) / c + e / v$ = durée du trajet dans l'air + durée du trajet dans le verre à la vitesse v = c / n.

Exprimons que pour le point O' appartenant à la frange "centrale" les durées t_2 et t_1 sont égales.

$t_2 = t_1$

$F_2O′ / c = (F_1O′ - e) / c + e / v$

Mais n = c / v   s'écrit aussi   v = c / n

$F_2O′ / c = (F_1O′ - e) / c + e / (c/n)$

Multiplions par c :

$F_2O′ = (F_1O′ - e) + n e$

$F_2O' = F_1O' + e(n-1)$

L'énoncé donne n = 1,5

$F_2O' = F_1O' + 0,5\ e$

$F_2O' > F_1O'$ Le point O′ est donc situé au-dessus du point O

Solution QCM 29 1) A 2) f= 2030 Hz

$f' = \dfrac{f}{1-\frac{v_e}{v_s}} = f' = \dfrac{f}{1-\frac{5}{343}} =$ 2000 Hz et v_e= 5m/s et v_s= 343 m/s f′= 2030 Hz

3 c

4 f″= 1971 Hz

L'émetteur s'éloigne du récepteur, la vitesse du premier devient négative f′= $f' = \dfrac{f}{1-\frac{-5}{343}} =$1971 Hz

5 Non le bruit est une onde mécanique qui se déplace dans la matière. L'espace ne contient pas de matière.

Chapitre 3 : La lumière

1- Spectres d'émission

1-1 spectre d'émission continu d'origine thermique

Observations de spectres continus

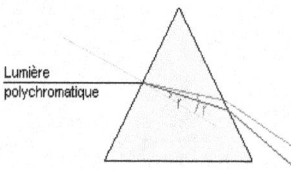

Analyse par un prisme :
Quelle est la couleur la plus déviée? Le violet, la moins déviée ? Le rouge

 Influence de la température sur le spectre

On alimente une lampe avec un générateur délivrant une tension variable.
Observer le spectre pour différentes températures du filament de la lampe.

A haute température :
Quelle est la couleur de la lampe ? blanche.

Quelles sont les couleurs que vous observez sur le spectre ? Toutes les couleurs du rouge au violet.

A basse température :
Quelle est la couleur de la lampe ? orangé rouge
Qu'observez- vous sur le spectre ? on ne voit plus le violet ni le bleu
Un spectre continu d'origine thermique renseigne sur la température du corps qui l'émet

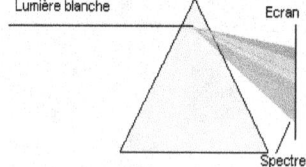

- Le spectre de la lumière blanche (spectre continu) Le spectre de la lumière blanche s'étend de λ=400nm (bleu) à λ=800nm (rouge)

Lorsqu'une lumière polychromatique (milieu dispersif), traverse un prisme on observe un spectre sur un écran placé à proximité. Lors de la réfraction d'une lumière polychromatique par un prisme, les radiations de petites longueurs d'onde (donc de fréquence plus élevée) comme le bleu sont les plus déviées.

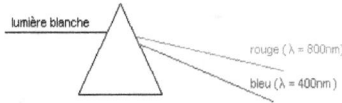

Lumière monochromatique : On appelle lumière monochromatique une onde électromagnétique progressive sinusoïdale de fréquence donnée. La couleur de cette lumière est liée à la valeur de sa fréquence.

Lumière polychromatique : On appelle lumière polychromatique une lumière composée de plusieurs ondes monochromatiques de fréquences différentes (la lumière blanche, par exemple, est une lumière polychromatique).

Comme toutes les ondes périodiques, les ondes électromagnétiques présentent une double périodicité (temporelle et spatiale). La longueur d'onde dans le vide d'une onde lumineuse monochromatique sera notée λ_o ($\lambda_o = c/f$).

Spectre de raies émis par une lampe spectrale

Une lampe spectrale est un tube contenant une vapeur métallique (Hg, Na…) ou un gaz (Ne, Ar…) chaud sous très faible pression. Lorsque le gaz est traversé par une décharge électrique, il émet de la lumière : les atomes constitutifs émettent des radiations (lumières monochromatiques) qui lui sont propres. La lumière émise par la lampe à vapeur de sodium a une couleur :jaune orangé.

Le spectre et indiquer la longueur d'onde de la raie la plus brillante. (raie jaune : 589 nm)

Un gaz à basse pression, lorsqu'il est chauffé ou soumis à des décharges électriques émet de la lumière . Le spectre de cette lumière est un « spectre de raies ».

Un spectre de raies renseigne sur la nature chimique du corps qui l'émet.

Chaque raie est une lumière monochromatique qui a une longueur d'onde précise.

2- Spectres d'absorption

2-1 Spectre de raies d'absorption
1 Expérience
On fait brûler de l'alcool et on vaporise du chlorure de sodium dans la flamme.
On fait passer de la lumière blanche à travers la flamme.

Dans le spectre continu de la lumière blanche, on voit une raie noire.(spectre de raies d'absorption)

Or, le sodium peut émettre cette radiation.

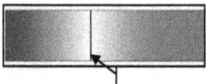

Un élément chimique peut absorber des radiations (= raies) : on obtient alors un spectre de raies d'absorption. (noires)

Il ne peut absorber que les radiations qu'il est capable d'émettre.

En observant la lumière émise par une étoile, les astronomes voient un spectre continu qui les renseigne sur la température de l'étoile. Mais ils voient aussi des raies noires qui les renseignent sur la composition chimique de l'étoile.

2-2 Spectre de bande d'absorption

Expérience

On projette le spectre continu de la lumière blanche.

Sur le trajet de la lumière, on intercale une cuve contenant une substance transparente colorée

Spectre d'absorption d'une solution violette de permanganate de potassium :

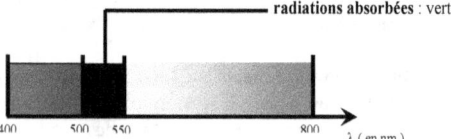

Le permanganate absorbe de la lumière verte ; il est de couleur magenta (complémentaire du vert)

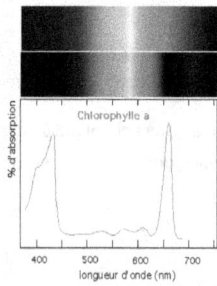

Conclusion

Dans le spectre continu, on observe une bande noire. Cela correspond aux radiations absorbées par la substance.

3. Spectres et Niveaux d'énergie

3-1. Les différents niveaux d'énergie d'un atome

<u>Définition :</u> Le niveau d'énergie le plus faible d'un atome correspond à on état stable. Il est appelé <u>état fondamental.</u>

Les niveaux d'énergie plus élevés que l'état fondamental correspondent à un <u>état excité de l'atome.</u>

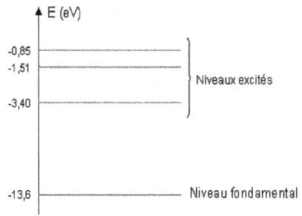

Quelques niveaux d'énergie de l'atome d'hydrogène

Les états excités sont instables (durée de vie de l'ordre de 10^{-8}s).

3-2. Transitions atomiques

<u>Définition :</u> Le passage d'un niveau d'énergie E_1 à un autre E_2 est appelé transition.

- Si $E1 < E2$, ($\Delta E > 0$) l'atome reçoit de l'énergie du monde extérieur (il subit une excitation). On a absorption d'un photon de longueur d'onde λ.
- Si $E1 > E2$, ($\Delta E < 0$) l'atome fournit de l'énergie au monde extérieur (il subit une désexcitation), on a émission d'un photon de longueur d'onde λ.

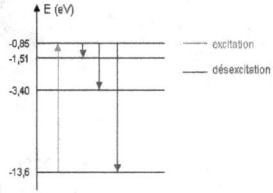

3-3. Energie lumineuse

<u>Définition :</u> Une radiation lumineuse de fréquence v est associée à un quantum d'énergie contenant une énergie :

$E = h \times v$

h : constante de Planck : $h = 6,62 \times 10^{-34}$ $J.s^{-1}$

La longueur d'onde λ de la radiation et sa fréquence v sont liées par la relation $\lambda = cv$, d'où $v = c/\lambda$ et :

E=h×c/λ <u>Remarque :</u> Le quantum d'énergie peut être considéré comme porté par un particule appelée photon.

3- 4. Interprétation des spectres de raies

Lorsqu'un atome passe d'un niveau d'énergie *Ei* à un niveau d'énergie *Ef*.

- Si *Ei<Ef*, (*ΔE*>0) l'atome capte un quantum d'énergie lumineuse *ΔE=Ef−Ei=h×ν*.

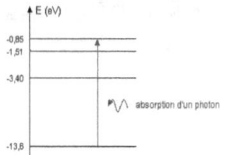

Si *Ei>Ef*, (*ΔE*<0) l'atome perd un quantum d'énergie lumineuse *ΔE=||Ef−Ei||=h×ν*.

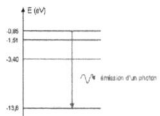

4- Le modèle ondulatoire de la lumière

4-1. Diffraction de la lumière

Réalisons l'expérience suivante:

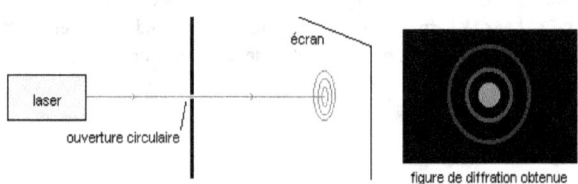

figure de diffration obtenue

On observe sur l'écran une figure de diffraction. Ce phénomène se produit lorsque l'ouverture par laquelle passe la lumière est de petite taille. On dit que l'ouverture a <u>diffracté</u> la lumière du laser.

- Plus l'ouverture est petite, plus le phénomène de diffraction est marqué.
- Le phénomène de diffraction met en défaut le principe de propagation rectiligne de la lumière dans un milieu homogène.
- Si l'ouverture est une fente, on observe la figure ci-contre.

4-2. Interprétation ondulatoire

De façon générale, la lumière peut-être considérée comme une onde électromagnétique. En particulier, la lumière émise par le laser peut-être décrite comme une onde électromagnétique sinusoïdale de fréquence donnée. La lumière se propage dans le vide, et dans les milieux transparents (air, eau, gaz, verre, etc...).Dans le vide, la célérité de la lumière est c = 299 792 458 m.s^{-1} (on retiendra c $\simeq$ 3.10^{8}m.s^{-1}).

La diffraction est une propriété des ondes qui se manifeste par étalement des directions de propagation de l'onde, lorsque celle-ci rencontre une ouverture ou un obstacle. Conditions d'observation : pour toutes les ondes, la diffraction est nettement observée lorsque la dimension de l'ouverture est du même ordre de grandeur que la longueur d'onde.

- La célérité de la lumière dans le vide ne dépend pas de la fréquence de l'onde.
- La célérité de la lumière dans l'air est pratiquement égale à sa célérité dans le vide (c$_{air}$ $\simeq$ c$_{vide}$).

5- Propagation d'une onde lumineuse dans un milieu transparent

5-1 Indice de réfraction

La réfraction est la déviation des rayons lumineux passant obliquement d'un milieu transparent dans un autre.

On a les lois de Descartes : $n_1 \sin(\hat{\imath}) = n_2 \sin(r)$

Rayon incident : rayon avant réfraction

Rayon réfracté : rayon dévié

La fréquence d'une onde électromagnétique ne dépend que de la fréquence de la source. Elle ne dépend pas du milieu de propagation de l'onde.

La célérité d'une onde électromagnétique dépend du milieu de propagation. La célérité d'une onde électromagnétique dans un milieu transparent est toujours inférieure à la célérité cette onde dans le vide c. L'indice de réfraction d'un milieu transparent est le rapport entre la célérité d'une onde se propageant dans le vide et sa célérité dans le milieu considéré n=c/v, n indice de réfraction du milieu transparent. C célérité de l'onde dans le vide. V célérité de l'onde dans le milieu transparent. La déviation s'opère juste en un point que l'on appelle *point d'incidence*. Ce point appartient à la surface qui sépare les deux milieux. Une telle surface est nommée *dioptre*. La *normale* est la droite perpendiculaire au dioptre au point d'incidence.

La *normale* est la droite perpendiculaire au dioptre au point d'incidence. La *normale* est la droite perpendiculaire au dioptre au point d'incidence, î = angle d'incidence = angle formé par le rayon incident et la normale.

r = angle de réfraction = angle formé par le rayon réfracté et la normale.

La célérité d'une onde électromagnétique dans un milieu transparent est toujours inférieure à la célérité cette onde dans le vide c. L'indice de réfraction d'un milieu transparent est le rapport entre la célérité d'une onde se propageant dans le vide et sa célérité dans le milieu considéré n=c/v, n indice de réfraction du milieu transparent. C célérité de l'onde dans le vide. V célérité de l'onde dans le milieu transparent. La déviation s'opère juste en un point que l'on appelle *point d'incidence*. Ce point appartient à la surface qui sépare les deux milieux. Une telle surface est nommée *dioptre*. La *normale* est la droite perpendiculaire au dioptre au point d'incidence.

La *normale* est la droite perpendiculaire au dioptre au point d'incidence. La *normale* est la droite perpendiculaire au dioptre au point d'incidence, î = angle d'incidence = angle formé par le rayon incident et la normale r = angle de réfraction = angle formé par le rayon réfracté et la normal.

5-2. Milieu dispersif - milieu non dispersif

Définition: Un milieu transparent est dit dispersif si la célérité d'une onde lumineuse monochromatique qui se propage dans ce milieu dépend de sa fréquence (donc de sa longueur d'onde dans le vide)..

Conséquence: L'indice de réfraction d'un milieu dispersif dépend donc de la fréquence de l'onde qui s'y propage.

Retour sur le phénomène de diffraction

Réalisons la diffraction d'un faisceau laser par une fente

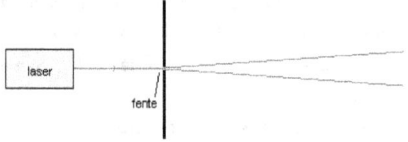

Voici un schéma détaillé du dispositif et de la figure de diffraction (vu du dessus).

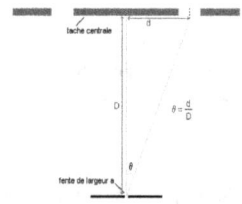

On montre que lorsque l'ouverture est une fente:

$$\theta = \lambda/a$$

avec
$\begin{cases} \theta\text{: écart angulaire entre le milieu de la tache centrale et la première} \\ \quad\text{extinction (rad)} \\ \lambda\text{: longueur d'onde de la radiation dans le vide (m)} \\ a\text{: largeur de la fente (m).} \end{cases}$

De même, pour un trou, on montre que:

$$\theta=1{,}22\lambda/a$$

Expression de la largeur de la tache centrale de la figure de diffraction par une fente en lumière monochromatique :

$L=2\ \lambda D/a$ avec L largeur de la tâche centrale. Longueur d'onde de la radiation dans le vide en m

6- Couleur d'un objet

6-1 Couleur d'un objet éclairé par une lumière blanche

La couleur que possèdent les objets qui nous entourent dépend de la lumière qu'ils diffusent.

Lors du phénomène de diffusion un objet reçoit de la lumière et en renvoi une partie dans toutes les directions. Lors de la diffusion une partie de la lumière blanche reçue est absorbée tandis que l'autre est renvoyée et donne sa couleur à l'objet: Un objet rouge absorbe toutes les couleurs de la lumière blanche, sauf le rouge, un objet vert absorbe toutes les lumières sauf le vert.

Eclairé par une lumière blanche un objet possède la couleur de la lumière qu'il n'absorbe pas.

6-2 Couleur d'un objet éclairé par une lumière colorée

La couleur d'un objet dépend de la couleur de la lumière qui l'éclaire. Si un objet n'est éclairé que par des lumières qu'il absorbe il semblera noir. Un objet rouge éclairé par une lumière verte apparait noir. Un objet rouge éclairé par une lumière bleu apparait noir. Un objet rouge éclairé par une lumière cyan (mélange de lumière verte et rouge) apparait noir. Si un objet est éclairé par une lumière qui comporte la couleur qu'il n'absorbe pas il garde sa couleur d'origine.

-un objet rouge éclairé par une lumière rouge apparait rouge.
- un objet rouge éclairé par une lumière magenta (mélange de rouge et de bleu) apparait rouge.
- un objet rouge éclairé par une lumière jaune (mélange de rouge et de vert) apparait rouge.

6-3- Synthèse soustractive et additive

On réalise une synthèse soustractive lorsqu'on supprime une partie du spectre d'une lumière afin d'obtenir une couleur différente.

Pour supprimer une partie du spectre d'une lumière on peut utiliser des filtres colorés . Un filtre absorbe une partie du spectre de la lumière blanche et laisse passer les lumières appartenant à l'autre partie du spectre. Plus précisément un filtre laisse passer les lumières de longueur d'onde correspondant à sa couleur mais absorbe les autres.

- Un filtre rouge laisse passer la lumière rouge mais absorbe la lumière complémentaire (le cyan qui est un mélange de lumière bleue et verte)
- Un filtre vert laisse passer la lumière verte mais absorbe la lumière complémentaire (le magenta qui est un mélange de rouge et bleu)

Un filtre cyan laisse passer la lumière cyan (donc le bleu et le vert) mais absorbe le rouge

Les couleurs primaires

Les couleurs primaires de la synthèse soustractive sont différentes de celle de la synthèse additive. Il s'agit des couleurs cyan, magenta et jaune.

Les couleurs obtenue par synthèse soustractive si l'on place sur le trajet d'une lumière blanche, des filtres ; on obtient du rouge avec filtre magenta et jaune, du vert avec un filtre jaune et cyan, du bleu avec filtre magenta et cyan, du noir avec les filtres cyan, jaune et magenta

Les couleurs complémentaires

En synthèse additive on dit qu'une première couleur est complémentaire d'une deuxième si l'on obtient le spectre de la deuxième couleur en supprimant celui de la première du spectre de la lumière blanche. La couleur complémentaire du cyan est le rouge. La couleur complémentaire du jaune est le bleu. La couleur complémentaire du magenta est le vert. Dans la synthèse additive, la superposition du faisceau rouge et du faisceau bleu donne une nouvelle couleur, le magenta ; du bleu et du vert donne cyan, du rouge et vert donne jaune.

La synthèse soustractive et la couleur des objets

Lorsqu'un objet est éclairé par une lumière blanche il absorbe une partie de la lumière reçue et diffuse l'autre (la renvoie dans toutes les directions). Ce phénomène est comparable à celui obtenu avec un filtre: la couleur des objets résulte d'une synthèse soustractive.

La synthèse soustractive est ainsi utilisée pour tous les procédés de coloration des objets, pour les peintures et l'impression.

7- Optique géométrique, lois de Descartes : les lois de la réfraction

7-1 angle de réfraction limite

$$n_1 \sin i_1 = n_2 \sin i_2$$

Si la lumière passe d'un milieu (1) moins réfringent à un milieu (2) plus réfringent, c'est-à-dire si $n_1 < n_2$, d'après la 3ème loi de DESCARTES on a :

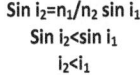

$$\text{Sin } i_2 = n_1/n_2 \sin i_1$$
$$\text{Sin } i_2 < \sin i_1$$
$$i_2 < i_1$$

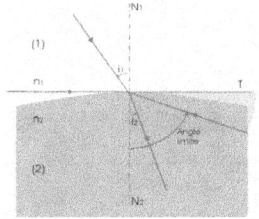

$n_2 > n_1$

Réfraction sur un dioptre

A tout rayon incident correspond un rayon réfracté. Le rayon réfracté se rapproche de la normale en passant dans le milieu plus réfringent.

Pour l'incidence rasante, le rayon incident est pratiquement tangent à la surface du dioptre. Lorsque i_1 varie entre $-\pi/2$ et $\pi/2$, i_2 varie entre les valeurs –limite et +limite

$n_1 \sin \pi/2 = n_2 \sin$ *limite*

$\sin \textit{limite} = \frac{n1}{n2}$

7-2 Réflexion totale

Si la lumière passe d'un milieu plus réfringent (1) à un milieu moins réfringent (2), le rayon réfracté s'éloigne de la normale. L'angle i_2 devient égal à $\pi/2$ si l'angle i_1 prend la valeurl'' telle que : $n_1 \sin l' = n_2 \sin \pi/2$ $\sin l' = \frac{n2}{n1}$

l' est l'angle de réfraction limite.

D'après le principe de retour inverse de la lumière l'' ou inférieur à -l ne peuvent pas être réfractés : ils subissent une réflexion totale et la surface de séparation des deux milieux se comporte alors comme un miroir parfait.

Réfraction dans un milieu non homogène.

Cas d'un milieu formé de couches d'indices décroissant vers le haut. Il y a réfraction à la traversée de chacune des surfaces de séparation et le trajet de la lumière est formé d'une suite de tronçons rectilignes. L'angle d'incidence augmentant à chaque fois, une réflexion totale peut se produire en J et le rayon lumineux est alors renvoyé vers les couches inférieures. Si la variation de l'indice est continue, la ligne brisée est remplacée par une courbe.

7-3 Miroirs plans

7-3 -1 Définition et réalisations

Un miroir est une surface capable de réfléchir la lumière presqu'en totalité quel que soit l'angle d'incidence. Le miroir est plan si la surface est plane.

7-3 -2 Stigmatisme du miroir plan

Le rayon AH, normal au miroir, fait retour sur lui-même : l'image de A, si elle existe, est donc sur la normale.

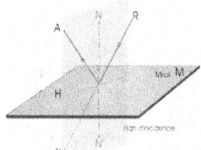

Le rayon réfléchi IR d'un rayon incident quelconque AI est dans le plan d'incidence AIN qui contient aussi AH ; AH = HA'. Ceci montre que A' est le symétrique de A par rapport au plan du miroir. On dit que A' est l'image de A. Le miroir plan réalise le stigmatisme rigoureux pour tout point de l'espace. L'image A' d'un point A est le symétrique de A par rapport au plan du miroir. La figure ci-après montre que l'objet et l'image sont toujours de natures opposées.

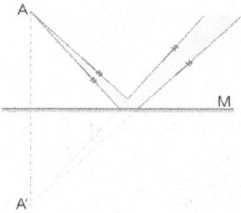

7-3-3 Dioptre plan : Réflexion sur un miroir plan

Lois de la réflexion : La direction du rayon réfléchi IR est donnée par la première loi de Descartes :

- Le rayon IR' appartient au plan d'incidence
- L'angle de réflexion est égal à l'opposé de l'angle d'incidence   r= -i

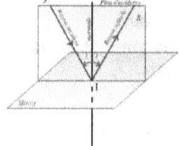

Soit un faisceau de lumière constitué de plusieurs rayons lumineux. Si on les fait traverser une lentille, on constate qu'ils convergent. Ils convergent, certes, mais pas tous au même point. Nous ne sommes pas en condition de stigmatisme rigoureux. Si on diaphragme le faisceau lumineux, c'est-à-dire si on l'ampute de ses rayons extérieurs, on constate que la condition de stigmatisme est beaucoup mieux respectée. Nous venons de mettre en évidence les conditions de Gauss. Les conditions de Gauss, ou l'approximation de Gauss, sont obtenues lorsque les rayons lumineux possèdent un angle d'incidence très faible par rapport à l'axe optique, et en sont peu éloignés. Ils sont paraxiaux.

Conditions de Gauss

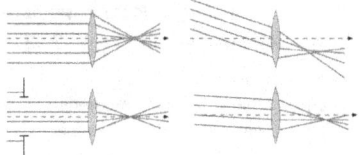

Dans les conditions de Gauss, les rayons sont proches de l'axe optique (en bas à gauche) et peu inclinés (en bas à droite). Dans ces conditions, les conditions de stigmatisme et d'aplanétisme sont en général respectées. Pour les obtenir, il suffit en général de placer un fort diaphragme en entrée du système.

8- Image d'un objet à travers une lentille convergente

On dispose d'un objet AB de la lentille et du foyer objet. On cherche à tracer son image à travers la lentille. On trace le rayon issu de B et passant par O. Il n'est pas dévié. Il faut un deuxième rayon pour obtenir l'image de B. On trace le rayon issu de B et parallèle à l'axe optique. Il ressort de la lentille en passant par le foyer principal image F'. Il croise le premier rayon en B', image de B par la lentille. Donnons un troisième rayon, et vérifions qu'il passe bien par B'. Traçons le rayon issu de B et passant par le foyer principal objet F. Il ressort parallèle à l'axe optique. Il passe effectivement par le point B'. Traçons l'image A' du point A. On sait que AB est perpendiculaire à l'axe optique. L'image A'B' l'est également. A' est donc le point de l'axe optique à la verticale de B'.

Construction géométrique

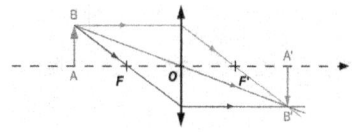

- L'image A'B' est réelle car en aval de la lentille. L'image A'B' est inversée.

Cas de la lentille divergente

Changeons de lentille pour passer aux lentilles divergentes. La différence par rapport aux cas précédents est que les positions des foyers objets et images sont inversées. Recommençons la procédure précédente.

Tracé de l'image :

On trace le rayon issu de B et passant par O. Il n'est toujours pas dévié.

On trace le rayon issu de B et parallèle à l'axe optique. Il ressort de la lentille en passant par le foyer principal image F'.

Traçons un troisième rayon, et vérifions qu'il passe bien par B'. Traçons le rayon issu de B et passant par le foyer principal objet F. Il ressort parallèle à l'axe optique. On vérifie ainsi qu'il passe effectivement par le point B'

Il nous reste à tracer l'image A' du point A. On ne peut utiliser la même méthode que le point B car tous ces rayons sont identiques et confondus avec l'axe optique. Comment s'en sortir alors. Utilisons la propriété d'aplanétisme. On sait que AB est perpendiculaire à l'axe optique. L'image A'B' l'est également. A'est donc le point de l'axe optique à la verticale de B'.

Construction géométrique : l'image A'B' est dans le même sens et virtuelle

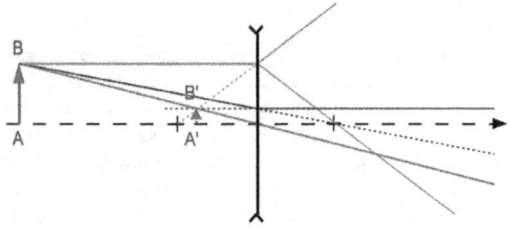

L'image A'B' est droite. L'image A'B' est virtuelle car en amont de la lentille

Nous avons vu que la taille de l'image n'est pas nécessairement la même que celle de l'objet. Et celle-ci varie en fonction de la distance de l'objet et de la distance focale.

Nous allons appeler grandissement le rapport des tailles de l'objet et de l'image.

$$\gamma = \frac{\overline{A'B'}}{\overline{AB}}$$

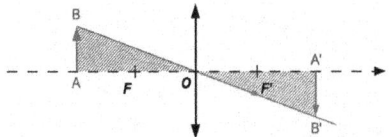

En appliquant le théorème de Thalès, on trouve immédiatement que :

$$\gamma = \frac{\overline{OA\prime}}{\overline{OA}} = \frac{\overline{A\prime B\prime}}{\overline{AB}}$$

Connaissant la distance de l'objet et de l'image, il est donc possible de calculer la taille de l'image.

Si le grandissement est positif, alors l'objet et l'image sont dans le même sens ; s'il est négatif, l'image est inversée par rapport à l'objet.

Si le grandissement est supérieur à 1, ou inférieur à -1, alors l'image est plus grande que l'objet. S'il est compris entre -1 et 1, l'image sera plus petite.

<u>3 constructions géométriques :</u>   Foyer objet   Foyer image

<u>Construction 1</u>

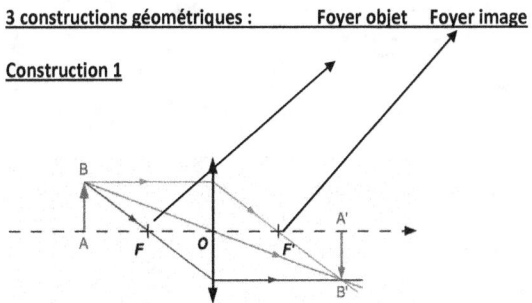

Construction 2 : lentille divergente

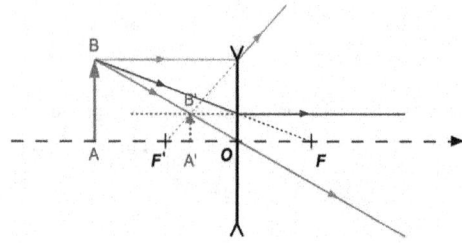

Construction 3 : la loupe

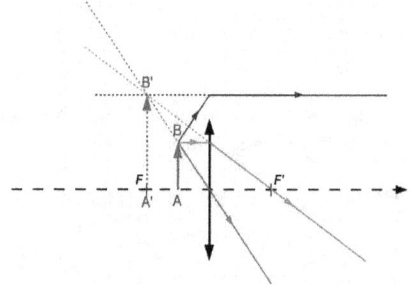

Relation de conjugaison

Nous pouvons également obtenir une relation similaire, avec origine au centre de la lentille cette fois-ci. En partant de la formule du grandissement :

$$\frac{\overline{A'B'}}{\overline{AB}} = \frac{\overline{F'A'}}{\overline{F'O}} = \frac{\overline{F'O} + \overline{OA'}}{\overline{F'O}} \quad = 1 + \frac{\overline{OA'}}{\overline{F'O}}$$

$$\frac{\overline{OA'}}{\overline{OA}} = 1 - \frac{\overline{OA'}}{\overline{OF'}}$$

Relation de conjugaison de Descartes (avec origine au centre)

On obtient ainsi la relation de conjugaison de Descartes :

$$\frac{1}{\overline{OA'}} - \frac{1}{\overline{OA}} = 1/f'$$

Notations

Remarque, on note parfois les distances $\overline{OA}$ et $\overline{OA}$' respectivement p et p'

$1/p' - 1/p = 1/f'$

Vergence C= 1/f '

QCM Optique

Énoncé relatif aux questions 1 et 2 : On considère lentille convergente de vergence 10 dioptries. On appelle O, Le centre optique. On note respectivement F et F', les foyers objet et image.

QCM1

A	Une lentille convergente est une lentille à bords minces.
B	Une lentille est d'autant plus convergente que sa vergence est grande.
C	L'image d'un objet se trouvant dans le plan focal objet se trouve le plan focal image.
D	L'image d'un objet situé à une distance de 5.0 cm du centre optique est une image virtuelle.

QCM2

A	$\overline{OF}$= 10 cm.
B	Les rayons qui passent par le foyer image ressortent de la lentille parallèlement à l'axe optique.
C	Le grandissement de la lentille dépend de la position de l'objet.
D	L'image d'un objet situé à 20 cm de la lentille est telle que $\overline{F'A'}$=4,9 m

QCM 3

Un objet AB de hauteur 3 cm est placé devant une lentille convergente de vergence C=10δ.
L'objet AB, assimilable à un segment, est perpendiculaire à l'axe optique de la lentille.
Le point A situé sur l'axe optique est distant de 30 cm du centre optique O de la lentille.
Parmi les affirmations suivantes, combien y en a-t-il d'exactes ?

- le foyer image se situe à 40 cm du point A.
- Le foyer image est le point où tous les rayons qui sortent de la lentille convergent.
- L'image A'B' est de même sens que l'objet AB.
- La taille de l'image A'B' est de 2 cm.
- L'image se trouve à 5 cm du foyer l'objet

A :1   B : 2   C : 3   D : 4   E : 5   F : Aucune

QCM 4

On appelle **pouvoir séparateur** de l'œil la plus distance angulaire entre deux points séparateurs par l'œil.
Pour un œil normal, cette distance angulaire vaut : $\varepsilon = 3.10^{-4}$ rad

On veut observer deux cratères lunaires à l'aidée d'une lunette astronomique.

Données : distance entre les centres des cratères : 30 Km

Distance Terre-Lune : $3,8.10^5$ Km

Déterminer le grossissement minimal de la lunette pour pouvoir distinguer les deux cratères.

A : 2   B : 4   C : 6   D : 8   E : 10   F :   Aucune réponse exacte

QCM 5

1) A 60 cm d'une lentille mince convergente L de centre optique 0, on place un objet AB de 5 cm de haut ; AB est perpendiculaire à l'axe optique de la lentille L et A est situe sur cet axe. La lentille donne de l'objet AB line image A'B' réelle, renversée et 2 fois plus grande que AB. a) En justifiant votre réponse, déterminer la valeur du grandissement γ. b) En déduire la distance focale image f' de la lentille L.

2) On place à présent l'objet AB à 15 cm de la lentille L.

a - Déterminer, en les justifiant, les caractéristiques de l'image A''B'' obtenue : position, nature, dimension. b - Vérifier ces résultats par une construction géométrique à l'échelle $1/10^e$.

c - On place un œil que l'on supposera ponctuel, au foyer image F' de la lentille L. Quel est le diamètre apparent de l'image A''B'' pour cet œil ?

Données :

tan 33,8° ≈ 0,67.

tan 18,4° ≈ 0,333

$\tan 7,1^0 \approx 0,125$

$\tan 3,8^0 \approx 0,067$.

QCM 6

Une lentille convergence de vergence 10 dioptres est utilisée en tant que loupe.

On observe deux points A et B d'un objet séparés de 0,2 mm en plaçant la lentille à 9 cm de l'objet. Le segment AB est perpendiculaire à l'axe de la lentille et le point A est sur cet axe.

Déterminer par le calcul :

a) la position de l'image A'B' du segment AB

b) le grandissement et la distance séparant les points images A' et B'

c) Réaliser la construction de l'mage

Echelles proposées : suivant l'axe de la lentille 1 cm pour 10 cm

suivant la direction perpendiculaire 2mm pour 0,2 mm b) Comment peut-on qualifier l'image ? d) Commentez les résultats obtenus

QCM 7 : On utilise une lentille mince convergente de vergence C = 1,5 dioptries pour former l'image du Soleil sur un écran. L'axe optique de la lentille est dirigé vers le centre du soleil. Les rayons issus du bord du disque solaire forment un angle de $5,0 \ 10^{-3}$ rad avec les rayons issus de son centre. Calculez le diamètre en (mm) de l'image du Soleil formée sur l'écran.

A : 3,3   B : 4,2   C : 6,7   D : 8,2   E : 9,8   f-aucune réponse

QCM 8 Les surfaces réfléchissants de deux miroirs plans accolés forment un angle $\alpha = 52°$.
Un rayon lumineux issu d'une source ponctuelle S est
parallèle au miroir M_1. Ce rayon incident se réfléchit en   un
point I du miroir M_2. On appelle ß l'angle formé entre le
second rayon réfléchi et le rayon incident.

Calculer de l'angle ß en (°).

QCM 9 :
On considère une lentille mince convergente (L) de centre optique O et de distance focale
image f', un objet étendu AB et A'B' l'image de cet objet au travers de la lentille.

1. Rappeler les formules de conjugaison et de grandissement (dites de Descartes) pour
une lentille mince. Ces formules sont-elles applicables pour tout type de lentille mince ?
2. En s'appuyant sur ces formules, expliquer de façon succincte (deux lignes maximum)
pourquoi :
a.   A'B' se situe à l'infini si AB est dans le plan focal objet.
b.   A'B' se situe dans le plan image si AB est à l'infini.
c.   Si AB est avant la lentille et A'B' après alors l'image est renversée.
d.   Si AB et A'B' se trouvent avant la lentille alors l'image est droite.
3. Il existe une autre formule de conjugaison que celle de Descartes. Si on utilise les foyers
objet et image F et F' d'une lentille mince comme origine au lieu du centre optique O,
on obtient alors une formule appelée formule de Newton. En effectuant ce changement
d'origine, établir la relation entre $\overline{FA}$, $\overline{F'A'}$, et f, (on obtient alors la formule de
Newton).
4. On considère une lentille mince telle que $f = 3,0\ cm$, un objet AB situé à gauche du
foyer F (à une distance d de celui-ci) , une image A'B' située à droite du foyer image (à
une distance D de celui-ci).
a.   Exprimer D à partir des formules de Descartes.
b.   Dans ce cas de figure, la formule du 3. N'est-elle pas plus adaptée ? justifier.
c.   On donne d = 5,0cm, calculer D (en m).
d.   Exprimer puis calculer le grandissement γ obtenu.
e.   Caractériser l'image A'B'.
5. On considère la même lentille mince que pour la question 4. Déterminer par
construction (et uniquement par construction) la position d'un objet AB et d'une image
A'B' par rapport au centre O de cette lentille, vérifiant γ= -3. Indication : in utilisera une
page de la copie, en formant paysage (schéma dans le sens de la longueur), avec
horizontalement une échelle 1.
   6. Reprendre la question 5. Avec γ = +3.

QCM 10 : Une loupe est une lentille convergente de 8cm de distance focale. Elle est
placée à 5 cm d'un livre dont les caractères ont 2 mm en hauteur. Quelle est la grandeur
de l'image d'une lettre ?

A) 1,2 mm

B) 5,3 mm

C) 12,3 mm

D) 30 mm

E) 22,2 mm

F) Autre

<u>QCM 11</u> : L'axe principal d'une lentille étant orienté dans le sens de la lumière, l'abscisse de son foyer principal image est $\overline{OF'} = +10 cm$. Calculer la vergence (en dioptries) de cette lentille.

A) 10

B) 1

C) 5

D) 0,1

E) 100

F) Autre

<u>QCM 12</u> : Où se trouve l'image A'B' d'un objet AB perpendiculaire à l'axe principal et situé à 5 cm de la lentille ?

A) $\overline{OA'} = +10$ cm.

B) $\overline{OA'} = +5$ cm.

C) $\overline{OA'} = -10$ cm.

D) $\overline{OA'} = -15$ cm

E) $\overline{OA'} = -5$ cm

F) Autre

<u>QCM 13</u>

On considère deux lentilles minces. La première notée L_1 de distance focale image f'_1= 50 mm et la deuxième notée L_2 de distance focale image f'_2= - 50 mm. Indiquer le moyen le plus simple possible de les distinguer.

On considère pour chacune de ces lentilles le même objet réel noté AB, tel que AB = 20 mm. Cet objet est placé à 25 mm de la lentille. Construire f image que donne chacune des deux lentilles de cet objet (on fera deux constructions différentes, en utilisant verticalement et horizontalement une échelle 1).

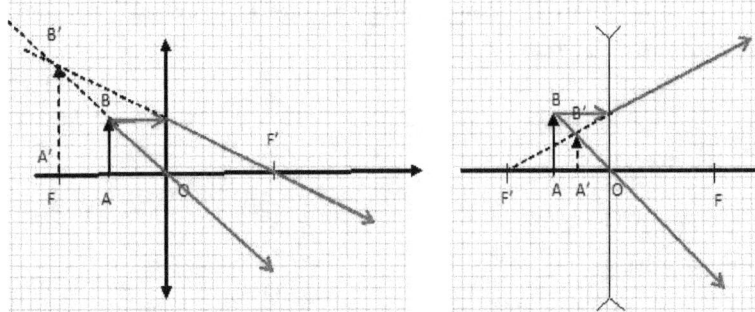

Indiquer sans justification les caractéristiques des deux images précédentes. Donner sans justification, les expressions littérales de mesure algébrique de O_1A', H et H', respectivement position, grandissement et hauteur de l' image A'B' de l'objet précédent au travers de la lentille. Dans le cas du (2) et pour la lentille L_1, vérifier par calcul numérique 1es caractéristiques trouvées pour l'image. Justifier.

QCM 14

A Une loupe est une lentille convergente

B un œil est placé au foyer image d'une lentille C avec C=20δ

θ' l'angle sous lequel cet œil observe un objet AB de 2,0 mm de hauteur placé entre le foyer principal objet et le centre optique est θ'= AB C

on place un objet sur le foyer principal objet de la lentille C=20δ

C L'image est à l'infini et réelle

D Inversée et plus petite

E Droite et plus grande

<u>Corrigé QCM 1 :</u> A VRAI . B VRAI . C FAUX l'image est à l'infini D) f'=1/C= 10 cm vrai la lentille fonctionne en loupe

<u>Corrigé QCM 2</u>

$\overline{OF}$= -10 cm FAUX   B) FAUX par le foyer objet C) VRAI D) $\overline{FA'}\,\overline{FA}$ =-f'^{2}

$\overline{FA'}$ = 10^{-2} / $\overline{FA}$

<u>Corrigé QCM 3</u>

La distance objet – lentille= 30 cm et lentille – foyer = 10 cm, donc F' est à 40 cm de A donc vrai

Un rayon qui passe par le centre optique ne converge pas en F' donc faux.

L'image A'B' est renversée, donc faux

$$\gamma = \frac{\overline{OA'}}{\overline{OA}} = \frac{\overline{OF'}}{\overline{OF'} + \overline{OA}}$$

γ= -0, 5 l'image est haute de 1,5 cm, donc faux

$\overline{OA'}$= -300 /-20= +15 cm

Le foyer F' étant à 10 cm de 0, l'image A' est à 5 cm du foyer image donc faux

Réponse A (1 bonne réponse)

<u>Corrigé QCM 4</u>

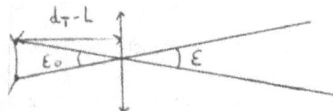

G_{min} = ε /ε_0 avec ε_0= 30/3,8 10^5 =7,9 10^{-5} rad ; G $_{min}$=4 -Réponse B

<u>Corrigé QCM 5</u>

γ= $\frac{\overline{A'B'}}{\overline{AB}}$= -2 car l'image A'B' est inversée

γ= $\frac{\overline{A'B'}}{\overline{AB}}$= $\frac{\overline{OA'}}{\overline{OA}}$= -2 $\overline{OA'}$ = -2 $\overline{OA}$

D'après la loi de Descartes

$$\frac{1}{\overline{OA'}} - \frac{1}{\overline{OA}} = 1/f'$$

$$= -\frac{1}{\overline{OA}} - \frac{1}{2\overline{OA}} = \frac{1}{f'}$$
$$= \frac{-3}{2\overline{OA}} = \frac{1}{f'}$$

D'où f'=-2/3 $\overline{OA}$= 40 cm

$\overline{OA}$= -60 cm

2) $\overline{OA}$= -15 cm

a) Dans ce cas nous avons $|\overline{OA}|$< f' l'image sera droite et virtuelle d'après la même loi de Descartes :

$$\frac{-1}{\overline{OA}} + \frac{1}{\overline{OA''}} = 1/f'$$

γ= $\frac{\overline{OA''}}{\overline{OA}}$ =

γ= 24/ 15= 1,6

$\overline{OA''}$= 24 cm

$\overline{OA''}$= 8cm

QCM 6

Sur l'axe optique – orienté dans le sens de propagation de la lumière – avec O centre optique de la lentille.

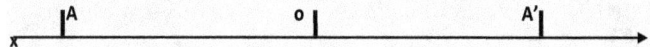

Sur l'axe optique-orienté dans le sens de propagation de la lumière-avec O centre optique de la lentille.

a)   On a la relation de conjugaison : $\frac{1}{\overline{OA'}}$ - $\frac{1}{\overline{OA}}$ = C

$\frac{1}{\overline{OA'}}$ = $\frac{C\ \overline{OA}+1}{\overline{OA}}$

$\overline{OA'}$ = -0,9 m C en dioptrie et les distances en m

OA' = 90 cm.

(Distance en m, C en dioptries)

b)   Le grandissement $\gamma = \frac{\overline{OA'}}{\overline{OA}}$

AN :

$\overline{OA'}$=-90 cm $\overline{OA}$ =-9cm

γ = -90/-9=10

γ= $\frac{A'B'}{AB}$

La distance qui sépare les points images A' et B' est A'B'= γ AB

A'B'= 10. 0,2

A'B'= 2 mm

2) a) Calcul de la distance focale f'

f'=1/C

 f'=1/10= 0,1 m

c)   L'image est droite, virtuelle, agrandie.

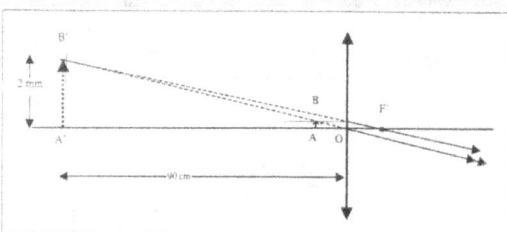

b) l'image est droite, virtuelle, agrandie.

c) commentaires :

162

- l'image obtenue correspond sont cohérents
-     les résultats par le calcul et par construction sont cohérents.
(Les chiffres indiqués sur la figure sont en grandeur réelle)

Corrigé QCM 7

$$\tan \alpha = \frac{A'B'}{f'} = c \; A'B'$$
si α petit, $\tan \alpha = \alpha$
d'où $\alpha = C \cdot A'B'$

$$A'B' = \frac{\alpha}{C}$$

Diamètre de l'image : D= 2A'B' = 1α/C = 6.7 mm

Réponse C

Corrigé QCM 8

$\beta = 76°$ Réponse E

Corrigé QCM9

$$\frac{-1}{\overline{OA'}} + \frac{1}{\overline{OA}} = 1/f$$

$$\gamma = \frac{\overline{A'B'}}{\overline{AB}} = \frac{\overline{OA'}}{\overline{OA}}$$

Ces formules sont applicables si les autre de la lentille appartenant à l'axe optique ; valable pour lentilles convergents et divergentes.

2) a) $\frac{1}{\overline{OA'}} = \frac{1}{\overline{OA}} + \frac{1}{f}$ si AB est situé dans le plan focal objet

Alors $\frac{1}{\overline{OA}} = -\frac{1}{f}$ et $\frac{1}{\overline{OA'}}$ = 0   d'où A'B' à l'infini

b) $\frac{1}{\overline{OA}} = \frac{1}{\overline{OA'}}$ -1 /f or $\frac{1}{\overline{OA'}}$ = 1/f d'où $\frac{1}{\overline{OA}}$=0 d'où AB est à l'infini

c) $\gamma = \frac{\overline{OA'}}{\overline{OA}}$ <0 d'où l'image est renversée

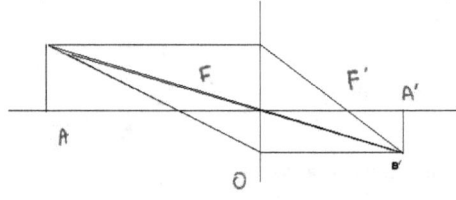

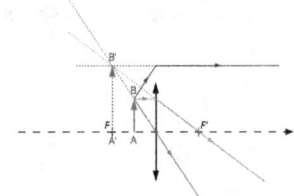

d) $\gamma = \dfrac{\overline{OA'}}{\overline{OA}} > 0$ l'image est droite

3) $\dfrac{1}{\overline{OA'}} - \dfrac{1}{\overline{OA}} = 1/f'$ formule de Descartes

$$1/f' = \dfrac{1}{\overline{OF'} + \overline{F'A'}} - \dfrac{1}{\overline{OF} + \overline{FA}}$$

$$1/f' = \dfrac{1}{f' + \overline{F'A'}} - \dfrac{1}{\overline{f'} + \overline{FA}}$$

$$1/f' = (f' + \overline{FA} - f' - \overline{F'A'})/(f'^2 + \overline{F'A'}\,\overline{FA} + f'(\overline{FA} + \overline{F'A'})$$

$1/f' = (\overline{FA} - \overline{F'A'})/(f'^2 + \overline{F'A'}\,\overline{FA} + f'(\overline{FA} \mp \overline{F'A'})$))
$f'^2 + \overline{F'A'}\,\overline{FA} + f'(\overline{FA} - \overline{F'A'}) = f'\,\overline{FA} - f'\,\overline{F'A'}$

$f'^2 + \overline{FA}\,'\overline{FA} + f'\,\overline{FA} - f'\,\overline{F'A'} = f'\,\overline{FA} - f'\,\overline{F'A'}$
d'où $f'^2 = \overline{FA}\,\overline{F'A'}$ Formule de Newton

4)   a) l'image est réelle, réduite par rapport à l'objet et renversée

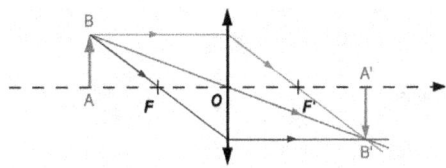

b)
$$\dfrac{1}{\overline{OA'}} - \dfrac{1}{\overline{OA}} = 1/f'$$
d'où $1/f' = \dfrac{1}{D+f'} + \dfrac{1}{d+f} = \dfrac{1}{D+f'} + \dfrac{1}{d+f'}$

$(D+f')(d+f') = f'(d+2f'+D)$
$Dd + Df' + df' + f'^2 = df' + 2f'^2 + f'D$
$D = f'^2/d$

164

c)On retrouve bien la formule de Newton qui est plus adaptée

<u>Corrigé QCM 10</u>

$$\frac{1}{\overline{OA'}} - \frac{1}{\overline{OA}} = 1/f'$$

$$\frac{-1}{\overline{OA'}} = \frac{1}{\overline{OF'}} + \frac{1}{\overline{OA}}$$

$= 1/(8.\ 10^{-2}) - 1/ (5\ 10^{-2})$

$\overline{OA'} = -0,133$ m

$\gamma = OA'/OA = 0,133/5\ 10^{-2} = A'B'/AB$

A'B'= 5,3 mm

Réponse B

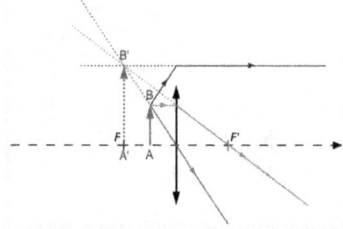

<u>Corrigé Q11</u>
$C = 1/\overline{OF'} = 1/0,1 = 10\ \delta$ Réponse A

<u>Corrigé Q12</u>
$\overline{OA'} = -10$ cm Réponse C
<u>Corrigé 13</u>
Au toucher la lentille L_1 a le centre plus épais que les bords ; sa vergence est positive: elle est convergente.

La lentille L_2 a les bords plus épais que la partie centrale ; sa vergence est négative: elle est divergente.
Les deux images sont virtuelles et droites. L_1 donne une image plus grande, L_2 une image plus petite.
On considère maintenant la lentille L_1 seule. Un objet réel AB de hauteur h est situé à une distance d du centre optique de la lentille.
$$\frac{1}{f'_1} = \frac{1}{0_1A'} - \frac{1}{0_1A}$$

$$\frac{1}{\overline{O_1A'}} = \frac{1}{\overline{O_1A}} + \frac{1}{f'_1} = \frac{\overline{O_1A} + f'_1}{\overline{O_1A}\ f'_1}$$

$$\overline{O_1A'} = \frac{\overline{O_1A}\ f'_1}{\overline{O_1A} + f'_1}$$

$$\gamma = \frac{\overline{A'B'}}{\overline{AB}} = \frac{\overline{O1\ A'}}{\overline{O_1A}}$$

$$\gamma = \frac{f'_1}{\overline{O_1A} + f'_1}$$

$$H' = \gamma\ h$$

$$\overline{O_1A'} = \frac{\overline{O_1A}}{\overline{O_1A} + f'_1}\ f'_1 = -0,05\ m$$

$$\gamma = \frac{f'_1}{\overline{O_1A} + f'_1} = 2$$

$$H' = 2.29 = 40\ mm$$

QCM QUANTIFICATION ENERGIE-LUMIERE

Exercice d'apprentissage 1 La désintégration du bismuth $^{212}_{83}Bi$ à partir de son niveau fondamental conduit à un noyau de thalium $^{208}_{81}Tl$ à son niveau fondamental ou excité.

Ecrire la réaction de désintégration radioactive. Préciser les lois de conservation.
- Quel est le type de radioactivité ? Quelle est la nature de la particule émise ?
- Quel est le mode de désexcitation du noyau fils ? Quelle est sa nature ?

Calculer en MeV, l'énergie libérée par la désintégration d'un noyau de bismuth.
- A partir du diagramme ci-dessous, à quoi correspondent les flèches 1 à 6 d'une part et 7 à 15 d'autre part. Calculer la longueur d'onde dans le vide associée à la transition 8.
- Calculer l'énergie cinétique de la particule émise lors de la transition 3. Quelle hypothèse doit-on faire pour conduire ce calcul.

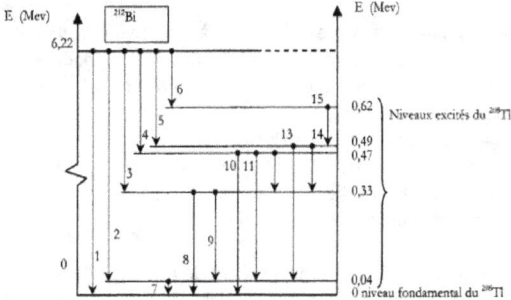

Données : h=6,62 10^{-34} Js ; c= 3 10^8 m/s ; 1 eV= 1,6 10^{-19} J ; 1 u = 1,66 10^{-27} kg.

masse des nucléides (u) : $^{212}_{83}$Bi: 211,991 271 ; $^{208}_{81}$Tl : 207,982 006 ; $^{4}_{2}$He : 4,002 603.

Exercice d'apprentissage 2

a)Une onde sonore de fréquence f=100 Hz et de célérité dans l'air v=340 m.s^{-1} est elle diffractée par un trou de diamètre a=10mm ? b)Un pinceau lumineux passe de l'air n=1 à une substance dont l'indice de réfraction est inconnu. Sachant que l'angle d'incidence était de 35°C et l'angle de réfraction de 20° Quelle est la valeur de l'indice de réfraction ?

QCM 1

Données $E_n = -\frac{E_0}{n^2}$ pour l'atome d'hydrogène

a-   la fréquence d'un photon émis ou absorbé par un atome est reliée aux énergies E_n et E_0 de l'atome considéré par énergies En et Eo de l'atome considéré par la relation de Bohr, $\Delta E = E_n - E_0 = h/\lambda c$; où c est la célérité, h la cte de Planck, λ la longueur d'onde.

b- L'énergie d'ionisation de l'atome d'hydrogène est l'énergie minimale qu'il faut fournir à cet atome dans son état fondamental pour arracher l'électron, soit 13,6 e V.

c- si l'atome d'hydrogène passe du niveau d'énergie correspondant à n=5 au niveau n=3 alors la longueur d'onde de la radiation émise est de l'ordre du micromètre.

d- lors de cette transaction du niveau n=5 au niveau n=3, la radiation émise appartient au domaine de l'infra rouge.

e- la fréquence du photon absorbé lors de cette transition du niveau n=5 au niveau n=3 est différente de la fréquence du photon émis lors de la transition inverse.

QCM 2

Soit une onde de fréquence f et de longueur d'onde λ dont la célérité est c_0 :

a)la célérité d'une onde mécanique est proportionnelle à l'amplitude de la perturbation

b) la relation qui lie ces grandeurs est $\lambda = \frac{f}{C_0}$

Un faisceau de lumière monochromatique de longueur d'onde λ, arrive sur une fente verticale d'une largeur de l'ordre du μ m

d) On observe alors sur l'écran, situé à une distance D, une figure de diffraction verticale.

d) la tache centrale de diffraction dosée sur l'écran possède une largeur L= $2\frac{D\lambda}{a}$

e) une lumière polychromatique est une onde composée de radiation de plusieurs couleurs.

QCM 3

On utilise un simulateur émettant une onde sonore à base fréquence pour décontracter un muscle. L'onde émise est opposée longitudinale, progressive et périodique.

a) l'onde propage avec un déplacement de matière perpendiculaire à ou direction de propagation.

b) l'onde est caractérisée par sa double périodicité

c) l'onde voit sa célérité varier en fonction des milieux traversés.

d- il n'y a aucun transport de matière lors du passage de l'onde.

e) toutes ces affirmations sont vraies.

QCM 4

Une source monochromatique émet une radiation de longueur d'onde 6.10^5 pm dans le vide, sa puissance est de 0.600 mW. A sa sortie le faisceau a un diamètre d= 2.00 mm et il a un demi-angle de divergence de 1.00 mrad.

a- la puissance lumineux émise est 10.0 Wm^{-2}.

b- la puissance lumineuse émise est d'environ 200Wm^{-2}

c- la puissance lumineuse émise est d'environ 1000Wm^{-2}

*on place un écran situé à 2 m de la source.

d- la puissance lumineuse reçue par l'écran est d'environ 200 W.m^{-2}

e- la puissance lumineuse reçue par l'écran est d'environ 1000 W.m^{-2}

QCM 5

1 eV= $1,6.10^{-19}$ J

Le produit h.c exprimé en eV.nm (ou h est la constante de Planck et c la célérité de la lumières dans le vide) vaut :

a) 10   b) 10^1 c) 10^3 d) 10^{-19} e) 10^{-25}

QCM 6

On utilise un simulateur émettant une onde sonore à basse fréquence pour décontracter un muscle. Si la fréquence de l'onde émise est de 25Hz, quelle est sa longueur d'onde ? On rappelle la célérité du son dans le muscle v=1000 ms^{-1}.

   a) λ=2,0 m b) 40 m c) 4 m d) 10 m

QCM 7

Une lumière monochromatique traverse successivement l'eau et le verre.

Déterminer les caractéristiques de cette onde lumineuse dans chacun des deux milieux.

Données :

Longueur d'onde de la radiation dans le vide λ_0= 480,0 nm

n_{eau} = 1,33 ;

v_{erre} = 1,51 ; c = $3,00 \times 10^8$ m.s^{-1}

QCM 8

L'indice d'un milieu transparent varie en fonction de la longueur d'onde dans le vide λ_0 d'une radiation selon la relation :

n = A + (B / λ_0^2) où A et B sont des constantes et λ_0 est exprimée en nm.

1) Déterminer A et B.

2) En déduire la valeur de n pour λ_0 = 600 nm.

Données : n_1= 1,637 pour λ_1= 620 nm ; n_2= 1,640 pour λ_2= 580 nm

QCM 9

Des anneaux de diffraction ont été obtenus en interposant un trou circulaire de diamètre a devant une lampe à vapeur de mercure.

On mesure la tache centrale : d = 1,0 cm.

1) Quelle est la lumière (radiation) la plus diffractée ?

2) Déterminer le diamètre a du trou circulaire.

Données :

Lumières monochromatiques de la lampe à vapeur de mercure :

λ_1= 405 nm ; λ_2 = 546 nm ; λ_3 = 577 nm ; λ_4 = 615 nm

Distance fente-écran = D = 1,20 m

QCM 10 : Tube à rayons X.

Dans un tube à rayons X, des électrons sont émis dans le vide, sans vitesse initiale, par un filament chauffé. Ces électrons sont accélérés par une tension électrique et vont frapper une plaque de cuivre. On donne le diagramme simplifié des niveaux d'énergie de l'atome de cuivre.

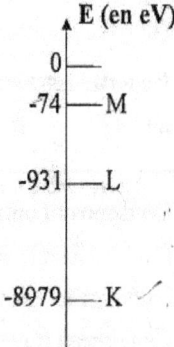

L'énergie de l'électron incident est suffisante pour arracher un électron du niveau K de l'atome de cuivre. Cet électron arraché, un électron de la couche L ou de la couche M peut passer sur la couche K. Le spectre émis par le tube est composé de deux raies, notées K_a et K_β.

Calculer (en nm) la valeur de la plus grande longueur d'onde des deux raies émises.
(0,140 ; 0,154 ; 0,167 ; 0,175 ; 0,187 ; aucune réponse exacte).

QCM 11

Le diagramme représente quelques niveaux d'énergie de l'atome de mercure.
Données : h= 6.6 x 10^{-34} J.s ; 1 eV=1.6 x 10^{-19}J

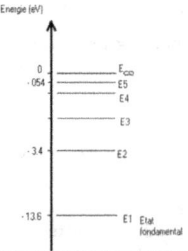

A	Le niveau d'énergie Eo correspond à l'état fondamental.
B	Lors de la transition du niveau E1 vers le niveau Eo, il y a émission de lumière.
C	Une énergie de 13,6 eV permet d'ioniser cet atome.
D	La longueur d'onde associée à la transition de E_5 vers E_1 appartient domaine du visible

QCM12

En=-13,6/n^2 exprimé en eV avec n entier et n>1

n	1	2	3	4
E_n (eV)	-13,6	-3,4	-1,5	-0,85

h=6,62 10^{-34} J s

C= 3 10^8 ms^{-1}

hc/e= 1,24 10^{-6} (SI)

A h est la constante de Planck

B E1 est le niveau fondamental E_2 E_3 E_4 sont des niveaux excités de l'atome d'hydrogène

C lorsque l'atome d'hydrogène passe du niveau n=3 à n= 2 il y a émission d'un photon de λ= 653 nm

D La radiation émise dans le cadre de la question C appartient à l'infrarouge.

E l'Atome d'hydrogène pris dans son état fondamental peut absorber un photon d'énergie 10,6 eV

Corrigé

exercice1

$^{212}_{83}$Bi--> $^{208}_{81}$Tl* + $^4_2$He radioactivité de type α .

suivi de : $^{208}_{81}$Tl* --> $^{208}_{81}$Tl + photon ν. désexcitation du noyau fils

conservation du nombre de nucléon : 212 = 208+4

conservation de la charge : 83 = 81 +2

variation de masse : |Δm|=211,991 271-(207,982 006+4,002 603)=6,662 10^{-3} u

6,662 10^{-3} *1,66 10^{-27} = 1,1 10^{-29} kg.

énergie libérée = |Δm| c^2 = 1,1 10^{-29}*(3 10^8)²= 9,95 10^{-23} J

9,95 10^{-23} /1,6 10^{-19} =6,22 10^6 eV= 6,22 MeV.

flèches 7 à 15 : désexcitation du noyau fils

flèches 1 à 6 : énergie emportée par la particule α sous forme cinétique

transition 8 : ΔE= 0,33 MeV = 0,33 10^6 eV = 3,3 10^5 eV

3,3 10^5 *1,6 10^{-19} = 5,328 10^{-14} J

ΔE=hc/λ d'où λ= hc / ΔE =6,62 10^{-34} * 3 10^8 / 5,328 10^{-14} =3,73 10^{-12} m.

transition 3 : ΔE= 6,22-0,33= 5,89 MeV = 5,89 10^6 eV

5,89 10^6 *1,6 10^{-19} = 9,42 10^{-13} J dans l'hypothèse d'une particule non relativiste

Exercice λ=v/f soit 3,4 m

La largeur de l'ouverture est inférieure à la longueur d'onde donc l'onde sonore est diffractée.

n2=n1sinθ1/sinθ2

QCM 1

a) faux $\Delta E = hc/\lambda$

b) vrai

c) $E_{5,3} = \frac{hc}{\lambda}$ = $E_5 - E_3$

170

$$= \frac{-Eo}{5^2} + \frac{Eo}{3^2}$$

$$\frac{hc}{\lambda} = 13.6 \left(\frac{1}{9} - \frac{1}{25}\right)$$

D'où $1/\lambda = \frac{13,6}{hc}(25-9\ /(9.25))$ hc= 18 10^{-26}/ 1,8 10^{-19} = 10^3 eV nm= 10^{-6} eV m

λ= 1,034 µm =1034 nm

Réponse c vraie

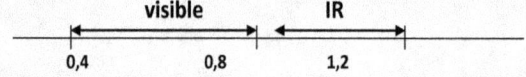

Réponse d vraie

e) réponse fausse c'est la même

QCM 2

a) Faux

b) c= λf $\Rightarrow$ $\lambda = \frac{c}{f}$ faux

c) faux :

d) faux horizontal

d) L= $\frac{2D\lambda}{a}$ vrai

e) vrai

QCM 3

a) faux

b) vraie

c) vraie

d) vraie

e) faux

QCM 4

Pe=0,6 10^{-3} /π (1 10^{-3})^2

Réponse : b

Tanα=α = D-d / 2L

d'où   D= 2Lα +d

Pr=6.10^{-4} / π (Lθ+d/2)^2 =20 Wm^{-2}

Aucune réponse juste

QCM 5

hc   = 6,0.10^{-34} x 3.10^8 Jm

= 18.10^{-26} Jm

or   1J =1/1,6 10^{-19} eV

d'où h.c   = $\frac{18.10^{-26}}{18.10^{-19}}$ eV.m

= $\frac{18.10^{-26}}{18.10^{-20}}$ = 10^{-6} eV.m

= 10^3 eV.nm réponse c

QCM 6

$V = \lambda f$

$\lambda = V/f = 40$ m réponse b

QCM 7

Les caractéristiques de l'onde sont la longueur d'onde, la célérité et la période (ou la fréquence).

Quel que soit le milieu traversé, la période (ou la fréquence) est un invariant. Par contre, la longueur d'onde et la célérité varient

selon le milieu traversé.

$\lambda_0 = c \times T = c / v$

Soit : $T = \lambda_0 / c$

$v = c / \lambda_0$

Sachant que $\lambda = v \times T$ et que $v = c / n$, on en déduit : $\lambda = (c \times T) / n$

Soit : $\lambda = \lambda_0 / n$

$v = c / n$

A.N. : $T = (480{,}0 \times 10^{-9}) / (3{,}00 \times 10^{8}) = 1{,}60 \times 10^{-15}$ s

$n = (3{,}00 \times 10^{8}) / (480{,}0 \times 10^{-9}) = 6{,}25 \times 10^{14}$ Hz

$\lambda e_{au} = (480{,}0 \times 10^{-9}) / 1{,}33 \approx 3{,}61 \times 10^{-7}$ m

$v_{eau} = (3{,}00 \times 10^{8}) / 1{,}33 \approx 2{,}26 \times 10^{8}$ m.s^{-1}

$\lambda_{verre} = (480{,}0 \times 10^{-9}) / 1{,}51 \approx 3{,}18 \times 10^{-7}$ m

$v_{verre} = (3{,}00 \times 10^{8}) / 1{,}51 \approx 1{,}99 \times 10^{8}$ m.s^{-1}

QCM 8 1) De la relation générale, on en déduit :

$n_1 = A + B / \lambda_1^2$

$n_2 = A + B / \lambda_2^2$

D'où :

$1{,}637 = A + B / 620^2$

$1{,}640 = A + B / 580^2$

Soit :

$A = 1{,}616$

$B = 8{,}00 \times 10^3$ nm^2

2) Connaissant A et B, on en déduit ; $n = 1{,}616 + [(8 \times 10^3) / 600^2]$

Soit :

$n = 1{,}638$

QCM 9 1) De la relation $\theta = \lambda / a$, on en déduit que la radiation la plus diffractée correspond à l'écart angulaire θ le plus élevé, donc à la longueur d'onde la plus importante.

Soit :

$\lambda_4 = 615$ nm

2) θ étant petit, on a : $\tan \theta \approx \theta = d / 2D$

Comme $\theta = \lambda / a$, on en déduit :

$a = 2D \lambda / d$

A.N. : $a = (2 \times 1,20 \times 615 \times 10^{-9}) / (1,0 \times 10^{-2}) \approx 1,5 \times 10^{-4}$ m

QCM 10 A la plus grande longueur d'onde correspond la plus petite différence d'énergie (transition L --> K).

$\lambda = hc / \Delta E$ avec $\Delta E = 8979-931 = 8048$ eV ou $8048*1.6 \ 10^{-19} = 1,2877 \ 10^{-15}$ J.

$\lambda = 6,63 \ 10^{-34} *3,00 \ 10^{8} / (1,2877 \ 10^{-15}) = 1,54 \ 10^{-10}$ m ~0,154 nm.

QCM 11

A VRAI

B VRAI

C VRAI

D FAUX car $\lambda = hc/\Delta E = 89$ nm (UV)

Chapitre 4 :
Electromagnétisme

Electricité : courant continu

1-Généralités : Conventions et définitions

1-1Convention récepteur :

Considérons un dipôle que l'on qualifiera de "passif", uniquement capable de recevoir de l'énergie électrique. On impose aux bornes de ce dipôle une ddp V_2-V_1, avec $V_2 > V_1$. Les électrons, de charges négatives, vont se diriger vers le pôle de potentiel le plus élevé. Par conséquent, le courant sera positif dans le sens contraire. Il s'ensuit que l'on peut définir une convention récepteur pour les sens positifs des courants et tensions, comme suit :

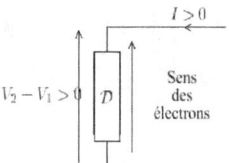

On notera que la flèche de la tension et celle du courant sont de sens opposés.

1-2 Convention générateur :

Il s'agit cette fois-ci pour le dipôle d'imposer la tension à ses bornes et l'intensité du courant qui le traverse. En fait, on définit la convention générateur d'après la convention récepteur. Si l'on veut pouvoir brancher l'un en face l'autre un récepteur et un générateur, il faut nécessairement que les conventions de signe pour ce dernier soient les suivantes, pour qu'il n'y ait pas d'incompatibilité entre les définitions :

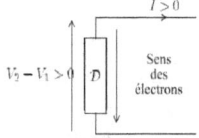

On notera que cette fois-ci, les deux flèches sont dans le même sens.

1-3 Eléments de circuit:

Un circuit électrique en courant continu est composé de plusieurs éléments connectés entre eux par leurs bornes. Il comporte un générateur (fournit l'énergie électrique) et un ou plusieurs récepteurs (conducteur ohmique, moteur). Un nœud est un point du circuit où convergent au moins 3 fils. Une branche : c'est la portion comprise entre 2 nœuds.

$U_{AB} = V_A - V_B = -U_{BA}$

Ou utilisera le sens conventionnel du courant pour orienter le circuit ; le courant parcourt le circuit à l'extérieur de la borne positive à la borne négative. Il descend les potentiels.

Loi d'additivité des tensions en série :
$U_{AC} = U_{AB} + U_{BC}$

Soit le circuit ci-contre. I est le même partout.

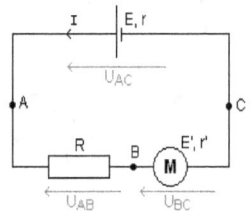

- Soit W_e l'énergie électrique fournie au circuit par le générateur.
- Soit W_m l'énergie électrique consommée par le moteur.
- Soit W_R l'énergie électrique consommée par le conducteur ohmique.

Pendant une durée Δt, d'après le principe de la conservation de l'énergie, $W_e = W_R + W_m$

$U_{AC}.I.\Delta t = U_{AB}.I.\Delta t + U_{BC}.I.\Delta t \quad U_{AC} = U_{AB} + U_{BC} \quad E - rI = RI + E' + r'I$

$E - E' = rI + RI + r'I = (r + R + r')I$

$I = (E - E') / (r + R + r')$

Loi d'identité des tensions en parallèle :
$U_{AB} = U_{CD}$

Soit le circuit ci-contre. De même,

- Soit W_e l'énergie électrique fournie au circuit par le générateur.

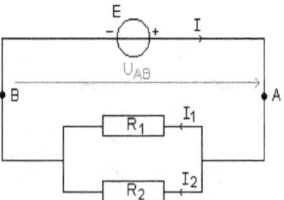

175

- Soit W_{R1} l'énergie électrique consommée par le conducteur ohmique R_1.
- Soit W_{R2} l'énergie électrique consommée par le conducteur ohmique R_2.

Pendant une durée Δt, la conservation de l'énergie s'écrit:

We = W_{R1} + W_{R2} => $U_{AB}.I.\Delta t = U_{AB}.I_1.\Delta t + U_{AB}.I_2.\Delta t$

On obtient la loi sur I en dérivation :

$I_1=I_2+I_3$

1-4 Récepteurs :
Un récepteur est un appareil électrique qui reçoit l'énergie électrique et qui la convertit en une autre forme d'énergie.

©Récepteur passif : Transforme l'énergie électrique en énergie thermique uniquement.
©Récepteur actif : Transforme l'énergie électrique en une autre forme quelconque autre que thermique.

Pour les récepteurs (actifs ou passifs) il faut utiliser la convention récepteur :

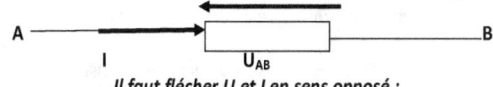

Il faut flécher U et I en sens opposé :

Cas du récepteur passif : le conducteur chimique on a la loi d'Ohm : U=RI
 Cas des récepteurs actifs :   L'électrolyseur, le moteur : U=E'+r'I

Représentation symbolique d'un électrolyseur dans un circuit :

2- Bilan d'énergie

2-1 Cas particulier
a)du conducteur ohmique :
U_{AB}= R.I;   We= RI.I Δt;   We= RI^2. Δt ⟶ ⌣ $W_J= RI^2$. Δt
We= RI^2. Δt Le conducteur ohmique est un dipôle passif qui transforme toute l'énergie reçue en énergie thermique (effet Joule)

b)l'électrolyseur

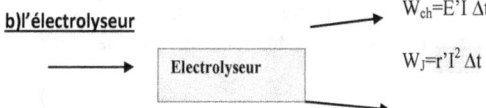

W_{ch}=E'I Δt

W_J=r'I^2 Δt

$W_{E \text{ reçue}} = UI \, \Delta t$

E' force contre électromotrice (V), r' (résistance interne) Ω ; Wch : puissance chimique en J

a) <u>le moteur : U=E'+r'I</u>

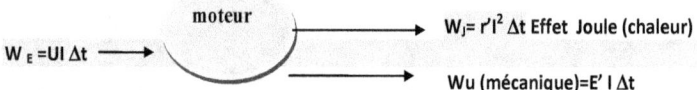

$W_E = UI \, \Delta t$ moteur $W_j = r'I^2 \, \Delta t$ Effet Joule (chaleur)

Wu (mécanique)=E' I Δt

W reçue par l'électrolyseur = $U_{AB} . I \, \Delta t = E'.I \, \Delta t + r'.I^2 \, \Delta t$

<u>Bilan énergétique de l'électrolyseur :</u> $W_{\text{reçue}} = W_T = U_{AB}. I. \, \Delta t$;

$W_{\text{chimique}} = W_{\text{utile}} = E' . I.\Delta t$

$W_{\text{thermique}} = W_{\text{effet Joule}} = r' I^2 \, \Delta t$

Puissance convertie en puissance chimique (électrolyseur) ou en puissance mécanique (moteur)

Puissance dissipée par effet Joule au niveau du récepteur considéré (électrolyseur ou moteur) : P_J

On définit le rendement : $\rho = W_U/W_e = E'/U$

<u>° Cas du générateur</u>

- <u>Caractéristique et lois</u>

  $U_{AB} = E - rI$

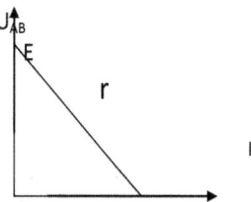

Puissance électrique fournie par le générateur au reste du circuit : Puissance disponible aux bornes du générateur

$P_{\text{fournie au circuit}} = U_{PN} . I = E.I - r.I^2$

Energie électrique fournie par le générateur au reste du circuit : $U_{PN} I$

E.I : Puissance consommée par le générateur et transformée en puissance électrique, puissance totale du générateur P_T

Puissance dissipée par effet Joule au niveau du générateur (puissance non disponible pour le circuit qui produit l'échauffement du générateur) : P_J

Lorsque la résistance interne du générateur est nulle (r = 0) alors U_{PN} = E. Il n'y a pas de pertes par effet Joule. La puissance totale est entièrement disponible pour le circuit. On a alors un « générateur idéal » symbolisé par :

Rendement=U_{PN} IΔT/EI ΔT=U_{PN}/E (énergie disponible pour le circuit/Energie électrique totale du générateur)

__Application__ : Un dipôle AB est traversé par un courant 2.5 mA pdt 8 min est une tension U_{AB} = 12 V. Calculer l'énergie reçue pdt 8 min

Δt= 8 min = 480s

W_e= U_{AB} I. Δt

W_e= 12 x 2.5.10^{-3} x 480= 14,4 J

3-Association de résistances en série

La résistance R équivalente à deux résistors en série se calcule aisément:

Les deux résistors sont traversés par le même courant d'intensité I
La loi d'Ohm appliquée à chacun des résistors donne U_1 =R_1 I U_2 = R_2 I

La tension U aux bornes de l'ensemble est égale à la somme des tensions aux bornes de chacun: U = U_1 + U_2

U = R_1 I + R_2 I = (R_1 + R_2) I

La résistance équivalente R = U/I vaut donc: R=R_1+R_2

Cette relation peut se généraliser pour un nombre quelconque de résistors:

La résistance d'un ensemble de résistances en série est égale à la somme de leurs résistances.

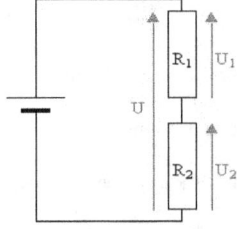

4 Association de résistances en parallèle (ou dérivation)

Calculons la résistance R équivalente à deux résistors en parallèle.

Les deux résistors sont soumis à la même tension U = $U_1 = U_2$

L'intensité du courant du générateur est égale à la somme des intensités des courants circulant dans les résistors:

$$I = I_1 + I_2$$

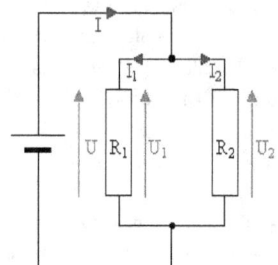

La loi d'Ohm appliquée à chacun des résistors donne

$$U_1 = R_1 I_1 \qquad U_2 = R_2 I_2$$

$$I_1 = \frac{U}{R_1} \qquad I_2 = \frac{U}{R_2} \qquad I = I_1 + I_2 = \frac{U}{R_1} + \frac{U}{R_2} = U\left(\frac{1}{R_1} + \frac{1}{R_2}\right)$$

On peut en déduire la conductance équivalente 1/R

$$\frac{1}{R} = \frac{1}{R_1} + \frac{1}{R_2}$$

La conductance d'un ensemble de résistances en parallèle est égale à la somme de leurs conductances.

Dans le cas de 2 résistances la relation peut se mettre sous la forme:

$$R = \frac{R_1 R_2}{R_1 + R_2}$$

Cas particuliers: les résistances sont de même valeur.

La résistance **R** équivalente à n résistances de même valeur R_1 en parallèle est R= R_1/n

5-Le champ électrique

Electrisation d'un corps.

L'électrisation est un phénomène macroscopique.

Electriser un objet consiste

- soit à lui apporter ou lui arracher des électrons par frottement, par contact ou par influence
- soit à provoquer un déplacement interne de charges électriques.

Convention:

Du PVC (ou de l'ébonite) frotté avec de la laine est chargé négativement (des électrons ont été arrachés à la laine).

Du verre frotté avec de la laine est chargé positivement (des électrons ont été arrachés au verre)

Exemples d'électrisation :

On frotte une baguette de PVC avec de la laine : la baguette est électrisée par frottement.

On approche cette baguette d'une boule de papier d'aluminium suspendue à une potence (figure 1) :

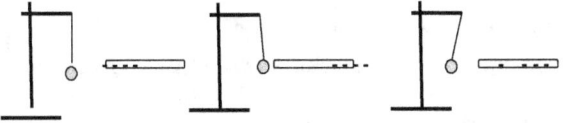

figure 1   figure 2   figure 3

figure 2 : on approche la tige chargée de la boule de métal jusqu'au contact : les charges négatives se répartissent sur la boule et la tige : il y a eu électrisation par contact.

figure 3 : la boule et la tige portent des charges de même signe : il y a répulsion

Electroscope :

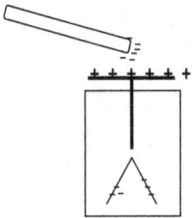

Lorsqu'on approche une tige chargée négativement du plateau métallique de l'électroscope, les électrons contenus dans le plateau sont repoussés au plus loin de la tige dans les deux aiguilles de l'électroscope. Ces deux aiguilles étant chargées négativement, elles se repoussent l'une l'autre et s'écartent. Il y a eu électrisation par influence.

5-1 La loi de coulomb

Ds le vide, 2 particules 1 et 2 séparées d'une distance r= AB et portant respectivement des charge q et q' sont soumises à 2 forces $F = k \dfrac{q\,q'}{d^2}$ F en Newton

d en mètre

q et q' en coulomb

$k = 9.10^9$ m.F^{-1}

$k = \dfrac{1}{4\pi\,\varepsilon_0}$ ε_0 permittivité du vide

- Si qq' >0

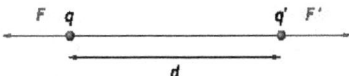

- Si qq'<0

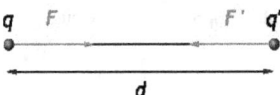

- Si q et q' sont de signe contraire

  q et q'< 0 on a une attraction, sinon une répulsion

Dans une molécule de H_2, les protons constituent les noyaux des atomes à une distance de 74,1pm.
Calculer la force d'interaction :

$Q = e = 1.6.10^{-19} C$

$F = k \frac{qA\ qB}{r^2}$

$F_E = 1,20\ 10^{-8}$ N

Comparer avec $F_{gravitation}$

$m_p = 1.67.10^{-27}\ kg$

$G = 6.67.10^{-11}\ SI$

$F_g = G\ (1,67\ .10^{-27})^2/(7,4\ 10^{-12})^2$

$F_g = 3.38.10^{-44}\ N$

Les forces de gravitation sont toujours attractives alors que les forces électriques sont soit attractives soit répulsives .

5-2 Le champ électrique :

$\vec{E}$: le champ s'éloigne toujours du pôle positif pour se diriger vers le pôle négatif

$E = k\ q/d^2 = \frac{kq}{d^2}$ avec $k = 9\ 10^{-9}$ $N.m^2.C^{-2} = m.F^{-1}$

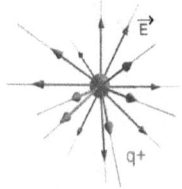

$\vec{F} = q\vec{E}$ $\quad F = k \frac{q\ q'}{d^2}$

Si q positive : la force et le champ sont dans le même sens
Si q négative : force et champ sont de sens opposé

5-3 Champs magnétiques

La Terre, les aimants et les circuits parcourus par des courants sont des sources de champ magnétiqueLe vecteur champ magnétique :
L'orientation (direction, sens) prise par l'aiguille aimantée dépend du point M où elle est placée : le champ magnétique qu'elle détecte a les propriétés d'un vecteur.

Le champ magnétique est un champ vectoriel.

Le champ magnétique en un point M de l'espace peut être représenté par un vecteur B appelé vecteur champ magnétique dont les caractéristiques sont :
- son point d'application : le point M
- sa direction : celle de l'aiguille aimantée placée en M
- son sens : du pôle sud au pôle nord de l'aiguille aimantée,
- sa valeur : B exprimé en Tesla (T) mesurée avec un Teslamètre

Soient deux aimants notés A et B. Soit $\overrightarrow{B_A}$ le champ magnétique créé par l'aimant A en un point O et soit $\overrightarrow{B_B}$ le champ magnétique créé par l'aimant B en ce même point P.

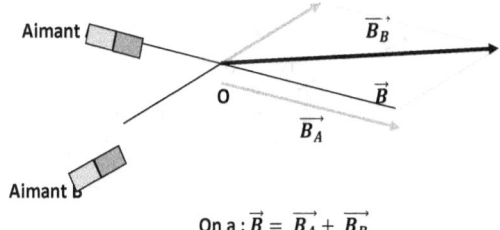

On a : $\vec{B} = \overrightarrow{B_A} + \overrightarrow{B_B}$

Le champ résultant est égal à la somme vectorielle des champs créés par chaque source au point O.

Le champ magnétique terrestre :

Le champ magnétique terrestre est engendré dans la partie externe métallique liquide du noyau de la Terre par des tourbillons de matière et entretenus par le mouvement de la Terre. Il peut-être considéré comme le champ créé par un aimant droit placé au centre de la Terre. Les caractéristiques du champ magnétique terrestre varient selon le lieu, en fonction de la latitude et des anomalies magnétiques locales. Elles évoluent aussi avec le temps.

Les pôles magnétiques ne sont pas confondus avec les pôles géographiques de la Terre :
Méridien magnétique : plan vertical contenant le champ magnétique en un lieu donné
Méridien géographique : plan vertical passant par l'axe de rotation de la Terre

Une aiguille aimantée sur un étrier indique la direction et le sens du champ magnétique terrestre $\vec{B}$ du lieu.
Le champ magnétique terrestre est la résultante de deux composantes:
    . $\overrightarrow{B_H}$: composante horizontale du champ magnétique terrestre au point M.
C'est la seule composante à laquelle est sensible une boussole
    . $\overrightarrow{B_V}$: composante verticale du champ magnétique terrestre au point M.

$$\vec{B} = \vec{B_H} + \vec{B_V}$$

Inclinaison et déclinaison.

Dans le plan du méridien magnétique, l'angle entre le vecteur champ magnétique et sa composante horizontale est appelé inclinaison.

On a donc : $\cos(i) = \frac{B_H}{B}$ d'où $B_H = B \cos(i)$

Aiguille aimantée libre (sur un étrier)   Plan du méridien

magnétique

$\vec{B_H}$

M

i : inclinaison

$\vec{B_V}$ $\vec{B}$

Dans l'hémisphère nord, le vecteur champ magnétique $\vec{B}$ pointe vers le sol.

Les boussoles usuelles ne sont sensibles qu'à la composante horizontale du champ magnétique terrestre.

Exemple: à Paris i = 64° et B = 4,7.10^{-5}T.

$B_H = B.\cos(i)$ => $B_H = 4,7.10^{-5}.\cos(64)$

                            => $B_H = 2,0.10^{-5}$T

Les axes géographiques et magnétiques sont inclinés l'un par rapport à l'autre d'environ 11° (cette valeur varie !). C'est pourquoi les méridiens magnétiques et les méridiens géographiques ne sont pas confondus. En un point de la Terre, l'angle entre le plan méridien magnétique et le plan méridien géographique est appelé angle de déclinaison.

Les sources naturelles sont les aimants, droits ou en U :

Champ magnétique créé par un aimant droit   par un aimant en U

(champ uniforme dans l'entrefer)

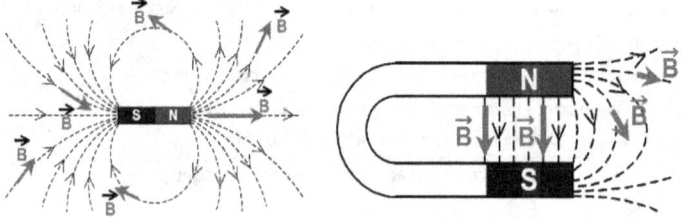

Détection d'un champ magnétique :

En un lieu donné, une aiguille aimantée mobile autour d'un axe vertical s'oriente toujours dans la même direction et le même sens. Si on l'écarte de sa position, elle y revient : ceci est du aux propriétés magnétiques de l'espace entourant la Terre.

De même, l'orientation de l'aiguille dépend de sa position par rapport à l'aimant : elle subit une action qui l'oriente de façon particulière.

Un aimant crée un champ magnétique dans son voisinage : le pôle nord de l'aimant attire le pôle sud de l'aiguille aimantée.

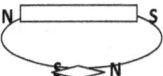

Une aiguille aimantée détecte un champ magnétique.

Pour mesurer le champ magnétique, on utilise un teslamètre, appareil de mesure basé sur une sonde à effet Hall.

5-4 Le vecteur champ magnétique :

L'orientation (direction, sens) prise par l'aiguille aimantée dépend du point M où elle est placée : le champ magnétique qu'elle détecte a les propriétés d'un vecteur.

Le champ magnétique est un champ vectoriel.

Le champ magnétique en un point M de l'espace peut être représenté par un vecteur B appelé vecteur champ magnétique dont les caractéristiques sont :

- son point d'application : le point M
- sa direction : celle de l'aiguille aimantée placée en M
- son sens : du pôle sud au pôle nord de l'aiguille aimantée,
- sa valeur : B exprimé en Tesla (T) mesurée avec un Teslamètre

Superposition de champs magnétiques :

Soient deux aimants notés A et B. Soit $\vec{B_A}$ le champ magnétique créé par l'aimant A en un point O et soit $\vec{B_B}$ le champ magnétique créé par l'aimant B en ce même point P.

5-5 Champ magnétique créé par un courant :

Lorsqu'un fil est parcouru par un courant, l'aiguille aimantée est déviée par rapport à sa position initiale.

Pour un solénoïde :

$B = \frac{\mu_0 N I}{l}$ I, intensité du courant, l : longueur du fil, N nombre de spires, B intensité du champ en Tesla

$B = \frac{\mu_0}{2\pi r} I$ pour un fil infiniment long.

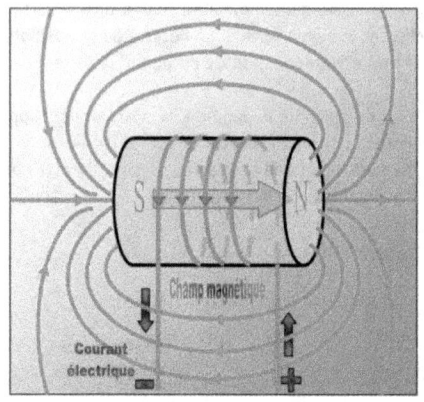

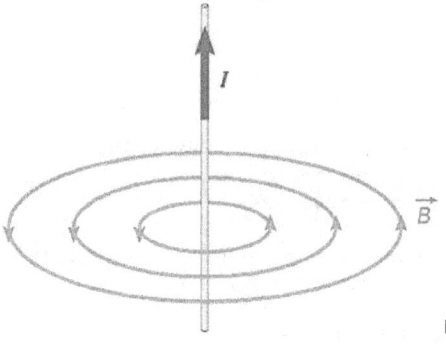

$B = \frac{\mu_0}{2\pi r} I$

Force générée par un champ magnétique, loi de Laplace.

$$\vec{F} = I\,\vec{l} \wedge \vec{B}$$
$$F = I\,l\,B\,\sin\alpha$$

Une tige rigide conductrice rectiligne (bleue) est placée sur deux rails conducteurs parallèles distants de l.

Un générateur de courant continu I_0 est branché aux extrémités des deux rails. L'ensemble est placé dans un champ magnétique extérieur B_{ext} constant, uniforme et perpendiculaire au plan des deux rails.   B

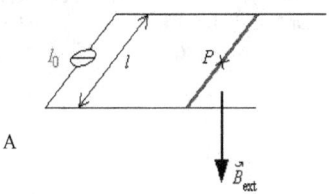

A

Quel doit être le sens du courant I_0 dans la tige pour qu'elle se déplace vers la droite ?

Il faut appliquer la règle des trois doigts. Le pouce pointe vers I_0, l'index vers B et le majeur vers F. Donc I_0 doit s'enfoncer de A vers B.

Dans condensateur, on peut matérialiser les lignes de champ :

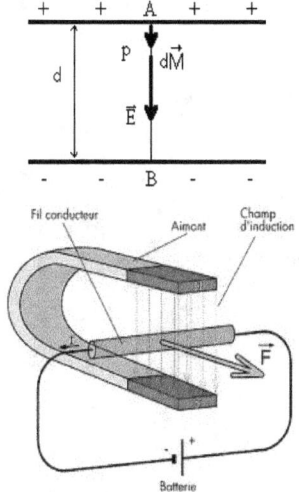

Exercice 1
Une bobine de longueur 50cm, comportant 1000 spires de diamètre 4 cm est parcourue par un courant de 300 Ma. Données : $\mu_0 = 12 \ 10^{-7}$
Le champ magnétique de cette bobine est alors :

A 7,5 mT
B 75 mT
C 0,75 mT
D 1,5 Mt
E 3mT

Exercice 2

Un conducteur rectiligne L=10 cm et parcouru par un courant d'intensité 4 A est placé dans un champ magnétique de valeur B= 0,04 T. Si l'angle entre le conducteur et la direction du champ fait 30°, alors la force de Laplace exercée sur le conducteur exprimée en mN vaut

A 2,0

B 8,0

C 14

D 28

E 43

Exercice 3

Un solénoïde très long est constitué par une couche de fil isolé à spires jointives. Le fil a une épaisseur e=2,0 mm. L'axe du solénoïde est perpendiculaire au méridien magnétique. On place dans la région centrale une boussole. Lorsqu'on établit le courant, l'aiguille tourne de 30°. Données : cos 30°=0,9 sin 30°=0,5

La composante horizontale du champ magnétique terrestre a pour valeur 2,0 10^{-6} USI. L'intensité du courant I est :

A 17 mA

B 8 mA

C 20 mA

D 10 mA

E 30 mA

Corrigé

Exercice 1

Bs= 0,75 mT avec Bs= μ_0 N/L i

Exercice 2

F=ILBsinα

F= 8mN

Unité de E

F= q. E

E= $\frac{F}{q}$ E en NC^{-1}

E= q/r^2 en Cm^{-2}

Dans un condensateur ou a la relation :

E = U/d en Vm^{-1}

Distance entre les 2 armatures :

Les plaques P et N sont appelées armatures du condensateur – le générateur effectue un transfert des e^- d'une armature sur l'autre :

Le condensateur se décharge :

+q U_{PN} –q

P————————►N

5- 6 Travail des forces électriques

$W_{PN} = \overrightarrow{Fel} . \overrightarrow{PN}$

$W_{PN} = \overrightarrow{qE} . \overrightarrow{PN}$ si q= 1eV et U=1V

$W_{PN} = q\, U_{PN}$ avec 1eV $= 1.6\, 10^{-19}$ J

  J   C   V

Définition : L'électron Volt est l'énergie acquise par $1e^-$ sous l'action d'une tension accélératrice de 1 Volt

Exercice 1

On donne : E= 8V, r=2Ω, R1 = 10 Ω, R2 = 20 Ω, E'= 5V, r'=4Ω.

1. Représenter le voltmètre mesurant U_{AB}.
2. Calculer l'intensité traversant R_1. Représenter l'ampèremètre pouvant mesurer cette intensité. Déterminer U_{PN}.

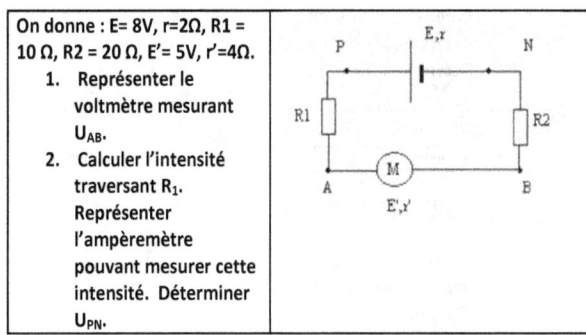

Exercice 2

On donne : E= 12V, r=2Ω, R1 = 10 Ω, R2 = 20 Ω, R3 = 33 Ω, R4 = 50 Ω.

1. calculer la résistance équivalente au bloc AB. Représenter le circuit équivalent.
2. Calculer l'intensité traversant R_4.
3. Déterminer U_{PN}.

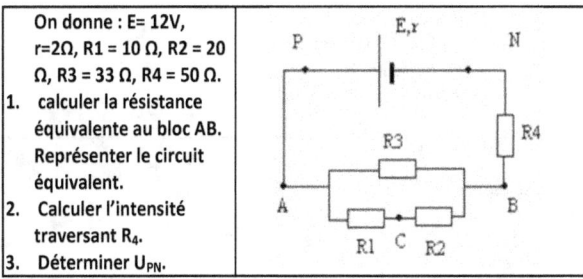

Exercice 3

On donne : U_{PN}= 15V, E'= 5V, r'=1Ω, R_1 = 10 Ω, R_2= 20 Ω, R_3 = 33 Ω, R_4 = 50 Ω.

1. calculer la résistance équivalente au bloc AB. Représenter le circuit équivalent.
2. Calculer l'intensité traversant le générateur. Déterminer l'intensité traversant R1. (Calculer U_{AB}) Déterminer U_{AC}.

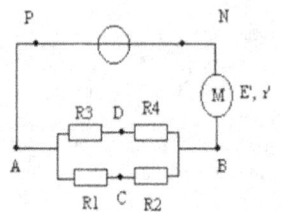

On donne : E= 15V, r= 3Ω, E'= 3V, r'=1Ω, E'2= 4V, r'2=15Ω, R_1 = 10 Ω, R_2 = 20 Ω, R_3 = 33 Ω, R_4 = 50 Ω.

1. calculer la résistance équivalente au bloc PB. Représenter le circuit équivalent.
2. Calculer l'intensité traversant le moteur.
3. Déterminer l'intensité traversant R3. (Calculer U_{AB})

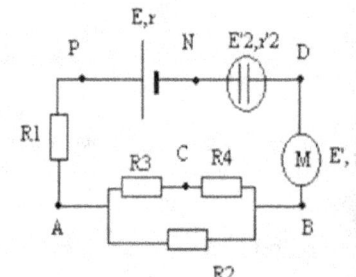

Exercice 2 :

1.

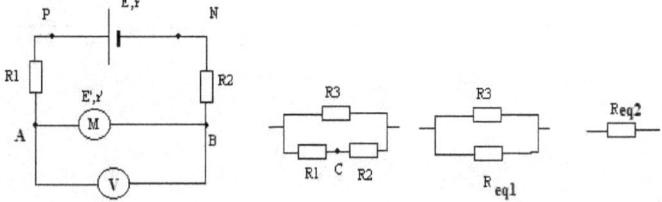

2. le circuit est en série on peut appliquer la loi de Pouillet. On a donc

$I = (E-E')/(R_1+R_2+r+r') = 0.083$ A

2. On a U_{PN} = E-rI = 7.83 V

Corrigé Exercice 2:

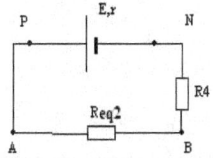

1. on a $R_{eq1} = R_1 + R_2 = 30\ \Omega$

Puis $1/R_{eq2} = 1/R_{eq}1 +1/ R_3 = 1/30+1/33 = 0.0636$ soit $R_{eq2} = 1/0.0636 = 15.7\ \Omega$

2. On a donc un circuit équivalent en série et on peut appliquer la loi de Pouillet.

$I = E / (R_{eq2} + R_4 +r) = 0.18\ A$

3. $U_{PN} = E - rI = 11.6\ V$

Exercice 3:

1. On a :

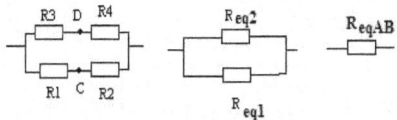

$R_{eq\ 1} = R_1 + R_2 = 30\Omega$ $R_{eq2} = R_3 + R_4 = 83\ \Omega$

Puis $1/R_{eq}AB = 1/R_{eq1} + 1/R_{eq2} = 1/30 +1/83 = 0.045$ soit $R_{eq}AB = 1/0.045 = 22\ \Omega$

2. Le circuit équivalent est en série, on peut appliquer la loi de Pouillet :

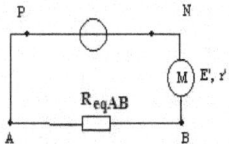

$I = (E-E') / (R_{eqAB} + r') = (15-5)/(22+1) = 0.435\ A$

Cette intensité traverse tout le circuit série, donc le générateur.

3. Détermination de l'intensité traversant R1 :

Détermination de U_{AB} On applique la loi d'ohm aux bornes de la résistance équivalente AB:

$U_{AB} = R_{eqAB} .I = 22 \times 0.435 = 9.56\ V$

On peut appliquer la loi d'ohm aux bornes de R_{eq1} sur le schéma plus haut :

$U_{AB} = R_{eq1} I_1$. soit $I_1 = U_{AB} / R_{eq1} = 0.32\ A$. I_1 est l'intensité qui traverse Req1 donc les deux conducteurs ohmiques en série R_1 et R2.

Afin de déterminer U_{AC}, on applique également la loi d'ohm (il s'agit toujours d'un conducteur ohmique entre A et C) : $U_{AC} = R_1.I_1 = 3.2\ V$

QCM 1

Un moteur est branché à une pile de force électromotrice E=6V Et de résistance r= 1.2Ω Le générateur fournit une puissance électrique de 2.8W au moteur qui convertit 80% en puissance mécanique. Calculer la résistance en (Ω) du moteur.

a- 2.1   b- 2.4   c- 2.7   d- 3.2   e- 4.4   f- aucune réponse exacte.

QCM 2

On considère une pile de force E = 12V et de résistance interne r = 0.80Ω

La puissance utile fournie par cette pile au reste du circuit est P_u= 5.4W

Calculer l'intensité (en A) du courant débite par cette pile.

a.0.12   b.0.16   c.0.24   d.0.37   e.0.46   f. aucune réponse exacte

QCM 3

On considère une pile électrique de force électromotrice E et de résistance r délivrant un courant d'intensité I.

Parmi les affirmations, combien y en a- t'il d'exactes ?

1- La tension aux bornes de la pile peut être supérieure à sa force électromotrice.

2- La pile électrique s'échauffe lorsqu'elle fonctionne.

3- la pile dissipe par effet Joule pendant la durée Δt une énergie égale à $rI^2\Delta t$.

4- La tension aux bornes de la pile est proportionnelle à l'intensité du courant qu'elle délivre.

5- l'énergie électrique totale délivrée par la pile pendant la durée Δt se calcule par relation $E I^2 \Delta t$.

a.1   b.2   c.3   d.4   e.5   f. aucune

QCM 4

On donne l'association de conducteurs suivante :

U_{AD} = 15 V   R=16Ω

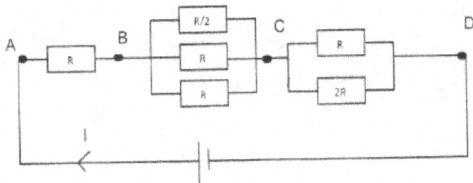

a- la tension U_{BC} vaut environ 5V

b- la résistance équivalente du circuit vaut environ $R_{éq}$ = 30Ω

c- les tensions U_{BC} et U_{CD} sont identiques.

d- l'intensité I vaut 0.50A

e-aucune des réponses exactes.

QCM 5

On considère un générateur caractérisé par sa tension à vide E_1 et sa résistance interne note r_1

En circuit fermé, il débite un courant d'électricité I

1-   Rappeler sans démonstration la loi d'ohms de ce générateur représenté le schéma équivalent d'un tel générateur.

2- Rappeler

a) l'expression de la puissance totale P_G échangée par ce générateur

b) l'expression de la puissance P_E fournie par le générateur au circuit énergétique

c) l'expression par la puissance P_J joule dans ce générateur.

QCM 6

Ce générateur débite un courant d'intensité I= 100 mA pendant 1 minute exactement – la puissance P_G est 10 fois plus importante que la puissance P_J, l'énergie qu'il dissipe par effet joule durant cet intervalle, de temps est W_J= 6.0J. En déduire :

a- l'expression de sa tension à vide E_1. Calculer sa valeur.

b- l'expression de sa résistance interne r_1 Calculer sa valeur.

c- l'expression du rendement η dans ces conditions d'utilisation donner sa valeur.

QCM7 Quelle est la force électromotrice du générateur de résistance interne 1 Ω branché aux bornes du solénoïde parcouru par un courant I=2A et R=4 Ω

A	B	C	D	E	F
10 V	6 V	12 V	5,5 V	3 V	autre

QCM 8

Un petit moteur électrique (de Fcem 1.25 V et de résistance 1 Ω) est monté en série avec une pile (de Fem 4.5V et de résistance interne 1.5Ω) et un conducteur chimique de résistance 4Ω.

Q8-1- Calculer l'intensité du courant dans le circuit.

a)   0.5 A

b)   1 A

c)   0.05 A

d)   0.1 A

e)   1.2 A

f) autre

Q8-2- Calculer pour 3 minutes de fonctionnement, l'énergie totale fournie par la pile.

a)   125J

b)   250J

c)   12.5J

d)   405J

e)   35J

f) autre

Q8-3- Calculer pour 3 minutes de fonctionnement, l'énergie consommée dans le conducteur chimique.

a)   125J

b)   250J

c)   12.5J

d)   405J

e)   35J

f) autre

Q8-4- Calculer pour 3 minutes de fonctionnement, l'énergie utile produite par le moteur.

a)   125J

b)   250J

c)   12.5J

d)   405J

e)   112.5J

f) autre

QCM9

On place une aiguille aimantée en un point O à l'intérieur d'un solénoïde est parcouru par un courant d'intensité I=2 A ; sa longueur est l=20 cm et le rayon ; il est formé de 100 spires de fils de cuivre. La résistance r=4Ω. Données μ_0=1,25 10^{-6} SI
L'aiguille aimantée prend la direction du BT perpendiculaire à l'axe du solénoïde ; lorsque I circule dans le solénoïde

- a- les lignes de champ à l'intérieur sont orientées vers le haut.
- b- Le pôle Nord de l'aiguille aimanté dévie vers la droite
- c- Lorsque I=20mA le champ magnétique créé par le solénoïde vaut B=12μT
- d- Lorsque I=20mA le champ magnétique créé par le solénoïde vaut B=24μT

QCM 10

Quand deux charges électriques de même signe 3C et 9C sont mises en présence des forces F_1 et F_2 on peut dire

A) $|F_1|=|F_2|$

B) $3F_1=F_2$

C) $F_1=-F_2$

D) $-3 F_1=F_2$

QCM 11

Soit la distribution de charges (micro-coulombs) ci contre ; AB=d= 0,2 m . Les deux charges placées en A et B sont fixes; par contre la charge placée en C est mobile sur la droite AB. Quelle est la position d'équilibre de la charge placée en C, si elle existe ?

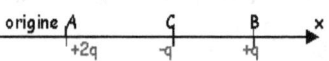

QCM 12

Calculez le champ gravitationnel créé par une boule en un point de sa surface m=1 kg r= 10cm

QCM 13

La masse de la terre est 10 fois celle de mars et le rayon de la terre est 3 fois celle de Mars. Quel est le rapport entre le champ sur mars et sur la terre.

QCM 14

1   charges une en A q_A= 20 C et q_B=30 C

AM= 3 cm et AB =4 cm

Représenter $\overrightarrow{E_{A/M}}$ $\overrightarrow{E_{B/M}}$ les calculez puis $\overrightarrow{F_{A/M}}$ et $\overrightarrow{F_{B/M}}$ puis $\overrightarrow{F_M}$

QCM1

$U_{PN}=U_m$
$P_{méca}= E'I$
$P_{élect}= U_{PN}I$
$Pj=ri^2$

$PI_{ect} = (E-rI) I =2.8$ W
D'où $-rI^2 +EI \qquad -2.8=0$
Soit : $-1.2I^2 \qquad + 6I \quad - 2.8 =0$

<u>Deux solutions :</u>
$I_1=4.48$A   inacceptable
$I_2= 0.52$A
Or le rendement est de 80% d'où : $\rho =W_U/W_e =E'/U$
$0,8= P_{méca}/P_{élect\ reçue}$
$P_{meca}= 0.8 \times 2.8 = 2.24$ W
$P_{joule}= P_{reçue}-P_{utile}$
$r'I^2= P_{reçue} – P_{utile}$
$r' = (P_{reçue} – P_{utile})/I^2$
$r' = 2.1\ \Omega$
Réponse a

QCM 2 Correction :

$EI= U_{PN}I + rI^2 \qquad IE - rI^2 = Pu$
$U_{PN}I= P_u \qquad\qquad rI^2 – EI + Pu=0$
$P_j= rI^2$
AN : $\qquad\qquad 0.8\ I^2 – 12.I + 5.4 =0$
$\qquad\qquad\qquad \Delta= 126.72$

$I=0,46$ A et $I'=14,5$ A
Réponse e

QCM 3
1) $U_{PN}= e – rI \leq E$ faux
2) vrai
3) $E_j= r\ I^2 \Delta t$ vrai
4) la tension n'est pas proportionnelles elle est fait affine de I faux
5) $E_{elect}= U_{PN}\ I\Delta t$ faux
Donc b car 2 réponses exactes

Correction QCM 4 :

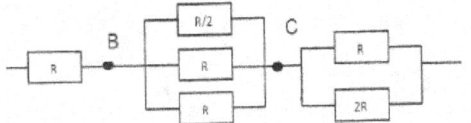

194

$$\frac{1}{R_1} = \frac{1}{R/2} + \frac{1}{R} + \frac{1}{R} = \frac{4}{R} \qquad R_1 = \frac{R}{4}$$

$$\frac{1}{R_2} = \frac{1}{R} + \frac{1}{2R} + \frac{3}{2R} \qquad R_2 = \frac{2R}{3}$$

R_{eq} = $R+R_1+R_2$

$= R + \frac{R}{4} + \frac{2R}{3}$

R_{eq} =23R/12

R_{eq} =23 x $\frac{16}{12}$= 30 Ω

Réponse b

U_{AD} = R_{eq} I

I $= \frac{U_{AD}}{R_{eq}}$

$= \frac{45}{92} = 0.5 A$

Réponse d

$U_{BC} = R_1 I = 4.45/90 = 2V$

U_{CD} = R_2 I

= 2 x 16/3 x 45/92

U_{CD} = 5.2V

Réponse b, d vrai

Correction QCM 5

U_{PN}= E-r_1I

Correction QCM 5-2

a) P_G = E_1 I

b) P_E = U_{PN} I = $(E_1 - r_1 I)$ I

c) P_J = $r_1 I^2$

Correction QCM 6

W_G = 10 W_J

soit

E_1 I Δt = 10 W_J

a) E_1= 10 W_J / I Δt

E_1 =60/(0.1 . 60)= 10 V

b) W_J = $r_1 I^2 \Delta t$

$r_1 = \frac{6}{10^{-2} 60} = 10\Omega$

b) η=U $_{PN}$/E_1= $(1-r_1/E_1)$ I=90%

Correction QCM 7

E − rI = RI

E= (r+R)I

AN :   E=5 x 2= 10V ;   Réponse : A

Corrigé QCM8
Q8-1 $U_{PN}=U_M+U_R$
$E-rI=E'+r'I+RI$
$I=(E-E')/(r+r'+R)= (4,5-1,25)/(4+1,5+1)$
$I=0,5$ A Réponse a
Q8-2 $E_{totale}= P_{reçue} .\Delta T=EI \Delta T=405$ J   Réponse d
Q8-3 $E_{joule}= RI^2 \Delta T= 180$ J   Réponse f
Q8-4 $E_{utile}= E'I\Delta T= 1,25 . 0,5 . 3. 60= 112,5$ J Réponse e

Correction -QCM 9
Réponse a fausse, b vrai, c faux, d faux
Corrigé QCM10
A vraie, B, C, D faux
Correction QCM 11
$F_{B/c}= -qq /4\pi\varepsilon_0 (d-x)^2 = -q.2q/ 4\pi\varepsilon_0 (x)^2$
Correction QCM12
$E=Gm/r^2 =6,67 \ 10^{-11} / 0,1^2 = 6,67 \ 10^{-9}$ N/kg

6- Mouvement d'une particule chargée dans un champ électrique.

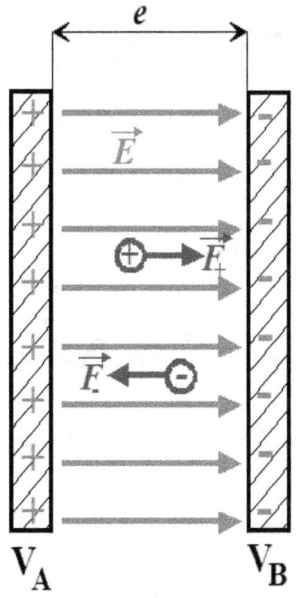

Le champ électrique en tout point de l'espace situé entre les deux armatures d'un condensateur plan est *uniforme*. Ce qui signifie qu'il a même intensité, même direction, même sens.

Nous pouvons remarquer que l'intensité de la force que subit la charge est d'autant plus grande que l'on augmente la différence de potentiel (tension électrique) V_A - V_B entre les deux plaques du condensateur, ce qui est logique, puisque cela augmente sa charge ; et d'autant plus faible que l'on augmente la distance e (épaisseur) entre les deux plaques. Ainsi :

Le module du champ électrique E situé entre les armatures d'un condensateur plan est égal à la différence de potentiel : V_A - V_B entre ces deux armatures divisé par l'épaisseur e du condensateur.

$$E = (V_A - V_B)/e$$

La différence de potentiel s'exprime en Volt(V), l'épaisseur en mètre (m), donc le champ électrique peut aussi s'exprimer en volt par mètre (V/m). Donc la force électrostatique que subit la particule chargée est directement proportionnelle à la différence de potentiel appliquée entre les deux armatures.

<u>Exercice 1 :</u> calculer le module du champ électrique entre les armatures d'un condensateur à air, d'épaisseur 10 cm et soumis à une différence de potentiel de 1000 V.

E= 1000/0,1 =10^{4}Vm^{-1} ; q<0 Champ centripète / q>0 E centrifuge

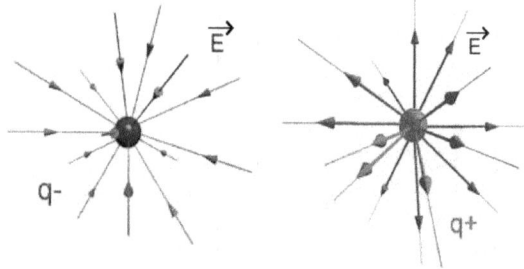

Exercice 2: Calculez le champ $\vec{E}$ résultant

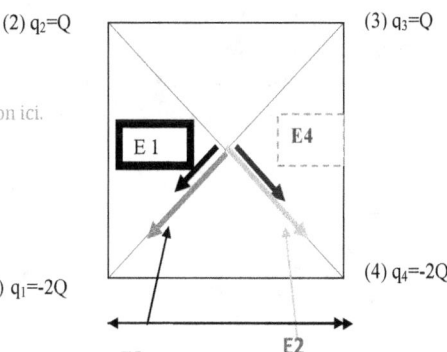

(2) q_2=Q   (3) q_3=Q

$\vec{j}$ $\vec{i}$

Tapez une équation ici.

E 1   E 4

(1) q_1=-2Q   (4) q_4=-2Q

E3   E2

$q_1<0$ E1 centripète

$q_3>0$ E3 centrifuge

$\vec{E} = \vec{E}1 + \vec{E}2 + \vec{E}3 + \vec{E}4$

$= 2Q\,k\,\vec{i}/(L/\sqrt{2})^2 + Q\,k\,\vec{i}/(L/\sqrt{2})^2 + Q\,k\,\vec{j}/(L/\sqrt{2})^2 + 2Q\,k\,\vec{j}/(L/\sqrt{2})^2 =$

$3\,Q\,k\,\vec{i}/(L/\sqrt{2})^2 + 3Q\,k\,\vec{j}/(L/\sqrt{2})^2$

$E = \sqrt{9Q^2 + 9Q^2}$ $k/L^2 = 6\,Q\,\sqrt{2}k/L^2$

Une particule chargée (q) de masse (m) située dans 1 région de l'espace où règne un champ E est soumise à $F_{el} = q\,E$ et à m poids P = mg

$\frac{Fe}{P} \ll 1$ On négligera donc le poids

Supposons que la vitesse $v_0 = v_A$ à $t_A = t_0$

Calculons la vitesse V_B à l'instant t_B, appliquons le théorème de l'Energie cinétique :

$$\Delta Ec = \Sigma\, WF$$

$$1/2\, m\, v_B^2 - 1/2 m v_A^2 = \Delta WF = q\, U_{AB} = q(V_A - V_B)$$

$$v_B = \sqrt{\frac{2q\,U}{m} + v_A^2}$$

2 cas peuvent se produire :
°Si $qU > 0$ la particule est accélérée la vitesse augmente
°Si $qU < 0$ la particule est décélérée

7 Mouvement d'une particule chargée dans un champ électrostatique-Equation trajectoire-Déflexion électrique des électrons
$\sum \vec{F} = m\,\vec{a}$
 La seule force est la force électrique
$\vec{a} = \frac{q}{m}\vec{E}$ avec $\overrightarrow{vo}$ vitesse initiale suivant l'axe (Ox), $\vec{E}$ champ électrique suivant l'axe (0y)

- Tracer, au point M, les vecteurs accélération $\vec{a} = \vec{F}/m$ et vitesse $\vec{V}$ (tangent)
- Le point A est le milieu de OH (voir la leçon 1)
- Le champ électrique uniforme $\vec{E}$ est dirigé de la plaque positive vers la plaque négative

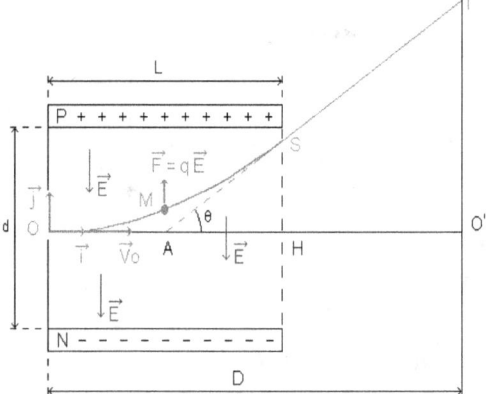

$\vec{F}$ (0 ; eE) $\vec{a}$ (0 ; eE/m) $\vec{V}_0(V_0 ; 0)$
$\overrightarrow{OM}_0$ ($x_0 = 0$; $y_0 = 0$)
$\vec{E} \begin{cases} 0 \\ Ey \\ 0 \end{cases}$ $\overrightarrow{vo} = v_0\,\vec{\imath}$

En éliminant le temps ou trouve l'équation de la trajectoire : $y = \frac{eE}{2}\left(\frac{x}{v_0}\right)^2$
$t = x/v_0$

 Dans un champ électrique uniforme, le vecteur accélération d'une particule chargée est constant. La déflexion électrique est proportionnelle à la tension appliquée entre les plaques déflectrices Un électron de charge q = - e, de masse m arrive dans le vide à l'instant t=0 au point origine sa vitesse est $\overrightarrow{vo} = v_0\,\vec{\imath}$ et cet électron est soumis à

$\vec{E}$ = -U/d $\vec{j}$ avec U= U_P-U_N >0

Ce champ électrostatique uniforme est créé entre deux plaques P et N dans la région d'espace défini 0<x<L et –d/2<y<d/2

Entre les plaques la trajectoire de l'électron est parabolique.

Donner la condition sur la tension U pour que la particule sorte du champ sans heurter les plaques. Cette condition réalisée, la particule frappe un écran situé dans un plan x = D > L

Exprimer la déviation 0' I du point d'impact et montrer qu'elle est fonction linéaire de la tension U = U_P - U_N

La force électrique $\vec{F}$ = q $\vec{E}$ l'action du champ électrique sur l'électron q = - e

Le poids $\vec{P}$ = m $\vec{g}$ est négligeable devant la force électrique

<u>Appliquons le théorème du centre d'inertie</u> :   les vecteurs $\vec{E}$ et $\vec{a}$ sont de sens contraire. V_0=vitesse de l'électron à la date t=0

Le milieu A du segment OH.

t = X / V_0.

Portons dans la relation (2) qui donne : y= $\frac{e\,E}{2}(\frac{x}{v_0})^2$ avec E = U/d

donc y=$\frac{eU}{2\,mdv_0^2}$ x^2.

Entre les points O et S la trajectoire de l'électron est parabolique

Mouvement rectiligne sans accélération, avec vitesse initiale :

X=v_0t   y= $\frac{eE}{2\,m}$ t^2

Vx= V_0 Vy = Ee/m t $\overrightarrow{v(t)}\begin{cases} v_0 \\ +e\ \frac{E\ t}{m} \\ 0 \end{cases}$ $\overrightarrow{OM}$ (v_0 t, $\frac{1}{2}$ e$\frac{Et^2}{m}$, 0)

Cherchons les valeurs positives de la tension U pour lesquelles l'électron sort du champ sans heurter les plaques. L'électron sort du champ électrique sans heurter les plaques. si pour x_S = OH = L on a y_S < d / 2 soit si pour x_S = OH = L on a $\frac{eU}{2mdv_0^2}$ L^2 < d / 2, U< $Mv_0^2 d^2$/ e L

Calcul de la déviation O'I Après S, l'électron n'est plus soumis à aucune force et possède un mouvement rectiligne uniforme suivant la tangente à la parabole au point S On sait que cette droite SI passe par particule est tel que : tan θ= O'I/AO' ; O'I/(D-L/2)=ys/L/2

ys= (eU)/(2 md Vo)^2 . L^2

O'I= (D-L/2) U/(mv_0^2 d) La déviation O' I est proportionnelle à la tension appliquée U. Si U était négatif la déviation aurait lieu vers le bas de l'écran.

<u>QCM 1</u> Un faisceau de protons est émis au niveau d'une plaque A,   avec une vitesse négligeable.

Ces protons sont accélérés entre la plaque A t une plaque C, distantes de 2,5 cm. Les protons atteignent C avec une vitesse de 800 kms^{-1}.

La tension appliquée entre les plaques A et C est :

a-6680 V ; b-3340 V ; c-6680 Vm-1 ;d-1,6 kV ; e-12540 V.

masse du proton :$1,67\ 10^{-27}$ kg ; e=$1,6\ 10^{-19}$ C

QCM 2 Une particule α de masse $6,64\ 10^{-27}$ kg animée d'une vitesse de valeur 1500 kms^{-1}, de direction horizontale, pénètre dans une région de largeur 10 cm, où règne un champ électrique uniforme vertical de 10 000Vm^{-1}. En sortant de cette région la trajectoire de la particule fait avec l'horizontale un angle de :
a)0,0214° b) 0,163° c)12,3° d) 1,23° e)0,82 °

QCM 3 Un électron de vitesse $v_0=10^7$ ms^{-1} traverse une région de longueur L=10 cm où règne un champ électrique E uniforme et perpendiculaire à v_0. A la sortie de cette région l'énergie cinétique de l'électron a été multipliée par 3.

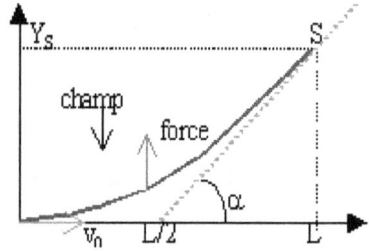

1. Calculer et exprimer l'ordonnée du point de sortie.
2. le travail de la force électrique au cours de ce déplacement.
3. le champ électrique
4. l'angle dont a été dévié l'électron   m = $9,1\ 10^{-31}$ kg ; e = $1,6\ 10^{-19}$ C

QCM4
Soit deux pendules électrostatiques chargés (P_1) et (P_2) de forme identiques
q_1= $1,0\ 10^{-9}$ C
q_2= $-q_1/9$ C
k= $9,0\ 10^9$ SI
Dans une première expérience on observe une attraction et q_1 et q_2 sont stabilisés à 10cm l'un de l'autre.

A la force électrostatique exercée par P_1 sur P_2 est neuf fois plus intense que celle exercée par P_2 sur P_1
B la valeur de la force exercée par P_1 sur P^2 vaut $1,0\ 10^{-7}$ N

Dans une deuxième expérience, on provoque le contact entre deux boules q_1 et q_2 qui portent désormais des charges q1' et q2' et sont distantes de 20 cm. On admet la conservation de la charge électrique totale du système et on admet la répartition identique sur les 2 boules.

C les deux nouvelles charges sont positives

D les deux nouvelles charges sont négatives

E la nouvelle valeur F_2 de la force électrostatique exercée par P_1 sur P_2 est telle que $F_2/F_1 = 4/9$

F_1 désignant la valeur de la charge exercée par P_1 sur P_2

QCM 5 Les particules de vitesse initiale négligeable sont accélérées par une tension U

Dans le cas d'un proton $m = 1,6 \ 10^{-27}$ kg $e = 1,6 \ 10^{-19}$ C, la vitesse finale est 1000 km s^{-1}.

Quelle est la valeur de la tension U? La tension garde la valeur précédente, la charge est inchangée mais si la masse double que devient la vitesse ? Dans le cas d'une particule alpha (masse quadruple et charge double) si U est inchangée que devient la vitesse? A la place d'un champ électrique peut-on utiliser un champ magnétique pour accélérer ces particules ?

QCM 6

Il est demandé les expressions littérales simplifiées et ordonnées avant toute application numérique.

Les notations du texte doivent être scrupuleusement respectées.

On dispose de 3 charges électriques ponctuelles q_A, q_B et q_c placées aux sommets d'un triangle équilatéral

de côté a représenté sur la figure ci-contre.

Données : $q_A = q_B = + q > 0$; $q_c = -2q < 0$.

$k = \dfrac{1}{4\pi\varepsilon_0}$, ou ε_0 est la permittivité du vide

$AB = AC = BC = a$.

Notations : La force électrique exercée par q_A sur q_B sera notée F $_{A/B}$.

La force électrique exercé par q_c su qB sera notée $\vec{F}$ $_{A/B}$.

La résultante des forces électriques exercées sur B sera notée $\vec{F}(B)$.

La résultante des forces électriques exercées sur A sera notée $\vec{F}(A)$.

RAPPEL : $\cos(30) = \sqrt{3}/2$; $\sin(30°) = 1/2$; $\tan(30) = -1/\sqrt{3}$; $\cos(60°) = 1/2$ $\sin(60°) = \sqrt{3}/2$; $\tan(60°) = \sqrt{3}$.

1) Étude des forces électriques s'exerçant sur C.

a) Montrer que les forces $\vec{F}_{A/C}$ et $\vec{F}_{B/C}$ ont une norme commune que l'on notera F. Exprimer F en fonction de q et de a.

a. Recopier clairement sur votre copie la figure donnée (on pourra prendre la longueur d'un côté de l'ordre de 7 cm) et représenter les vecteurs force $\vec{F}_{A/C}$ et $\vec{F}_{B/C}$.

c) Exprimer, en fonction de F, les composantes de ces vecteurs force dans la base ($\vec{i}$, $\vec{j}$). Remplacer les fonctions trigonométriques par les fractions données dans le rappel.

d) En déduire l'expression de $\vec{F}(C)$ en fonction de F. Représenter ce vecteur sur la figure du 1) b).

2) Étude des forces électriques s'exerçant sur A.

a) Exprimer les normes des vecteurs $\vec{F}_{B/A}$ et $\vec{F}_{C/A}$ en fonction de F.

b) Exprimer, en fonction de F, les composantes de $\vec{F}_{B/A}$ et $\vec{F}_{C/A}$ dans la base $(\vec{i}, \vec{j})$
Remplacer les fonctions trigonométriques par les fractions données dans le rappel.

c) En déduire les composantes de $\vec{F}(A)$. Représenter $\vec{F}(A)$ sur la figure de la question 1) b).

3) Étude des forces électriques s'exerçant sur B.

Par un argument simple déduire les composantes de $\vec{F}(B)$ et représenter ce vecteur sur la figure de la question

QCM7

Une tension U est maintenue entre deux plaques métalliques horizontales P_1 et P_2, distantes de d.

un faisceau d'électrons pénètre dans le champ électrique avec un vecteur vitesse horizontal $\vec{v}_0$;

La longueur des plaques est notée L.

Un écran vertical permet de repérer le point d'impact des électrons (figure ci-contre).

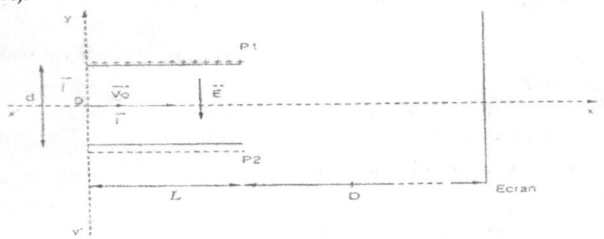

1. L'intensité du champ électrique $\vec{E}$ supposé uniforme est :

a.   E = d/U
b.   E = U/2d
c.   E = Ud
d.   E = 2d/U
e.   E = U/d
f.   E = d.U

2. L'unité du champ électrique E est

g. Vm^{-1}
h.   mV
i.   V

3. pour déterminer la position du point de sortie S, il faudra Utiliser entre autre :

j.   La vitesse de sortie Vs
K.   la vitesse initiale Vo
l.   l'intensité du champ électrique E

m.   la distance

4. L'angle de déviation α du faisceau dépend entre autre des paramètres suivants :
n.   La position du point d'impact.
o.   la longueur totale des plaques.
p.   la demi-longueur des plaques.

QCM 8
Dans un champ électrique E uniforme, le travail de la force F_E,
qui s'exerce sur une particule, de charge q se déplaçant d'un point A à un point B.
E) Dépend du signe de la charge q
F) Est toujours moteur car il favorise le déplacement de la particule de A à B
G)   S'exprime par W (F) = q U_{AB} d_{AB}

QCM 9
Une molécule de chlorure d'hydrogène HCl constitue un dipôle électrostatique.
L'atome d'Hydrogène porte une charge positive + δ
L'atome de Chlore une charge négative – δ
Ces deux atomes sont séparés par une distance d et la force entre les deux a pour valeur $4,4 \ 10^{-10}$ N dans le vide. Soit O le milieu du segment joignant les deux atomes H et Cl.
$\delta = 2,8 \ 10^{-20}$ C d= 0,128 nm

A) les forces de l'interaction sont modélisées par des vecteurs de même norme et de même sens.
B) une ligne de champ électrique reliant l'atome de chlore symbolisé par le point N et l'atome d'hydrogène symbolisé par le Point P est orienté de P vers N
C) L'expression littérale de la force d'interaction électrique entre les deux atomes est
F= $\frac{k\delta^2}{d^2}$ avec k =1,0 10^9
D) le vecteur champ créé par P ou au milieu O est le même
E) la valeur E du champ électrique en O est $1,3 \ 10^{11}$ V/m

QCM 10
En présence d'un champ électrique uniforme $\vec{E}$
La trajectoire d'une particule chargée ne peut jamais être A) un arc de cercle B) une parabole C) une droite D) une particule β^+ ne peut pas être déviée en pénétrant dans un champ électrique $\vec{E}$ E)un neutron ne peut pas être dévié en pénétrant dans un champ électrique $\vec{E}$

QCM 11

Indiquez le schéma correct donnant la direction et le sens de la force électrique qui s'exerce sur un électron, en mouvement entre les plaques chargées A et B, si la différence de potentiel entre celles-ci est $U_{AB}>0$

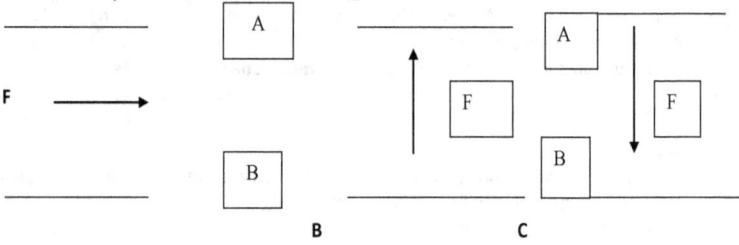

A

B

C

La force électrique $\vec{F}$ qui s'exerce sur cet électron dans un champ électrique $\vec{E}$ uniforme est

D $\quad \vec{F} = e\,\vec{E}$

E $\vec{F} = -\,e\,\vec{E}$

QCM 12

Un électron de masse m et de charge –e est mis sans vitesse initiale depuis le point O Entre les deux plaques A et B règne un champ électrostatique uniforme E on note $U_{BA}= U$

A) U<O

B) L'expression de la coordonnée du vecteur vitesse de l'électron en mouvement est donnée par $v = \dfrac{ed}{m\,U}\,t$

C) le mouvement de l'électron est un mouvement rectiligne uniformément accéléré.

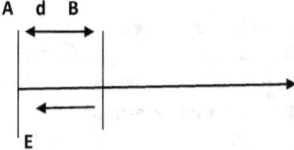

D lorsque l'électron atteint la plaque B La coordonnée de son vecteur vitesse est $\sqrt{\dfrac{e\,U}{m}} = v$

E la variation d'Energie potentielle électrostatique de l'électron pour le déplacement de O jusqu'à B s'écrit ΔEp =e U.

Corrigé

QCM1 : L'augmentation d'énergie cinétique est égale au travail de la force électrique,
(remarque : la distance d=0,025 m serait utile pour le calcul de E=U/d)
$0,5mv^2=eU$, $U=0,5mv^2$ / e avec $v=8\ 10^5\ ms^{-1}$ Réponse b. 3340 V

QCM 2 La particule α He^{2+} charge élémentaire $1,6\ 10^{-19}C$ au départ : accélération $(0\ ;2Ee/m)$
vitesse $(V_0\ ;0)$
à la date t ; vitesse $(V_0\ ;\ 2eEt/m)$ position $((x=Vot\ ;\ y=eEt^2/m)\ ;\ y=eEx^2/(mV_0^2)$
$x=0,1$, $V_0=1,5\ 10^6\ m.s^{-1}$
$y=1,6\ 10^{-19}\ 10000\ (0,1)^2/\ (6,64\ 10^{-27}\ (1,5\ 10^6)^2$

$Y=1,07\ 10^{-3}$ m ; tanα= 0,0214 α=1,23°

Tan $\alpha = \dfrac{2eE\ l^2}{2\ m\ lv_0^2}$

Le poids de l'électron est négligeable devant la force électrique

La trajectoire est une branche de parabole d'équation

$Y_S = \dfrac{eEL^2}{2\ mV_0^2}$

travail de la force électrique entre le départ et S : e.Y$_S$. ;
- variation
La trajectoire est une branche de parabole d'équation
$Y_S = \dfrac{eEL^2}{2\ mV_0^2}$
travail de la force électrique entre le départ et S : e.Y$_S$. ;
- variation

cinétique :
$3(0,5\ mv_0^2)-0,5\ mv_0^2 = mv_0^2$;
th. de l'énergie cinétique : $mv_0^2 = e\ E.Y_S = eE\ \dfrac{eEL^2}{2\ mV_0^2}$
$E= (\sqrt{2}mv_0^2\ /(eL)$
$E=1,414*9,1\ 10^{-31}*10^{14}\ /(1,6\ 10^{-19}*0,1)=1414*9,1/1,6= 8042\ Vm^{-1}$.

tan(α)= Ys / (0,5 L) =eEL/mv$_0^2$;
tan(α)= $1,6\ 10^{-19}*8042*0,1/(9,1\ 10^{-31}*10^{14})= 1,6*8,042/9,1 = 1,414$; α= 54,7°

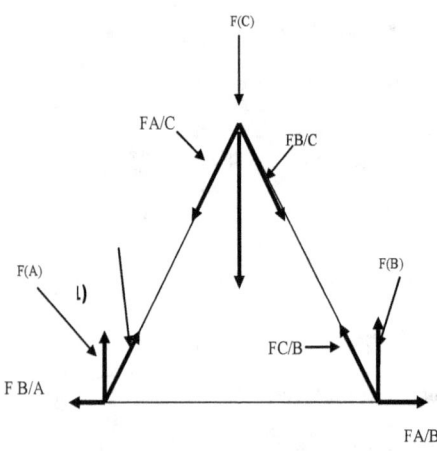

QCM 7

1 : E= $\frac{U}{d}$

2 : La tension s'exprime en Volt et la distance entre les plaques en mètre donc le champ électrique s'exprime en V.m^{-1}

Tanα = ys/L/2

Le théorème du centre d'inertie s'écrit :
$$\overrightarrow{Fe} = m.\vec{a}$$
$$q.\vec{E} = m.\vec{a}$$

$$\vec{a} = \frac{q.\vec{E}}{m}$$

Le vecteur champ électrique est tel que $\overrightarrow{E.} = -E\vec{j}$. Le vecteur vitesse initial est : $\vec{V}o = Vo.\,\vec{i}$ et $\overrightarrow{OM_0} = \vec{0}$

On obtient alors :

$$\vec{a} \begin{vmatrix} 0 \\ \dfrac{e.E}{m} \end{vmatrix} \text{Par intégration} \qquad \vec{v} \begin{vmatrix} V_0 \\ \dfrac{e.E}{m} \end{vmatrix} \qquad \overrightarrow{OM} \begin{vmatrix} X = Vo.t \quad (1) \\ Y = \dfrac{e.E}{2.m} . t^2 \quad (2) \end{vmatrix}$$

De (1). On sort $t = \dfrac{x}{Vo}$, on remplace dans l'équation (2) :

$Y = \dfrac{e.E}{2.m.v^2{}_0} . x^2$ avec x=L (L: longueur des plaques)

<u>Donc la position du point de sortie de E et de la vitesse initial vo. réponse k</u>

<u>Q7-4</u>

Tanα= ys/L/2 réponse n et p

QCM 8 A) VRAI B) FAUX C) VRAI

QCM 9 A) Faux car si les champs de même sens, les forces de sens opposés B) vrai

  B) Faux F= négatif $k\delta^2/d^2$ D) vrai E) Faux $=F/q$

QCM 10 A) VRAI B) FAUX C) FAUX D) FAUX   E) FAUX pour D et E c'est la différence de potentiels qui fait dévier.

QCM 11 : B) et E) vrai.

QCM 12 A) faux $U_{BA} = V_B - V_A > 0$ car $V_B > V_A$ E descend les potentiels B) FAUX $v = \dfrac{e\,U\,t}{d\,m}$ et non $v = \dfrac{edt}{m\,U}$ VRAI

  D) FAUX $v^2 = 2EU/m$ E) FAUX

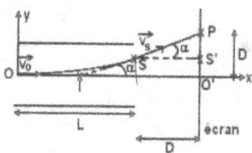

Chapitre 5-
Radioactivité

1- Stabilité et instabilité des noyaux.

1-1 Composition du noyau d'un atome..

Le noyau est constitué de particules appelées nucléons. Les nucléons sont de deux types : les protons et les neutrons. - Caractéristiques du proton : Masse : $m_p = 1,67265 \times 10^{-27}$ kg - Charge : $+ e = 1,602189 \times 10^{-19}$ C, C est le symbole du Coulomb unité de charge électrique. - Caractéristiques du neutron : - Masse : $m_n = 1,67\ 496 \times 10^{-27}$ kg - Toute charge électrique s'exprime en un nombre entier de charges élémentaires : $q = \pm n\,e$ - La masse du neutron est voisine de celle du proton : $m_p = m_n$ - Le nombre de nucléons est noté A, on l'appelle aussi le nombre de masse. - Le nombre de protons que contient le noyau est noté Z. On l'appelle le numéro atomique ou le nombre de charge. - Les deux nombres A et Z suffisent pour caractériser un noyau. Le nombre de neutrons : A – Z.

1-2 Isotope -
A chaque couple de valeurs (Z, A), correspond un type de noyau que l'on note : où X est le symbole de l'élément chimique. - En conséquence, la notation $_Z^A X$ représente le noyau d'un atome. - Des noyaux possédant le même nombre de protons mais des nombres différents de neutrons sont appelés isotopes.

1-3 Masse d'un noyau.

- On utilise une unité adaptée à la physique nucléaire : l'unité de masse atomique. - L'unité de masse atomique u est le douzième de la masse du carbone 12. - 1 u = $1,6605402 \times 10^{-27}$ kg.

- Exemple : la masse d'un noyau d'Hélium $_2^4$ He est $m_H = 4,001\ 51$ u. - En conséquence, la masse d'un noyau $_Z^A$ X est voisine de A en unité atomique. - Un nucléon étant environ 1850 fois plus lourd qu'un électron, la masse d'un noyau est voisine de celle de l'atome correspondant.

1-4 Stabilité des noyaux.

La stabilité des noyaux résulte de la compétition entre l'interaction forte, responsable de l'attraction des nucléons et de l'interaction électromagnétique responsable de la répulsion entre les protons. L'interaction forte est intense mais de très courte portée (de l'ordre du femtomètre : 10^{-15} m, soit un milliardième de micromètre.) La stabilité des noyaux obéit aussi aux lois de la mécanique quantique : un noyau possédant trop de particules de même type est instable. Dans les petits noyaux, il y a une tendance à la symétrie : le nombre de protons est égal au nombre de neutrons pour les noyaux stables. Un noyau est instable s'il possède trop de protons par rapport au nombre de neutrons. Un noyau est instable s'il possède trop de neutrons par rapport au nombre de protons. Un noyau est instable s'il possède trop de protons et trop de neutrons. Un noyau instable est un noyau qui possède :

- Trop de protons - Trop de neutrons- Trop de nucléons.

- Exemples : le carbone 14 est instable, l'oxygène 14 est instable, de même l'uranium 238 est instable. La cohésion du noyau est due à l'existence d'une interaction forte, attractive qui unit l'ensemble des nucléons et qui prédomine devant l'interaction électrique (répulsion entre les protons). Il y a antagonisme entre l'interaction forte et la répulsion des protons. Dans certains cas la cohésion n'est pas suffisante, on dit que les noyaux sont instables. Ils se désintègrent spontanément, on dit qu'ils sont radioactifs. Ce sont des radionucléides.

Cohésion de la matière

Au niveau du noyau

La cohésion du noyau est assurée par une interaction fondamentale entre les nucléons appelée interaction forte. Elle est portée très faible (10^{-15}m) et se limite au noyau.
Au niveau du noyau, cette interaction est environ 1000 fois plus forte que l'interaction électrique.

Il existe également une autre interaction, appelée interaction faible (Environ 10^6 fois plus faible que l'interaction forte), qui intervient dans la cohésion du noyau. Sa portée est également faible (10^{-18} m). Une de ses manifestations est la radioactivité β.

A l'échelle des noyaux atomiques, les trois interactions coexistent mais la force d'interaction électrique est 10^{36} fois plus grande que la force d'interaction gravitationnelle (le noyau devrait donc exploser) or l'interaction forte est 100 à 1000 fois plus intense que l'interaction électrique, c'est donc elle qui prédomine et qui est à l'origine de la cohésion du noyau.

2 -Les lois de la radioactivité

1)- Les Émissions Radioactives. -   Une source radioactive peut émettre :- Des particules-
    Un rayonnement γ. - Les particules émises sont de trois types : les particules α, β^+ et β^-. a) les particules alpha Ce sont des particules + , des noyaux d'hélium dont l'écriture symbolique est : $_2^4$ He, ion He $^{2+}$.Ces particules sont éjectées à grande vitesse v = 2 x 10^7 m / s . Ce ne sont pas des particules relativistes. Les particules sont directement ionisantes mais peu pénétrantes. Elles sont arrêtées par une feuille de papier et par une épaisseur de quelques centimètres d'air. Elles pénètrent la peau sur une

épaisseur de l'ordre de quelques micromètres. Elles ne sont pas dangereuses pour la peau. Par contre, elles sont dangereuses par absorption interne : inhalation, ingestion. b) les particules bêta

On distingue :

- Les particules β^- qui sont des électrons : Masse : $m_e = 9,1 \times 10^{-31}$ kg Charge : - e = $1,602189 \times 10^{-19}$ C - Les particules β^+ qui sont des positons (antiparticule de l'électron).- Masse : $m_e = 9,1 \times 10^{-31}$ kg- Charge : + e = $1,602189 \times 10^{-19}$ C .

Les particules sont émises à grande vitesse v = $2,8 \times 10^8$ m / s. Ce sont des particules relativistes. Elles sont plus pénétrantes mais moins ionisantes que les particules α. Elles sont arrêtées par un écran de Plexiglas ou par une plaque d'aluminium de quelques centimètres. Elles pénètrent la peau sur une épaisseur de quelques millimètres. Elles sont dangereuses pour la peau. c) le rayonnement γ (gamma) Il accompagne l'émission de rayonnements α, β^+ et β^- . Il est constitué d'une onde électromagnétique de très courte longueur d'onde (($\lambda = 10^{-12}$ m et $\upsilon = 10^{20}$ Hz). Le rayonnement est constitué de photons qui se déplacent à la vitesse de la lumière et dont la masse est nulle. Ils ne sont pas directement ionisants, mais ils sont très pénétrants. Ils peuvent traverser jusqu'à 20 cm de plomb. Lorsqu'un noyau $_Z^A X$ est instable, il subit une transformation spontanée conduisant à la formation d'un nouveau noyau . $_{Z'}^{A'} Y$ Ce phénomène porte le nom de radioactivité. - $_Z^A X$ est appelé le noyau père et $_{Z'}^{A'} Y$ est appelé le noyau fils. - Cette transformation radioactive s'accompagne de l'émission de particules et de rayonnements électromagnétiques. - Les Lois de conservation : Loi de Soddy.-Toutes les réactions nucléaires vérifient les lois de conservation suivantes : - Conservation de la charge électrique.- Conservation du nombre total de nucléons.- Conservation de la quantité de mouvement. - Conservation de l'énergie.

$$_Z^A X \text{------>} \quad _{Z'}^{A'} Y \quad + \quad _z^a p$$

Noyau-père   Noyau-fils   Particule

- Lois de Soddy : Conservation du nombre de nucléons : A = A' + a, Conservation de la charge globale Z = Z' + z

a) la radioactivité α : Un noyau lourd instable éjecte une particule α et donne un noyau fils plus léger, généralement dans un état excité

$$_Z^A X \quad \text{------>} \quad _{Z'}^{A'} Y \quad + \quad _2^4 He$$

Noyau-père   Noyau-fils   Particule α

- Lois de Soddy : Conservation du nombre de nucléons : A' = A − 4 Conservation de la charge globale : Z' = Z - 2

$$^A_Z X \dashrightarrow \, ^{A-4}_{Z-2} Y \; + \; ^4_2 He$$

Noyau-père Noyau-fils Particule α

L'uranium 238 est émetteur α. Écrire l'équation de la réaction.

$$^{238}_{92} U \dashrightarrow \, ^{234}_{90} Th \; + \; ^4_2 He$$

Uranium Thorium Particule α

b) La radioactivité β- : Cette radioactivité se manifeste lorsque le noyau présente un excès de neutrons. Au cours de la désintégration, il y a émission :

- D'un électron noté : $_{-1}^{0} e$.

$$^A_Z X \dashrightarrow \, ^A_{Z+1} Y \; + \; ^0_{-1} e$$

Noyau-père Noyau-fils Particule β⁻

- Les lois de Soddy : Conservation du nombre de nucléons : A' = A   Conservation de la charge globale : Z' = Z + 1

- Exercice : le carbone 14 est émetteur β⁻. Écrire l'équation de la réaction.

$$^{14}_{6} C \dashrightarrow \, ^{14}_{7} N \; + \; ^0_{-1} e$$

Carbone Azote Particule β⁻

- Le noyau père possède trop d'électrons :

$$^1_0 n \dashrightarrow \, ^1_1 H \; + \; ^0_{-1} e$$

Neutron Proton Particule β⁻

c) La radioactivité β + Cette radioactivité se manifeste lorsque le noyau d'un atome possède trop de protons. Au cours de la désintégration, il y a émission :

- D'un positon noté . $_1^0 e$

$$^A_Z X \dashrightarrow \, ^A_{Z-1} Y \; + \; ^0_{+1} e$$

Noyau-père Noyau-fils Particule β⁺

- Les lois de Soddy : Conservation du nombre de nucléons : $A' = A$ Conservation de la charge globale : $Z' = Z - 1$

- Exercice : l'oxygène 14 est émetteur β^+. Écrire l'équation de la réaction.

$$^{14}_{8}O \quad \text{--->} \quad ^{14}_{7}N \qquad\qquad ^{0}_{+1}e$$

Oxygène   Azote   particule $\beta+$

- Le noyau père possède trop d'électrons :

$$^{1}_{1}H \quad \text{------------>} \quad ^{1}_{0}n \quad + \quad ^{0}_{+1}e$$

Proton   Neutron   Particule β^+

d) La désexcitation γ : Le noyau-fils est le plus souvent dans un état instable, il libère son excédant d'énergie sous forme de rayonnement γ. Il se désexcite.

$$^{A}_{Z}Y \text{---->-} > \quad ^{A'}_{Z}Y^{*} \quad + \quad ^{0}_{0}\gamma$$

Noyau-   Noyau-
fils   fils

                            Rayonnement

Etat   Etat
excité   stable

La transformation qui permet de passer du noyau père au noyau fils non excité s'effectue en deux étapes.

$$(1) \quad ^{A}_{Z}X \text{----------->} \quad ^{A'}_{Z'}Y \quad + \quad ^{a}_{z}p$$

Noyau-père   Noyau-fils   Particule

$$(2) \quad ^{A}_{Z}Y^{*} \quad ^{A'}_{Z'}Y \quad + \quad \gamma$$

Noyau-fils   Noyau-fil

                            Rayonnement

Excité   Stable

- L'ensemble des noyaux stables forme sur la représentation graphique la vallée de stabilité. - Les noyaux légers stables se répartissent au voisinage de la première bissectrice ($N = Z$ autant de protons que de neutrons). - Les noyaux lourds stables

213

s'écartent de la bissectrice. Ils ont plus de neutrons que de protons. - Pour les noyaux instables : - En bout de la vallée de stabilité, ils se désintègrent en émettant des particules alpha : ils sont radioactifs alpha. - Au-dessus de la vallée de stabilité, ils sont émetteur β^-. Au-dessous du domaine de stabilité, ils sont émetteurs β^+.

3- Loi de décroissance radioactive.

3-1- Caractère aléatoire d'une désintégration radioactive.

Un noyau instable est susceptible de revenir à l'état stable à tout moment. - Le phénomène de désintégration est imprévisible. Pour un noyau instable donné, on ne peut prévoir la date de sa désintégration. - En revanche, on connaît la probabilité de désintégration de ce noyau par unité de temps.- Le phénomène de désintégration est aléatoire. - La probabilité qu'a un noyau radioactif de se désintégrer pendant une durée donnée est indépendante de son âge. - Elle ne dépend que du type de noyaux considéré.- Un noyau de carbone 14 apparu, il y a mille ans et un autre formé, il y a 5 min ont exactement la même probabilité de se désintégrer dans l'heure qui vient. - Un noyau ne vieillit pas.- Ce caractère aléatoire fait que pour un ensemble de noyaux instables identiques, on ne peut prévoir lesquels seront désintégrés à une date donnée, mais on peut prévoir combien de noyaux seront désintégrés. - On peut prévoir avec précision l'évolution statistique d'un grand nombre de noyaux radioactifs.- C'est un phénomène sur lequel il est impossible d'agir. Il n'existe aucun facteur permettant de modifier les caractéristiques de la désintégration d'un noyau radioactif.

3-2 Constante radioactive

Chaque nucléide radioactif est caractérisé par une constante radioactive λ, qui est la probabilité de désintégration d'un noyau par unité de temps. - Elle s'exprime en s^{-1}. La constante λ ne dépend que du nucléide. Elle est indépendante du temps, des conditions physiques et chimiques. Pendant la durée Δt, la probabilité pour qu'un noyau se désintègre est $\lambda.\Delta t$

3-3- Loi de décroissance radioactive :

Considérons un échantillon contenant $N(t)$ noyaux radioactifs à la date t. A la date $t + \Delta t$ très proche de t, le nombre de noyaux radioactifs a diminué. Pendant l'intervalle de temps Δt très court, on peut considérer que le nombre de noyaux ayant subi une désintégration est : $\lambda.\Delta t.N$. La solution de cette équation différentielle du premier ordre donne la loi de décroissance radioactive :

$$N(t) = N_0 e^{-\lambda t}$$

- N_0 représente le nombre de noyaux présent à la date $t_0 = 0$ $N(t)$ représente le nombre de noyaux radioactifs présents à la date t λ est la constante radioactive s^{-1}.

3-4 Demi-vie :

 Pour un type de noyaux radioactifs, la demi-vie $t_{\frac{1}{2}}$ est la durée au bout de laquelle la moitié des noyaux radioactifs initialement présent dans l'échantillon se sont désintégrés

- Relation entre $t_{\frac{1}{2}}$ et λ : Au temps t : $N(t) = N_0 \, e^{-\lambda t}$ Au temps $t + t_{1/2}$:

- $N(t + t_{1/2}) = N_0 \, e^{-\lambda(t + t\frac{1}{2})}$

$t_{1/2} = \dfrac{\ln 2}{\lambda}$

3-5 Courbe de décroissance et constante de temps τ

- La constante de temps, notée τ est l'inverse de la constante radioactive. Elle s'exprime en seconde s. Expression : $t = 1/\lambda$

- On peut obtenir la valeur de la constante de temps τ à partir de la loi de décroissance.

$N(t) = N_0 \, e^{-t/\tau}$

- Si l'on se place au temps t = 0 : $\dfrac{dN(0)}{dt} = \dfrac{-N_0}{\tau}$

- En conséquence, la tangente à la courbe $N(t) = N_0 \, e^{-\lambda t}$ à l'instant initial rencontre l'axe des abscisses à la date τ.

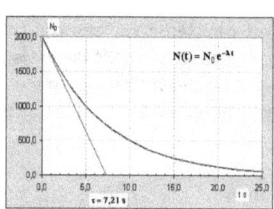

3- 6- Activité d'un échantillon radioactif.

- L'activité A(t) d'un échantillon radioactif à la date t est le nombre de désintégrations par seconde de cet échantillon.

- L'unité d'activité est le Becquerel Bq en hommage à Henri Becquerel. 1 Bq = 1 désintégration par seconde.

- Si l'on considère qu'entre t et t + Δt, le nombre de noyaux radioactif a diminué de ΔN,

- l'activité est donnée par la relation : $A = -\dfrac{\Delta N}{\Delta t}$ ceci représente l'activité moyenne.

- Pour avoir l'activité à un instant donné, il faut faire tendre Δt vers 0.

$A = -\dfrac{dN}{dt}$ $N(t) = N_0 \, e^{-\lambda t}$

$A = -\lambda \, N_0 \, e^{-\lambda t}$

- Si l'on pose $A_0 = \lambda . N_0$; $A(t) = A_0 \, e^{-\lambda t}$

- La décroissance de l'activité suit la même loi que la décroissance du nombre de noyau radioactif d'un échantillon.- Ordre de grandeur des activités : l'eau de mer a une activité de l'ordre de 10 Bq par litre. - Le Radon, présent dans l'air, à l'état de trace, a une activité de quelques centaines de Bq. - Le corps humain A $=10^4$ Bq, - Les sources radioactives, utilisées au laboratoire, ont une activité comprise entre 4×10^4 Bq et 4×10^7 Bq. - L'activité d'un gramme de radium est supérieure à 10^{10} Bq. - On utilise aussi le curie comme unité de radioactivité : - 1 Ci = $3,7 \times 10^{10}$ Bq

3-7- La datation au carbone 14.

Elle est fondée sur l'utilisation de la loi de décroissance radioactive de l'isotope $^{14}_{6}C$, radioactif β^+. - La demi-vie du carbone 14 est fixée de façon conventionnelle à - $t_{1/2}$ = 5568 ± 30 ans (valeur admise en 1950). - Le carbone 14 est présent dans l'atmosphère. - Il est régénéré par une réaction nucléaire faisant intervenir des neutrons cosmiques et des noyaux d'azote 14 :

$$^{14}_{7}N + ^{1}_{0}n \;\text{---}\; ^{14}_{6}C + ^{1}_{1}H$$

- La proportion de carbone 14 par rapport au carbone 12 est de l'ordre de 10^{-12}. - Il en est de même dans le dioxyde de carbone atmosphérique. - On fait l'hypothèse que cette proportion est à peu près constante à l'échelle de quelques dizaines milliers d'années. - Tous les organismes vivants échangent du dioxyde de carbone avec l'atmosphère, soit directement, via la photosynthèse, soit indirectement via l'alimentation. Les tissus fixent l'élément carbone.- La proportion de carbone 14 par rapport au carbone 12 est la même que la proportion atmosphérique. - A leur mort, les organismes cessent de fixer l'élément carbone et le carbone 14 n'est plus régénéré. - La quantité de carbone 14 présent dans les tissus diminue alors selon la loi de décroissance radioactive.- L'activité radioactive A $_0$ d'un organisme vivant due au carbone 14 est égale à $t_{1/2}$ = 814 ± 4 Bq pour un échantillon de 1 g. En mesurant à un instant t l'activité A (t) d'un échantillon organique mort, de masse connue, on peut déterminer son âge :

$t = \dfrac{t_{1/2}}{ln2} ln(A_0/A)$ on a aussi $t = \dfrac{t_{1/2}}{ln2} ln(N_0/N)$ et $t = \dfrac{t_{1/2}}{ln2} ln(m_0/m)$ et $t = \dfrac{t_{1/2}}{ln2} ln(n_0/n)$

- La quantité de carbone 14 restant dans un échantillon est encore mesurable jusqu'à 50 000 ans environ.

4-Masse et énergie. Réactions nucléaires

4-1 Equivalence masse énergie

4-1-1. Relation d'Einstein

<u>Postulat d'Einstein:</u> Un système de masse m possède lorsqu'il est au repos, une énergie:

$$E = m.c^2$$ avec $\begin{cases} \text{E: énergie du système en joules (J)} \\ \text{m: masse du système en kilogrammes (kg)} \\ \text{c: vitesse de la lumière dans le vide (c=3,0.10}^8\text{m.s}^{-1}) \end{cases}$

<u>Conséquence:</u> Si le système (au repos) échange de l'énergie avec le milieu extérieur, (par rayonnement ou par transfert thermique par exemple), sa variation d'énergie ΔE et sa variation de masse Δm sont liées par la relation:

$$\Delta E = \Delta m.c^2$$

- Si $\Delta m < 0$ alors $\Delta E < 0$: le système fournit de l'énergie au milieu extérieur.
- Si $\Delta m > 0$ alors $\Delta E > 0$: le système reçoit de l'énergie du milieu extérieur.

4-1 -2. Unités de masse et d'énergie

Le joule est une unité d'énergie inadaptée à l'échelle microscopique. On utilise plutôt à cette échelle l'électron volt (noté eV): $1eV = 1,60 \ 10^{-19}$ J.

$1u = 1,67 \ 10^{-27}$ kg . On utilise aussi le MeV: $1MeV = 10^6 eV = 1,60.10^{-13}$J.

$1u = 931,5$ Mev/c^2

4-2. Énergie de liaison du noyau

4-2-1. Défaut de masse du noyau

Expérimentalement, on a constaté que la masse du noyau atomique est inférieure à la somme des masses des nucléons qui le constituent. Dans le cas d'un noyau, en notant m_p la masse du proton et m_n la masse du neutron, on peut écrire: $m_{noyau} < Z.m_p + (A - Z).m_n$. On pose:

$\Delta m = Zm_p + (A-Z) m_n - m_{noyau}$ Δm: défaut de masse du noyau

On remarquera que $\Delta m > 0$.

<u>Exemple:</u> Dans le cas du noyau d'hélium, $\Delta m = 2.m_p + 2.m_n - m(\text{He})$.

4-2-2. Énergie de liaison du noyau

Définition: On appelle énergie de liaison d'un noyau (notée E_l) l'énergie que doit fournir le milieu extérieur pour séparer ce noyau au repos en ses nucléons libres au repos.

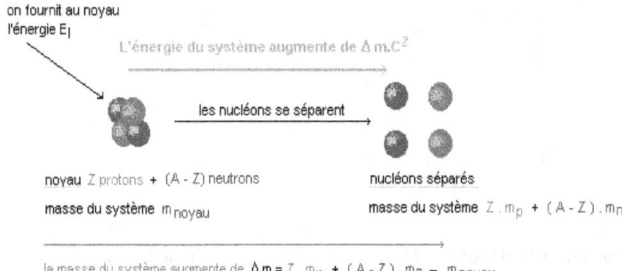

on fournit au noyau l'énergie E_l

L'énergie du système augmente de $\Delta m.c^2$

les nucléons se séparent

noyau Z protons + $(A - Z)$ neutrons
masse du système m_{noyau}

nucléons séparés
masse du système $Z.m_p + (A - Z).m_n$

la masse du système augmente de $\Delta m = Z.m_p + (A - Z).m_n - m_{noyau}$

Lorsqu'on brise le noyau, sa masse augmente de Δm et son énergie de $\Delta m.c^2$. On en déduit que l'énergie de liaison d'un noyau a pour expression: $El = \Delta m\ c^2$

E_l: énergie de liaison du noyau (en Mev)ou (J)
Δm: défaut de masse du noyau (en u ou kg)
c: célérité de la lumière dans le vide (en $m.s^{-1}$)

1u correspond à 931,5 MeV/c^2

Remarque: Inversement, lorsque le noyau se forme à partir de ses nucléons libres, le milieu extérieur reçoit l'énergie $E=|\Delta m|.c^2$ (la masse du système diminue et $\Delta m<0$).

4-1- 3. Énergie de liaison par nucléon

Définition: L'énergie de liaison par nucléon d'un noyau est le quotient de son énergie de liaison par le nombre de ses nucléons. On la note $E_A = El/A$

E_A: énergie de liaison par nucléon (en Mev/nucléon)
E_l: énergie de liaison du noyau (en Mev)
A: nombre de nucléons du noyau

Remarque: E_A permet de comparer la stabilité des noyaux entre eux. Les noyaux dont l'énergie de liaison par nucléon est la plus grande sont les plus stables.

4-1- 4. Courbe d'Aston

La courbe d'Aston est la courbe $-E_A = f(A)$. Cette courbe permet de visualiser facilement les noyaux les plus stable puisque ceux-ci se trouvent au bas du graphe.

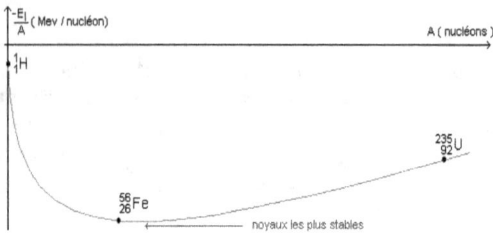

3 Fission et fusion nucléaire

5-1. Définition fission:

Une réaction nucléaire est dite provoquée lorsqu'un noyau cible est frappé par un noyau projectile et donne naissance à de nouveaux noyaux.

5-2. La fission nucléaire: réaction en chaîne

Définition: La fission est une réaction nucléaire provoquée au cours de laquelle un noyau lourd "fissible" donne naissance à deux noyaux plus légers.

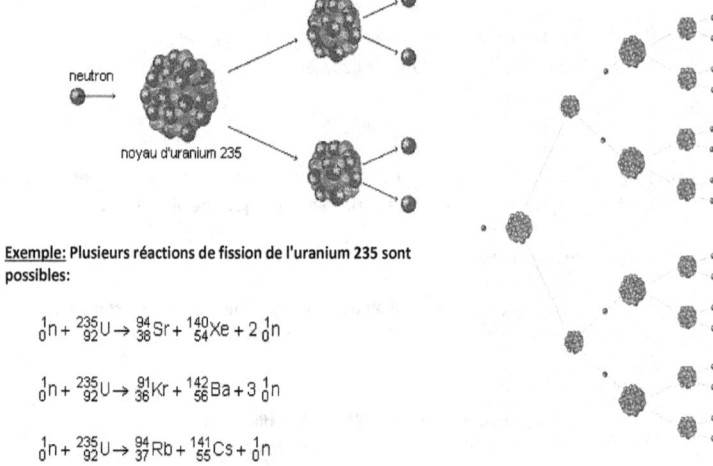

Exemple: Plusieurs réactions de fission de l'uranium 235 sont possibles:

$$_{0}^{1}n + _{92}^{235}U \rightarrow _{38}^{94}Sr + _{54}^{140}Xe + 2\,_{0}^{1}n$$

$$_{0}^{1}n + _{92}^{235}U \rightarrow _{36}^{91}Kr + _{56}^{142}Ba + 3\,_{0}^{1}n$$

$$_{0}^{1}n + _{92}^{235}U \rightarrow _{37}^{94}Rb + _{55}^{141}Cs + _{0}^{1}n$$

Remarque: Les neutrons émis lors de la fission peuvent à leur tour provoquer la fission d'autres noyaux. Si le nombre de neutrons émis lors de chaque fission est supérieur à 1, il peut se produire une réaction en chaîne qui devient rapidement incontrôlable (principe de la bombe à fission). Dans les centrales nucléaires, la réaction en chaîne est contrôlée par des barres qui absorbent une partie du flux de neutrons.

5-3. La fusion nucléaire

<u>Définition:</u> La fusion nucléaire est une réaction au cours de laquelle deux noyaux légers s'unissent pour former un noyau plus lourd.

Pour que la fusion soit possible, les deux noyaux doivent posséder une grande énergie cinétique de façon à vaincre les forces de répulsion électriques. Pour cela le milieu doit être porté à très haute température et se trouve alors sous forme de plasma. L'énergie libérée au cours d'une fusion est considérable. Ce sont des réactions de fusion qui produisent l'énergie des étoiles. Dans la bombe thermonucléaire (appelée bombe H), la fusion nucléaire est incontrôlée et explosive La très haute température nécessaire au déclenchement de la réaction est obtenue grâce à une bombe à fission (bombe A) portant le nom d' "allumette". Ce type de réaction présenterait un grand intérêt pour la production d'énergie sur Terre, mais malheureusement, on ne sait pour l'instant pas la contrôler pour produire de l'électricité.

<u>Exemple:</u>

$${}_1^2H + {}_1^2H \rightarrow {}_1^3H + {}_1^1H$$

6. Bilan d'énergie

6-1. Cas des réactions nucléaires spontanées

Si la réaction se produit avec perte de masse, le milieu extérieur reçoit de l'énergie (généralement sous forme d'énergie cinétique des particules émises).

Dans le cas d'une émission α par exemple: ${}_Z^A X \longrightarrow {}_{Z-2}^{A-4}X + {}_2^4He$, l'énergie fournie au milieu extérieur est:

$\Delta E = \Delta m \, c^2$

$\Delta E = (m({}_{Z-2}^{A-4}X) + m({}_2^4He) - m_Z^A X) c^2$

Ex :désintégration β^- du cobalt 60

$${}_{27}^{60}Co --- {}_{28}^{60}Ni + {}_{-1}^0 e$$

On marquera que $\Delta m < 0$. La masse du système diminue et le système fournit de l'énergie au milieu extérieur. Cette énergie s'écrit:

$E = |\Delta m|.c^2 \qquad \Rightarrow \qquad E = 3,05.10^{-3} \times 1,6749.10^{-27} \times (3.10^8)^2$

$E = 4,60.10^{-13}J = E = 2,87.10^6 eV$
$E = 2,87 MeV$

6-2. Cas des réactions de fission

Nous traiterons ce paragraphe sur un exemple, la fission de l'uranium 235.

$$^{235}_{92}U \dashrightarrow ^{94}_{38}Sr + ^{140}_{54}Xe + 2\ ^{1}_{0}n\ ;\quad m\left(^{140}_{54}Xe\right) = 139,8920\ u$$

$$\Delta m = m\left(^{94}_{38}Sr\right) + m\left(^{140}_{54}Xe\right) + 2\ m_n - m\left(^{235}_{92}U\right)$$

$m\left(^{94}_{38}Sr\right) = 93,8945\ u$

$m\left(^{140}_{54}Xe\right) = 139,8920\ u$

$m\left(^{235}_{92}U\right) = 234,9935\ u$

$\Delta m = 93,8945 + 139,8920 + 1,0087 - 234,9935$

$\Delta m = -0,1983\,u$

On remarquera que $\Delta m < 0$. La masse du système diminue et le système fournit de l'énergie au milieu extérieur. Cette énergie s'écrit:

$$E = |\Delta m|.c^2 \Rightarrow E = 0,1983 \times 1,6749.10^{-27} \times (3.10^8)^2$$

$$\Rightarrow E = 2,99.10^{-11}\,J$$

$$\Rightarrow E = 186,8\,MeV$$

6-3. Cas des réactions de fusion

$$^{3}_{2}He + ^{3}_{2}He \dashrightarrow ^{4}_{2}He + 2\ ^{1}_{1}p$$

Masses des particules $\quad m\left(^{3}_{2}He\right) = 3,0149\,u;\quad m\left(^{4}_{2}He\right) = 4,0015\,u;\quad m_p = 1,0073\,u.$

$\Delta m = m\left(^{4}_{2}He\right) + 2.m_p - 2.m\left(^{3}_{2}He\right) \Rightarrow \Delta m = 4,0015 + 2 \times 1,0073 - 2 \times 3,0149$

$$\Rightarrow \Delta m = -0\ 0137\,u$$

On remarquera que $\Delta m < 0$. La masse du système diminue et le système fournit de l'énergie au milieu extérieur. Cette énergie s'écrit: $E = 0,0137 \times 1,6749.10^{-27} \times (3.10^8)^2 = 2,07.10^{-12}\,J = 12,9\,MeV$

QCM de Radioactivité

Q 1

La demi-vie de l'iode 131 , utilisée en médecine est : $t_{1/2}$= 8,1 jours. Calculez la constante radio-active.

Données : iode 131 : $^{131}_{53}I$, N_A = 6,02.10^{23} mol^{-1}

A) 9,9 10^{-7} s^{-1} B) 8,8.10^{-7} s^{-1} C) 9,9.10^{-8} s^{-1}

D) 9,9.10^{-6} s^{-1} E) 9,9.10^{-5} s^{-1}

Q 2

Quelle est l'activité A_0 (en Bq) de 1,0 g de l'iode 131, λ= 9,9.10^{-7} s^{-1}

A 6.10^{-9} B 6.10^{9} C 6.10^{12} D 5.10^{15} E 9,9.10^{-6}

Q3

Type de radioactivité étudiée $\beta^{+,}$ demi-vie, $t_{1/2}$ =8h

On dispose d'un échantillon d'Astate 210 de masse m= 105g

Données : M (astate 210)= 210g/mol

N_A= 6,010^{23} mol^{-1}

Quelle est la masse restant au bout d'une demi-journée ?

A) 18,5g   B) 37g   c) 43g   D) 22, 5 g   E) 26g

Q 4

Le césium a une demi-vie de 30 ans

Quelle serait la durée correspondant à la disparition de 99% de césium

A) 199 ans   B) 100 ans   c) 50 ans   D) 30 ans   E) 1.5ans

Q5

L'uranium 238 (z=92) est radioactif α

Le noyau fils est radioactif β^- l'uranium après x désintégrations α et y désintégrations β^- andent à un noyau stable, le plomb 206 (z = 82)

Quel est le bon couple ? (x ;y)

A) (7 ;7)   B (8 ;6)   c) (9 ;7)   D) (6 ;6)   E) (6 ;4)

Q6

Un radio-élément dans demi-vie t ½ = 15 secondes a une activité initiale de Ao= 3 .10^{8} Bq. Quelle est l'activité à la date t= 45s ?

A) 5,25.10^{7} Bq   B) 3,75.10^{8} Bq   C) 5,25.10^{9} Bq   D) 9,75.10^{7} Bq   E) 3,75.10^{7} Bq

Q7

Vrai ou faux

A Une désintégration radioactive est une réaction chimique spontanée et aléatoire

B L'activité d'un échantillon radioactif est le nombre de désintégration par minute, elle s'exprime en Becquerel dont le symbole est Bq

C L'uranium 238 subit une désintégration de type α le noyau fils est du thorium 234

Q 8

L'activité du carbone 14 dans des bois carbonisés lors d'une éruption volcanique est A=4,8 désintégrations par minute. Dans un bois vivant, cette activité est Ao= 13.5 désintégrations par minute en moyenne. La demi-vie du carbone 14 vaut 5600 ans.

Quelle est la date de l'éruption volcanique :

A) 8400 ans   B) 15660 ans   C) 5300 ans   D) 86000 ans   E) 760 ans

Q 9

Pour traiter un dysfonctionnement de la thyroïde, on injecte à un patient une quantité d'iode 131 correspondant à une activité égale à 10^8 Bq . La demi-vie de ce radio-élément est de 8 jours . Combien d'atomes ont été injectés ?

Q10

On donne la réaction nucléaire pouvant se produire lorsqu'un neutron lent entre en collision avec un atome d'uranium 235.

$$^{235}_{92}U + ^{1}_{0}n \rightarrow ^{90}_{36}Kr + ^{142}_{x}Ba + y\,^{1}_{0}n$$

Q10-1) De quel type de réaction s'agit il ?

Calculer x et y après avoir énoncé les lois que vous utilisez.

Q10 2) on donne 1 e v = 1.6 10^{19}J

c= 3.00 10^8 ms^{-1}

1u = 1.66.10^{-27} kg

m(U)= 235.044 u

n(Kr) = 89.920 u

m(Ba) = 141,916 u

m$_n$= 1.009 u ;1 eV est l'énergie que la particule reprit pour aller de A à B.

$$u = -1\,V$$
$$et\ q = -e$$

$1\ eV = 1,6.\,10^{-19}$ J Calculez en MeV l'énergie libérée par cette réaction

Q10- 3-   Dans le réacteur nucléaire où se produisent les réactions, l'énergie moyenne libérée par noyau est de 185 MeV.

Calculer en Joule, l'énergie moyenne libérée par un kg d'uranium 235

Le réacteur a une puissance de 100MW

Calculer le temps nécessaire pour consommer 1 kg d'uranium 235

Q10-4- Le Krypton 90 est lui –même un noyau radioactif qui conduit à un noyau stable, le zirconium $^{90}_{40}Zr$ après une série de réactions toutes de même type.

-De quel type s'agit-il ?

Q10-5- Un des sous-produits que l'on trouve dans le réacteur est l'iode $^{131}_{53}I$. Il se désintègre en donnant du xénon 131.

Que peut-on dire sur le type de réaction subie par l'iode 131 ?

Au bout de 81 jours, l'activité radioactive de l'iode est divisée par 1000.

Rappelez la loi de décroissance radioactive.

En déduire la demi-vie de l'iode 131.

Q11 : On effectue une datation au carbone 14 sur un fragment d'os trouvé lors de fouilles. On constate que l'activité radioactive dans l'échantillon d'os issu des fouilles est environ 8 fois plus faible que dans un échantillon d'os actuel. La demi-vie du carbone 14 est $t_{1/2}$ = 5730ans.

Calculer l'âge (en années) du fragment d'os.

A : 11460   b : 17190   c : 22920   d : 23520   e : 24560   f : 45840

Q12 : L'énergie dégagée par le Soleil s'explique par une succession de réactions nucléaires.
On peut résumer globalement cet ensemble de réactions par le cycle de Bethe :

$$4\ _{1}^{1}H \rightarrow\ _{2}^{4}He + 2\ _{1}^{0}e$$

La puissance rayonnée par le Soleil est de l'ordre de 4.10^{26} W.
Donnée: Célérité de la lumière dans le vide : $c = 3.10^{8}$ m.s^{-1}
Déterminer la perte de masse (en tonnes) du Soleil par seconde.
A : $4,4.10^{6}$ b : $4,4.10^{9}$ c : $4,4.10^{12}$ d : $4,4.10^{13}$ e : $4,4.10^{13}$ f : $4,4.10^{14}$

Q13
L'uranium 238 est radioactif, ses produits de désintégration aussi et l'ensemble conduit à
l'isotope stable   Pb du plomb.
Au cours de cette filiation, les désintégrations successives sont du type α et β^{-}
On peut assimiler l'ensemble à une réaction unique : $_{92}^{238}U \rightarrow\ _{82}^{206}Pb + x\alpha + y\beta^{-}$
  (x et y : constantes entières et positives)
a : 6   b : 8   c : 10   d : 12   e : 14   f : aucune

Q14   Combien de réponse exacte ?Parmi les affirmations suivantes, combien y en a-t-il
d'exactes ?
-   a) La masse d'un noyau est toujours inférieure à la somme des masses de ses
    constituants pris isolément et au repos.
-   b) Le défaut de masse d'un noyau : $\Delta m = Z.m_{proton} + (A - Z).m_{neutron} - m_{noyau}$ est
    toujours positif.
-   c) L'énergie de liaison est l'énergie qu'il faut fournir à un noyau au repos pour le
    dissocier en ses nucléons isolés et au repos.
-   d) Un noyau est d'autant plus stable que son énergie de liaison par nucléon est
    grande.
-   e) La fission et la fusion sont des réactions nucléaires spontanées qui libèrent de
    l'énergie.
-   a : 1   b : 2   c : 3   d : 4   e : 5   f : aucune affirmation exacte

Q15 Cochez la bonne réponse :

Données : $h = 6.62.10^{-34}$ J.s ; $c = 3.10^{8}$ m/s ; 1 e $V = 1,6.10^{-19}$ J ; 1 u = 931,5 Me V/c^{2}
$m_{n} = 1,009$ u
1u = 931,5 MeV = on divise par $1,6\ 10^{-13}$ et par $(3\ 10^{8})^{2}$

1)   L'énergie de liaison d'un noyau de xénon 139, de symbole $_{54}^{139}Xe$ et de masse
$2,306.10^{-25}$ Kg, est égale à
a)☐ $1,88.10^{-11}$ J

b)☐ $-1,88.10^{-10}$ J
c)☐ $1,2.10^3$ MeV
d)☐ $-1,2.10^3$ MeV
e)☐ $-1,8.10^3$ MeV

2) La raie optique de l'hydrogène de longueur d'onde 486,1 nm correspond à l'émission d'un photon d'énergie :
a)☐ 3,55 eV
b)☐ 0,18 J
c)☐ $4,1.10^{-19}$ eV
d)☐ $4,1.10^{-19}$ J
e)☐ $-1,1.10^3$ MeV

3) La désexcitation d'un noyau d'hélium l'état excité d'énergie E_2= -21,4 eV vers l'état fondamental d'énergie E_1= -24,6 eV s'accompagne de l'émission d'un photon de longueur d'onde égale à :

a)☐ $7,73.10^{-14}$ m
b)☐ $3,88.10^{-7}$ m
c)☐ 3,2 m
d)☐ $6,21.10^{26}$ m
e)☐ $7,21.10^{-26}$ m

4) Un atome d'hydrogène se trouvant dans son état fondamental d'énergie égale à -13,6 eV :
a)☐ peut émettre des photons d'énergie au moins égale à 13,6 eV
b)☐ peut absorber des photons d'énergie au moins égale à 13,6 eV
c) ☐ peut absorber des photons de n'importe quelle énergie
d)☐ ne peut absorber que certains photons d'énergie particulières

5) Le noyau $_3^7Li$ a une énergie de liaison par nucléon égale à 5,84 MeV (m_n=1,0087 u et m_p= 1,0073 u)
Le défaut de masse de ce noyau est égal à :
a)☐ $12,67.10^{-28}$ Kg
b)☐ $134,86.10^{-3}$ u
c)☐ 12,67 Me V/ c^2
d)☐ 38,36 MeV/c^2
e)☐ 78,37MeV/c^2

6) En déduire la masse de ce noyau en unité de masse atomique :
a)☐ m= 7,015u
b)☐ m=12,67u
c)☐ $m=12,67.10^{-3}$ u
d)☐ $m=12,67.10^{-27}$ u

7) Un ensemble de noyaux radioactifs a une demi-vie égale à 10 ans. Au bout de 30 ans, le pourcentage de noyaux radioactifs restants par rapport au nombre initial est de :

a)☐ 33.3%

b)☐ 33.3%

c)☐ 12.5%

d)☐ 37%

e)☐ autre

9) La fission nucléaire concerne:

a)☐ Tous les noyaux

b)☐ Les noyaux situés à gauche du minimum de courbe d'Aston

c)☐ Les noyaux situés à droite du minimum de la courbe d'Aston

d)☐ Uniquement les noyaux radioactifs

Q16 On injecte 5,0 mL d'une solution contenant uns substance radioactive d'activité A_0=185kBq dans le corps d'un chien endormi.

Au bout d'une durée de 20 heures après l'injection, on effectue un prélèvement de 25mL de sang de l'animal.

La mesure de l'activité de ce prélèvement donne la valeur A_p = 1,14 kBq

On suppose que la substance radioactive s'est diffusée de manière homogène dans tout le sang de l'animal.

Donnée : demi-vie de la substance radioactive t $_{1/2}$ = 15 heures.

Calculer le volume total (en L) de sang dans le corps du chien.

A : 1,0   b : 1,2   c : 1,4   d : 1,6   e : 1,8   f : aucune réponse exacte

Q17 - On considère le noyau de lithium   Li dont la masse vaut m_{Li} = 7,0144 u.

Données :

Unité de masse atomique : $1u = 1,66054.10^{-27}$ kg masse du neutron : m_n = 1,00866u

masse du proton : m_p = 1,00728 u

Célérité de la lumière dans le vide : $c = 2,9979.10^8$ m.s^{-1} électronvolt : $l eV = 1,6022.10^{-19}$ J

Parmi les affirmations suivantes relatives à ce noyau, combien y en a-t il d'exactes ?

- La masse de ce noyau est supérieur à la somme des masses des nucléons qui le constituent.

- Le défaut de masse de ce noyau est égal à $6,9876.10^{-28}$ kg.

- Le défaut de masse peut s'exprimer en MeV/c^2.

- L'énergie de liaison par nucléon de ce noyau est égale à 5,60 Mev.nucléon^{-1}.

- Le noyau de lithium peut s'unir avec un autre noyau léger pour former un noyau plus

lourd : il s'agit de la fission nucléaire.

- A : 1   b : 2   c : 3   d : 4   e : 5 f: aucune affirmation exacte.

1) On considère un noyau de polonium :

Données : masse d'un neutron : m_n = 1,0087 u, masse du noyau de polonium : m = 210,0482u

Masse d'un proton : m_p = 1,0073 u

Unité atomique : $l u = 1,6604.10^{-27}$ Kg

$1 e V = 1,6022.10^{-19}$ J   célérité de la lumière dans le vide : $c = 2,9979.10^8$ m.s^{-1}

Calculer l'énergie de liaison par nucléon (en Mev/nucléon) de ce noyau.

a : 6,8 b : 7,1 c : 7,4 d : 7,7 e : 8,2 f : aucune réponse exacte

 Q19: La fission d'un noyau d'uranium 235 libère en moyenne une énergie de 200 MeV. Un réacteur nucléaire fournit une puissance électrique de 1300 MW. Le rendement de la transformation de l'énergie nucléaire en énergie électrique est de 30%.
Donnée: masse d'un atome d'uranium 235 : m = 235,0438 u

Calculer la consommation annuelle (en tonnes) d'uranium 235 du réacteur.

a : -0,7   b : 1,2   c : 1,4   d : 1,7   e : 1,9   f : aucune réponse exacte.
$\ln 2 \approx 0,7$; $\ln 3 \approx 1,1$; $4/7 \approx 0,6$

Q 20

A une fission nucléaire est une réaction nucléaire spontanée.
B Au cours d'une réaction nucléaire il y a conservation de la masse
C lors d'une fission nucléaire les neutrons produits peuvent provoquer une réaction en chaîne

D la masse du noyau de tritium $_1^3H$ est inférieure à la somme des masses d'un proton et de deux neutrons
L'uranium peut subir une fission nucléaire d'équation :
$_{92}^{235}U + _0^1n$ --- $_{36}^{93}Kr + _{56}^{140}Ba + 3\,_0^1n$
E la masse de $_{36}^{93}Kr + _{56}^{140}Ba + 2\,_0^1n$ sera supérieure alors à la masse de $_{92}^{235}U$

QCM 1

On a $\lambda = \ln 2/ t_{1/2}$ $= \dfrac{Ln2}{8,1 \cdot 3600 \cdot 24}$ $= 9,9.10^{-7}$ s^{-1}
Réponse A

QCM 2 On a N = $\dfrac{m}{M} N_a$

N nb de radionucléides
 Na nb Avogadro
N = 1/ 131 .6,02.10^{23}
Et A= λN = 9,9 10^{-7} x 6,02. 10^{23} /131
A= 5 .10^{15} Bq

QCM3 On a : $t_{1/2}$= 8h

Et la relation $N(t) = N_0/ (2^n)$
N(t) : nb de radionucléides
N_0 = 105/210 N_A = 1/2 N_A
$t_{1/2}$= 8h
 n= nb de période pour 12h
$m(t) = m_0\, e^{-\lambda t}$
$m(t) = m_0\, e^{\frac{-12\ln 2}{8}}$
m(t)= 105x 0.35
m(t)= 37g

QCM 4

on veut $N(t)/N_0 = 0.01$

$N(t) = N_0/2^n$

$\frac{N(t)}{N_0} = \frac{1}{2^n} = 0.01$;

$N(t) = N_0 e^{-\lambda t}$

$N(t) = 0.01\, N_0$

$0.01\, N_0 = N_0\, e^{-\lambda t}$

$Ln\, 0.01 = Ln\, e^{-\lambda t} = -\lambda t$

$t = \frac{-\ln 0.01}{\lambda}$

$t = -t_{1/2}\,(\ln 0.01/\ln 2)$

$t = 199$ ans

QCM 5

Réponse B

QCM 6

$$\begin{cases} \dfrac{238 - 206}{4} = x \\ 92 = 2x - y + 82 \qquad x = 8;\ y = 6 \end{cases}$$

$N(t) = N_0/2^n \qquad N_0 = A_0/\lambda \qquad$ et $\qquad \lambda = \ln 2/(t_{1/2})$

$N_0 = (A_0\, t_{1/2})/\ln 2$

$N_0 = 3\ 10^8 \times 15/\ln 2 = 6{,}5.10^9$ noyaux

$N(t) = N_0/2^3 = 6{,}5\ 10^9/8 = 8{,}15.\,10^8$ noyaux

$A(t) = A_0/8 = A_0/2^n$

$A(t) = 3\ 10^8/2^3 = 3{,}75\ 10^7$

Réponse E

QCM7

FAUX, FAUX, VRAI

QCM 8

$A = A_0 e^{-\lambda t}$

$A = A_0\, e^{\frac{\ln 2}{t_{1/2}} t}$

$\frac{A}{A_0} = e^{-\lambda t}$

$t = -Ln\, \frac{A\,.5600}{A_0\, \ln 2} = -\ln \frac{A}{A_0} \frac{t_{1/2}}{\ln 2}$

$t = 8400$ ans

Réponse A

QCM 9

$$N = \frac{8.3600.24\,10000000}{\ln 2} = \frac{A}{\lambda} = \frac{A\,t_{1/2}}{\ln 2}$$

Corrigé Q CM10-1:

Il s'agit de la fission et les lois sont celles de Soddy.

On a

92 + 0 = 36 + x + y x o   x=56

235 + 1 = 90 + 142 + y   y=4

Donc on a :

$${}^{235}_{92}U + {}^{1}_{0}n + \rightarrow {}^{90}_{36}Kr + {}^{142}_{56}Ba + 4\,{}^{1}_{0}n$$

Correction QCM10-2

$$E = \Delta mc^2$$
$$\Delta m = mKr + mBa + 3\,mn - mU$$
$$\Delta m = 89,920\,u + 141,916\,u + 3 \times 1,009u - 235,044\,u \text{ avec } 1\,u \rightarrow 931,5\,Mev\,/c^2$$

(1 unité de masse à 931,5 Mev)

Δm= -0,181 u   E = 168,80 MeV

Correction QCM10-3

N= 10^3 N_A/(235)

Le nombre de noyau est 2,56.10^{24} noyaux .

$$E = P \times t$$

L'énergie = puissance x temps

$$E = 100.10^6 \times t$$

t= $185 \times 1,6.10^{-13} \times 2,56 \times 10^{24}$ / 10^8

$$t = 757 \times \frac{10^{11}}{10^8}$$

t = 757.10^3s

$$t = 210h$$

Correction QCM10-4

${}^{90}_{40}Kr$ ------ ${}^{90}_{40}Zr$ + 4 e$^-$

Il s'agit de la radioactivité β^-

Correction QCM10-5

$${}^{131}_{53}I \rightarrow {}^{131}_{54}Xe + {}^{0}_{-1}e$$

C'est de la radioactivité β^-

$$\frac{A}{A_0} = \frac{1}{1000} = e^{-\frac{ln2}{t1/2}t}$$

$$t_{1/2} = \frac{81\ln 2}{3\ln 10} = 8,1 \text{ jours}$$

Correction QCM11

$A(t) = Aoe^{-\lambda t}$

$A(t) = \dfrac{Ao}{8}$

$A_0/8 = A_0 \, e^{-ln2/t1/2 \, t}$

$-\ln 8 = -\dfrac{\ln 2}{t1/2} t$

$t = \ln 8/\ln 2 \; . \; 5730$

$t = 17190$ ans

Réponse b : 17190 ans

Correction QCM12

Soit la réaction

$$4 \; {}^{1}_{1}H \;\; \rightarrow \;\; {}^{4}_{2}He + 2 \; {}^{0}_{1}e$$

$$E = \Delta m c^2$$
$$\Delta m \; perte \; de \; masse$$
$$\Delta m = \frac{E}{C^2} = \frac{4.10^{26}}{(3.10^8)^2}$$
$$\Delta m = \frac{4}{9} 10^{10}$$

$\Delta m = 0,44.10^{10}Kg \;\; \Delta m = 4,4.10^6 t$

Réponse A : $4,4 \, 10^6 \, t$

QCM13

$92 = 82 + 2x - y$	$x = 8$	$x + y = 14$
$238 = 206 + 4x$	$y = 6$	

Réponse E

QCM14

La masse d'un noyau est inférieure à :	vraie
Le défaut de masse positif	vraie
L'énergie de liaison	vraie
Un noyau est d'autant plus stable	vraie

230

La fusion et la fission   faux

4 réponses justes réponse d

Correction QCM15
1) $E_l= \Delta mc^2$
$\Delta m=(54m_p +(139-54)m_n)- m\ ^{139}_{54}Xe$
        $=2,0148.10^{-27}$kg
E_l $=1,81.10^{-10}$J
E_l $=1,2.10^3$ MeV
Réponse : $1,2.10^3$ MeV   Réponse c

2) $E=hc/\lambda =6,62.10^{-34}$. 3 10^8/ 486,1 10^{-9}
$E= 4,1.10^{-19}$J   Réponse b

3) $\Delta E = h\frac{c}{\lambda}$ $\lambda= hc/\Delta E=3,87\ 10^{-7}$ m réponse b
4) ne peut absorber que certains photons d'énergie particulière. Réponse c
5) $El= 5,84 \times 7= 38,36$ MeV
$\Delta m= 38,86$ Mev/c^2 Réponse d

6) $\Delta m= 38,86$ Mev/c^2 et $1u= 931,5$ MeV/c^2

donc $\Delta m= 38,36$ Mev/$c^2 = 4,11.10^{-2}$u
$\Delta m= 3mp + 4mn - m_U$
$m_U= 3mp + 4mn - m_U = 7,015$ u
Réponse a
Correction QCM16
$A(t)= A_0\ e^{-ln2.t/t1/2}$

$$A(20h) = 185e^{-Ln2\times\frac{20}{15}} = 73,4\ kBq$$

$$73,4\ kBq\ dispersés\ dans\ un\ volume\ V\ de\ sang$$
$$1,14\ k\ Bq\ dispersés\ dans\ un\ volume\ v = 25ml$$
$d'où\ V = 25 \times \frac{73,4}{1,14} = 1,6.10^3 ml$ =1,6 l
Réponse d

Correction QCM17

a)   Faux c'est le contraire

b) $\Delta m = 3mp + 4\ mn - m$ noyau

$\Delta m = (3 \times 1,00\,728 + 4 \times 1,00866 - 7,0144) \times 1,66054\,10^{-27}$

$\qquad\qquad\qquad = 6,9876.10^{-29}$ kg

Réponse fausse

c)   Vrai car 1u = 9315 MeV / c^2

d) $E_l = \Delta mc^2 = 6,2842.10^{-12}$ J $= 39,22\ Mev$

$El\ nud\acute{e}on = 5,60 Mev/nud\acute{e}on$

Réponse d   Vraie

e)   Faux c'est la fusion nucléaire

f)   Réponse B   2 réponses exactes

Corrigé QCM18 : $E = ((210 - 84)\ mn + 84\ mp - mp)\ c^2$

$E_l = (126mn + 84\ mp - mp)\ c^2$

$E_l = 1,6612 \times 931,5$

AN $E_l = 7,4$ Mev / nucléons

Corrigé Q19 : La consommation annuelle d'uranium est   m = N x m $^{235}_{92}U$

$$N = \frac{1}{\eta}\ \frac{Pe \times t}{Q} \qquad m = \frac{Pe \times t}{\eta\ Q}\ m\,^{235}_{92}u$$

$m = 1,67\ tonnes$

Réponse d

Chapitre 6 :
Thermodynamique :
transfert thermique

1- Premier Principe

1-1 Description d'un système en équilibre macroscopique :

Rappels et définitions

Quantité de matière n $n=N/N_A$

N le nombre d'entités élémentaires (molécules- ions) contenue dans cette quantité, N_A la constante d'Avogadro : $6,022 \; 10^{23} \; mol^{-1}$

L'unité de la quantité de matière est la mole

$n=m/M$, M est la masse molaire

Ex : calculer la masse molaire du benzène C_6H_6

$M=6 \times 12 + 6 \times 1 = 72+6 = 78 \; g/mol$

Le volume molaire des gaz

Vm est le volume occupé par une mole de cette substance

$Vm=M/\rho$

ρ : Est la masse volumique

La loi d'Avogadro sur les gaz indique que des volumes égaux de gaz différents se trouvant dans des conditions identiques de température et de pression contiennent la même quantité de gaz.

$$PV=nRT$$

Mélange de gaz parfaits : un gaz est formé d'atomes ou de molécules suffisamment éloignées les uns des autres pour que les forces d'interaction soient suffisamment faibles

$Pi=Xi \; P$

Avec $Xi= ni/N$

$N=\Sigma ni$, Xi représente la fraction molaire du gaz i, N le nombre total de moles

$P=\Sigma Pi$

$P=F/S$ pression en pascal (Pa)

Le pascal est l'unité de pression du système international

Le bar : 1 bar= 10^5 Pa

L'atmosphère 1 atm=101 325 Pa

1-2-Qu'est ce qu'un système ?

En thermodynamique, l'objet étudié est appelé système par rapport à son environnement encore appelé extérieur avec lequel le système peut échanger de la matière ou de l'énergie.

Un système peut être ouvert ; il peut échanger avec l'extérieur de la matière et de l'énergie (chaleur, travail mécanique, électrique, rayonnement)

Exemple : un feu de bois

Un système peut être fermé : il peut échanger avec l'extérieur de l'énergie mais pas de matière

Exemple : le circuit du fluide du frigo

Un système peut être isolé

Il n'échange rien, ni matière, ni énergie avec l'extérieur

Le contenu d'une thermos.

Exemple :

Un récepteur télé ? Une marmite sous pression ? du café chaud ? Précisez la nature du système et la nature des échanges –matière ou énergie- avec l'extérieur

1-3-Variable d'état et équilibre d'un système

L'état d'équilibre d'un système est défini par l'ensemble des valeurs d'un certain nombre de variables macroscopiques, appelées variables d'état. Les variables peuvent être la température, la pression, les concentrations, les pressions partielles, le volume, la masse, la quantité de matière. Certaines de ces variables peuvent être reliées entre elles par une relation appelée équation d'état. PV=nRT

Un système peut être en équilibre thermique, sa température ne varie plus au cours du temps ; en équilibre mécanique, sa pression ne varie plus au cours du temps, en équilibre chimique, sa composition ne varie plus au cours du temps.

Il y a des variables intensives comme la pression, la température, la masse volumique, la concentration. Si on mélange de l'eau à 20°C et de l'eau à 50°C on n'obtient pas de l'eau à 70°C !!! la masse volumique du benzène est la même qu'il s'agisse de 0,1 mole ou de 10 moles.

Il y a des variables extensives, elles sont additives lors de la réunion des deux systèmes, ainsi la masse d'un système obtenu à partir de la masse des deux systèmes initiaux.

1-4 Origine des températures

La température de -273,15°C est l'origine des températures thermodynamiques. On passe à la température thermodynamique en ajoutant 273,15°C à la température exprimée en °C. l'unité de cette échelle est le kelvin. En utilisant la loi du gaz parfait, la température doit être exprimée en kelvins.

Exercices sur cette partie

Exercice 1

Dans un cylindre on introduit 0,1 mole de diazote et 0,3 mole d'argon. Le mélange se trouve à une pression de 1 bar.

a) Calculez la valeur de la pression partielle de chacun des gaz.

b) On ajoute 4,4 g de CO_2. Quelles sont les pressions partielles des trois gaz, dans le cas où la pression totale n'a pas changé, dans le cas où le volume n'a pas varié.

Correction :

Les fractions molaires sont :

XN_2= 0,1 mol/(0,1+0,3)= 0,25

X Ar = 0,3/(0,1 + 0,3) = 0,75

Et les pressions partielles sont donc

PN_2= =1 bar x 0,25 = 0,25 bar

PAr= 1 bar x 0,75= 0,75 bar

Si la pression n'a pas changé on a :

XN_2= 0,1 mol/(0,1+0,3+0,1) = 0,2

X Ar = 0,3/(0,1 + 0,3 +0,1)= 0,6 et X CO_2= 0,2

Donc PO_2=0,2 bar et PN_2=0,2 bar et P Ar= 0,6 bar

Si le volume constant les fractions molaires sont les mêmes mais la pression totale a augmenté, puisque n a augmenté p=nRT /V elle vaut 1 bar x 0,5/0,4= 1,25 bar les pressions partielles valent alors PN_2=1,25 bar x 0,2 = 0,25 bar

pAr= 1,25 x0,6 =0,75 bar

PCO_2=1,25x 0,2= 0,25 bar

Exercice 2

Soit une enceinte de volume constant V=4l, contenant n moles de dioxygène.

a- La pression du gaz est égale à 1,5 10^5 Pa et la température vaut 37,5°C. Calculez la quantité de matière, puis le nombre de molécule de dioxygène.

b- Quel volume serait occupé par ce gaz dans les CNTP ?

c- Une fuite a permis qu'une partie du dioxygène s'échappe : la pression a été divisée par 3, la température n'a pas changé. Calculez la quantité de gaz restant.

d- Toujours après la fuite, on comprime le gaz, à l'aide d'un piston, de telle sorte que le volume soit divisé par 2 : déterminer la pression finale.

Exercice 3

On trouve qu'une masse de 0,896 g d'un composé gazeux ne contenant que de l'azote et de l'oxygène occupe un volume de 524 cm^3 à la pression de 730 mm de Hg et à la température de 28°C. Quelles sont la masse molaire et la formule chimique de ce composé ?

10^5 Pa=760 mm de Hg

Exercice 4

Un mélange de gaz est constitué de 0,2 g de H_2; 0,21g de N_2 et 0,51g de NH_3 sous la pression totale d'une atmosphère et à une température de 27°C.

Calculer :

1. les fractions molaires.

2. la pression partielle de chaque gaz.

3. le volume total.

Données : M(H) = 1g mol-1

Exercice 5 L'air ordinaire est un mélange gazeux qui contient des impuretés variables selon le lieu de prélèvement. On peut ainsi citer comme constituants toujours présents :

N_2 (78%) ; O_2(21%) ; Ar (0,94%) ; CO_2 (0,03%) ; H_2 (0,01%)

Ne (0,0012%) et He (0,0004%)

Entre parenthèses sont indiqués les pourcentages volumiques approximatifs dans l'air sec (sans vapeur d'eau). La proportion de vapeur d'eau est très variable (ordre de grandeur de 1%).

Calculer les masses de O_2 et de CO_2 contenues dans un litre d'air sec à 300K sous une atmosphère, d'après les pourcentages indiqués ci-dessus et en supposant que les gaz sont parfaits.

Exercice 6

Soit une masse de 80g de mélange gazeux d'azote et de méthane, formée de 31,14% en poids d'azote et occupant un volume de 0,995 litres à 150°C.

1. Calculer la pression totale du mélange gazeux.

2. Calculer les pressions partielles de chacun des gaz.

Exercice 3

Complétez le tableau

Espèce chimique	Nombre d'atomes	Nombre de molécules	Quantité de matière (mol)
Dihydrogène H_2			1,0
Eau H_2O			0,030
		$5,2\ 10^{25}$	
Alcool C_2H_6O			0,030
		$5,2\ 10^{25}$	

Exercice 4

Combien y a-t-il d'atomes de fer dans une mole d'atomes de fer ? dans 0,010 mole d'atomes de fer ?

Quelle quantité de matière correspond à 2 ,4 10^{24} atomes de fer ?

Combien y a t'-il d'atomes dans une mole de dioxygèneO$_2$? dans une mole d'eau H$_2$O ? Quelle quantité de matière correspond à 2,4 10^{24} molécules de dioxygène ?

1-5-Transformation d'un système

Une transformation est le passage du système d'un état dit initial à un étal final. Les transformations peuvent être adiabatiques : pas d'échange de chaleur, isotherme : pas de changement de température, isobare : pas de changement de pression, isochore : pas de changement de volume. Les transformations peuvent être spontanées ou non. On peut augmenter de 10 joules l'énergie d'un bloc de cuivre. Comment ?

Soit en l'élevant de 2 m, soit en lui communiquant une vitesse de 11 km.h^{-1}. Soit en élevant sa température grâce à une flamme ou un rayonnement.

2-Chaleur, énergie calorifique, énergie interne

2-1-Chaleur

La chaleur et la température sont deux notions différentes, ce n'est pas parce qu'un corps reçoit de la chaleur que sa température augmente, ce n'est pas parce qu'un nageur perd de la chaleur que sa température diminue.

La chaleur associée à l'énergie calorifique caractérise l'agitation thermique à l'échelle microscopique.

La transmission de chaleur s'effectue spontanément des zones de hautes températures vers les zones de basses température.

Il y a une équivalence entre chaleur et énergie car si on remue de l'eau avec une cuillère alors la température de l'eau va augmenter.

Lors d'un changement d'état on a : $Q = mL$

L étant la chaleur latente

En effet, lorsque l'on place un métal chaud dans un bain d'eau-glace, ce bain recevait une quantité de chaleur Q qui servait à faire fondre la glace et non à augmenter la température.

Pour un solide ou un liquide on a :

$Q = mC_m (Tf-Ti)$

Cm étant la capacité calorifique massique en J K^{-1} kg^{-1}

C= 4185 J kg^{-1}K^{-1} pour l'eau il faut 4185 J pour échauffer 1 litre d'eau de 1 K

$Q = nC_n (Tf-Ti)$

Cm étant la capacité calorifique molaire en J K^{-1} kg^{-1}

Exemple :

Dans une enceinte adiabatique, on place une masse m_1=100 g d'eau à la température de T_1=20°C et une masse de m_2=200 g d'eau à la température de 50°C. Calculer la température finale.

C_{eau} =4,18 10 3 Jkg^{-1} K^{-1}

$m1c_{eau} (T_f-T1)+m2c_{eau}(T_f-T_2)=0$

T_f=40°C

2-3-Comment la chaleur est-elle transférée ?

Un radiateur électrique transfère de l'énergie à l'air ambiant plus froid sous forme de chaleur. L a chaleur est un mode de transfert d'énergie.

Le soleil produit une grande quantité d'énergie dont une partie réchauffe la terre. Il y a transfert d'énergie sans contact : c'est le rayonnement.

Il existe trois sortes de modes de propagation de la chaleur : 1) le rayonnement, 2) la conduction, 3) la convection

Le rayonnement est le transfert d'énergie sans support de la matière mais grâce à des ondes. La conduction est la propagation de la chaleur de proche en proche dans les solides sans mouvement de matière. Les métaux sont de bons conducteurs thermiques. La convection est le transfert d'énergie grâce à des mouvements de fluides.

La convection est un mode de transfert qui implique un déplacement de matière dans le milieu, par opposition à la conduction thermique ou diffusion de la matière.

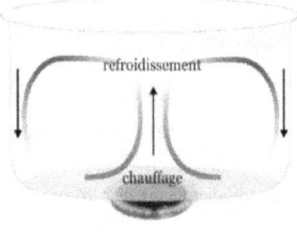

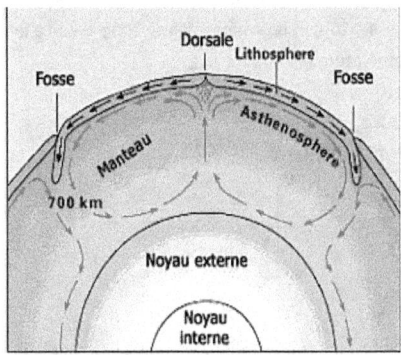

La convection naturelle est un phénomène de la mécanique des fluides, qui se produit lorsqu'une zone change de température et qu'elle se déplace alors verticalement sous l'effet de la poussée d'Archimède. Le changement de température d'un fluide influe en effet sur sa masse volumique, qui se trouve modifiée par rapport à la masse volumique du fluide environnant. De tels déplacements s'appellent des mouvements de convection. Ils sont à l'origine de certains phénomènes océanographiques (courants marins), météorologiques (orages), géologiques (remontées de magma) par exemple.

Ainsi, durant la cuisson des pâtes, l'eau se met en mouvement spontanément. Les groupes de particules de fluide proches du fond de la casserole sont chauffés, se dilatent donc deviennent moins denses (cf. masse volumique) et montent. Ceux de la surface de la casserole sont refroidis par le contact de la surface avec un milieu moins chaud, se contractent donc gagnent en densité et plongent. Le transfert thermique est alors plus efficace que dans le cas de la conduction thermique ou du transfert radiatif, qui sont les deux autres modes de transfert thermique.

2-4-Energie interne U

L'énergie peut être définie comme la somme de toutes les énergies cinétiques associées aux mouvements des particules, et de toutes les énergies potentielles associées à toutes les interactions au niveau des molécules, des atomes, des électrons, des noyaux.

Il existe énergie interne notée U, c'est une grandeur extensive puisque plus il y a de matière plus l'énergie est grande.

A l'équilibre thermique, l'énergie interne U :

- est une énergie exprimée en joule [J] ou [kcal]
- elle a une valeur bien définie connue à une constante près (non connue dans l'absolu)
- c'est une fonction d'état

L'énergie interne U caractérise le contenu ou niveau énergétique du système thermodynamique.

2-5-Le signe de la chaleur

En thermodynamique, la chaleur reçue par un système sera comptée positivement et une chaleur cédée sera comptée négativement.

Une transformation qui produit de l'énergie pouvant être cédée au milieu extérieur est exoénergétique ou exothermique si cette énergie est de la chaleur. Si elle consomme de l'énergie, empruntée de l'extérieur par le système, la transformation est endoénergétique ou endothermique si cette énergie est de la chaleur.

Exercice 1.

Calculez la quantité de chaleur Q nécessaire pour commencer à faire bouillir 1 L d'eau initialement à 10°C. On donne la valeur moyenne de la capacité calorifique massique de l'eau : $C \approx 1$ kcal·kg^{-1}K^{-1} et la masse volumique moyenne de l'eau $\mu \approx 1$ kg/dm^3

Rép : 90 kcal.

Exercice 2.

Une bouilloire électrique a pour puissance $P \approx 1$ kW lorsqu'elle est alimentée par la prise secteur (tension efficace de 230V).

On y place 1 L d'eau à 10°C. En combien de temps l'eau va bouillir ? (on suppose que toute la chaleur émise par la résistance électrique sert à chauffer l'eau). On rappelle que l'énergie Q développée par tout système qui développe pendant Δt une puissance P constante vaut Q = P·Δt.
Rép : 6 min 16 s.

Exercice 3 : Glaçons, eau et vapeur.

On possède M ≈ 1kg de glace dans une enceinte calorifugée fermée par un couvercle coulissant. Cette glace est à -10°C.

On nous donne les chaleurs latentes (massique) de fusion (passage glace → liquide) et de vaporisation (passage liquide →vapeur) : L_{fusion} ≈ 333 kJ.kg-1, $L_{vaporisation}$ ≈ 2257 kJ.kg-1. On donne la capacité calorifique massique de l'eau (sous pression constante) C Cp_{glace} ≈ Cp_{eau} ≈ Cp_{vapeur} ≈ 4,18 kJ.kg^{-1}.K^{-1}. Pour simplifier ces valeurs sont supposées constantes tout au long des transformations (3).

1. Quelle est la chaleur totale Qtot à apporter pour changer cette glace en de l'eau à 20°C ?

2. On veut obtenir de la vapeur à 150°C sous la pression atmosphérique (1 bar), quelle chaleur supplémentaire doit -on fournir ?

3. Combien de temps cela prendrait -il pour réaliser les 2 transformations précédentes si l'on disposait d'un dispositif de chauffage de 1 kW de puissance ? Combien de temps aurait pris la simple transformation réalisée en 1 ?

4. Que pouvez - vous conclure sur la puissance des machines industrielles devant réaliser quotidiennement de telles transformations ?

Rép : 1 : 458 kJ ; 2 : 2800 kJ ; 3 : 54 min 19 s ; 7 min 38 s ; 4 : énorme (1 GW pour les centrales nucléaires).

2-6- Evolution ou transformation du système

Sous l'influence d'échanges ou transferts d'énergie entre le système et le milieu extérieur, le système évolue et les variables d'état du sytème sont modifiés. On dit que le système se transforme ou change d'état, en passant d'un état d'équilibre (1) à un autre état d'équilibre (2).

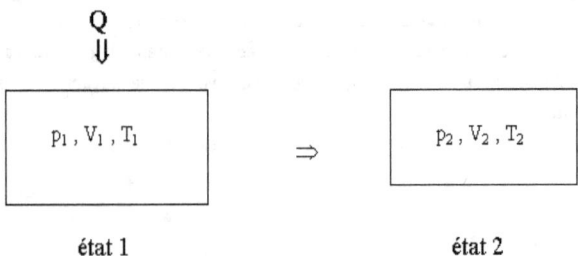

Transformation du système par échange d'énergie (apport de chaleur Q)

Au cours d'une transformation les variables d'état du système varient, pour atteindre un autre état d'équilibre. Le passage de l'état d'équilibre (1) à l'état d'équilibre (2) se déroule généralement hors équilibre.

On distingue alors entre (voir Fig. 2.4) :

- transformations réversibles (ou idéales) : ce sont des transformations infiniment lentes formées d'une succession d'états d'équilibre
- transformations irréversibles : ce sont des transformations rapides et brutales hors équilibre

La réversibilité d'une transformation exige que le système passe par une infinité d'états intermédiaires différents peu d'états d'équilibre (états quasi-statiques). Les transformations naturelles spontanées sont irréversibles : elles ne peuvent évoluées que dans un seul sens (ex. la détente d'un gaz des HP vers BP, l'écoulement de la chaleur des Haute Température vers BT...).

2-7 Travail

Le travail est une forme d'énergie. C'est l'énergie qui intervient dès qu'il y a mouvement ou déformation d'un corps. Pour bouger un corps sur une distance L=1 m admettons qu'il faille développer une force constante F=400 N dans ce cas il faut dépenser une énergie :
$W_{0 \to 1} = F\,dx = F \times L = 400 \times 1 = 400\ J$

Le travail est une autre forme de l'énergie (énergie mécanique) :

- c'est une énergie exprimée en [J] ou [kcal]
- à l'échelle microscopique c'est une énergie échangée de façon ordonnée (grâce au déplacement du piston qui imprime une certaine direction aux atomes)
- ce n'est pas une fonction d'état

◎ Travail volumétrique W_v

Le travail résulte le plus souvent d'une variation de volume du système déformable (non rigide) : ex. le déplacement d'un piston. On parle alors de travail volumétrique définit par :

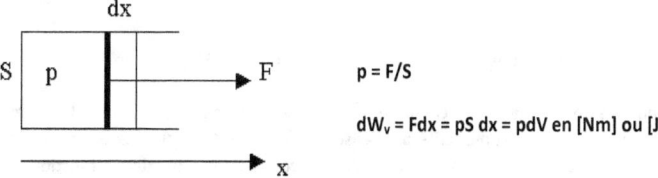

$p = F/S$

$dW_v = F\,dx = pS\,dx = p\,dV$ en [Nm] ou [J]

Transfert de travail

d'où, le travail élémentaire : $dW_v = -\,p\,dV$

- le signe moins (-) est imposé par la convention de signe des énergies
- si le piston se déplace vers la droite alors dV augmente (dV>0) et le travail est cédé ou fournie au milieu extérieur (donc le travail est <0)
- *Calcul du travail volumétrique W_v pour une transformation finie*
- Pour calculer le travail total entre l'état 1 et l'état 2, il faut intégrer la relation 3.8), d'où :

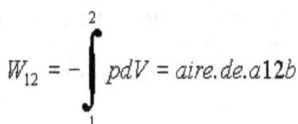

$$W_{12} = -\int_{1}^{2} pdV = aire.de.a12b$$

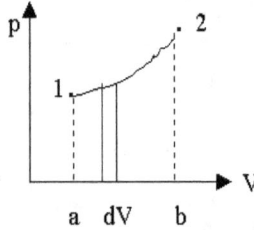

- Le travail est égal à l'aire de a à b sous la courbe
- transformation isobare (p = cte) détente irréversible
  - alors, W_{12} = -p $_{12}$ dV = -p[V_2 - V_1]

transformation isotherme (T = cte) détente réversible
- alors, W_{12} = -∫ $_{12}$ pdV or pV = nRT
- d'où, W_{12} = - ∫$_{12}$ nRT dV/V = -nRT ∫ $_{12}$ dV/V
- W_{12} = nRTlnV_1/V_2 = nRTlnP_2/p_1= -nRT ln V_2/V_1

- transformation isochore (V = cte)
- alors, dV = 0 et le travail est nul, W_{12} = 0

- transformation isochore (V = cte)
- alors, dV = 0 et le travail est nul, W_{12} = 0

Exercice 1. Evaluation d'une quantité de travail en fonction de F(x)

On comprime de l'air dans une chambre à air de vélo à l'aide d'une pompe. L'ensemble pompe + chambre à air est modélisé par l'ensemble cylindre + piston ci-dessous : La force exercée par notre main sur le piston varie de la façon décrite ci-dessus en fonction de x. Quel est le travail développé par notre main lors d'un déplacement de x_1 à x_2 ?

F(x) =ax

a=50

F(x)=50x

Rép : 1 joule.

Exercice 2. Evaluation d'une quantité de travail en fonction de P(V)

On reprend le dispositif de l'exercice 1 précédent en changeant tout simplement l'origine des x :

La force exercée par notre main sur le piston varie de la façon décrite ci-dessus en fonction de x.

1. Donnez l'évolution de la pression P de l'air en fonction du déplacement x du piston.

2. Donnez l'évolution de la pression P de l'air en fonction du volume V d'air dans le cylindre.

3. Déduisez de la question précédente le travail reçu par l'air.

Rép : 1 joule.

Exercice 3 : Etude d'une compression.

Une masse d'air de 1 kg subit la transformation suivante :

-état initial : $P_1 = 10^5$ Pa (pression atmosphérique).

$V_1 = 0,9$ m^3

-état final : $P_2 = 4,5.10^5$ Pa

$V_2 = ?$
La transformation 1-2 est telle que le produit $P.V = Cte$

1. Tracez avec précision, sur une feuille quadrillée, la courbe représentative de la transformation dans le plan P(V).
2. Calculez le travail échangé lors de cette transformation, d'une part graphiquement et d'autre part algébriquement. (on rappelle qu'une primitive de 1/x est ln x).
3. Est-il nécessaire d'apporter de l'énergie motrice pour réaliser cette transformation ?
Rép : 2 : 135 kJ ; 3 : oui.
Exercice 4 : calcul du travail échangé lors de trois transformations différentes.

On effectue, de 3 façons différentes, une compression qui amène du diazote N_2 (air) de l'état 1 (P1 = Po =1 bar, V1 = 3.Vo) à l'état 2 (P_2 = 3.Po, V_2 = Vo =1 litre).

La première transformation est isochore (volume constant) puis isobare (pression constante), la seconde est isobare puis isochore, la troisième est telle que P.V = Cte

1. Représentez dans le plan P(V) les 3 transformations.
2. Quelles sont les travaux reçus dans les 3 cas ?
3. Quelle transformation choisira -t -on si l'on veut dépenser le moins d'énergie motrice ?
Rép : 2 : 600 J, 200 J, 329 J ; 3 : la seconde.

Exercice 5 :

On reprend les 2 premières transformations de l'exercice précédent de manière à réaliser un cycle : on effectue donc une compression qui amène du diazote N_2 (air) de l'état 1 (P_1 = Po 1 bar, V_1 = 3.Vo) à l'état 2 (P_2 = 3.Po, V_2 = Vo 1 litre).
Puis on force le gaz à revenir à son état initial grâce à une détente isochore puis isobare.
1. Quel est le travail échangé par le gaz avec l'extérieur ?
2. Est-ce qu'un tel cycle nécessite l'apport d'un travail de l'extérieur pour pouvoir être exécuté ?

Rép : 1 : 400 J ; 2 : oui

Exercice 6

Calculez le travail qu'il faut fournir pour compresser une mole de gaz parfait depuis un état 1 : T_1= 300 K   et V_1=20 l

Vers l'état 2 : T_2=300 K V_2=10l

Exercice 7

Un compresseur formé par un récipient, fermé par un piston mobile, contient 2 g d'hélium (gaz parfait, monoatomique)

Le premier principe

Le premier principe dit aussi principe de conservation de l'énergie, stipule que :

- l'énergie du système se conserve au cours des transformations du système (c.à.d ne se dégrade pas)
- l'énergie du système est seulement transformée d'une forme d'énergie en une autre (équivalence des formes d'énergie)

L'énergie d'un système isolé reste constante, U = cte.

L'énergie d'un système non isolé peut varier par suite d'échanges d'énergie (Q,W) avec le milieu extérieur, alors le système évolue d'un état 1 à un état 2 : on dit qu'il subit une transformation.

D'après le premier principe :

- la variation d'énergie interne du système au cours d'une transformation est égale à la somme algébrique des énergies échangées W + Q
- l'énergie interne su système varie donc pendant la transformation de

$$\Delta U = U_2 - U_1 = W + Q$$

$$\boxed{U_1} \quad \Leftarrow \quad W + Q \quad \Rightarrow \quad \boxed{U_2}$$

Variation de l'énergie interne du système

○ **Enoncé du premier principe**

" La somme algébrique du travail W et de la chaleur Q échangés par le système avec le milieu extérieur est égale à la variation ΔU de son énergie interne ".

- cette variation est indépendante de la nature des transformations, c.à.d du chemin suivi par cette transformation
- cette variation ne dépend que de l'état intial 1 et de l'état final 2

En d'autres termes, l'énergie interne est une fonction d'état, c.à.d. que sa variation ne dépend pas du chemin suivi par la transformation. En effet, considérons deux transformations entre l'état 1 et l'état 2 formant un cycle, selon le chemin suivi x ou y, on a :

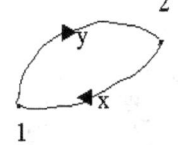

$$U_2 - U_1 = W_{12} + Q_{12} \text{ chemin x}$$
$$U_1 - U_2 = W_{21} + Q_{21} \text{ chemin y}$$

soit, $W_{12} + Q_{12} = W_{21} + Q_{21} = \text{cte}$

Variation de U au cours d'un cycle

On a ainsi démontré que la somme W + Q égale à ΔU ne dépend pas du chemin suivi et donc la fonction U est une fonction d'état (alors que W et Q pris individuellement ne sont pas des fonctions d'état).

○ **Expression mathématique du premier principe**

L'expression mathématique du premier principe est donc :

- pour un système fermé
  - si la transformation est finie : $\Delta U = U_2 - U_1 = W + Q$ si la transformation est élémentaire : $dU = dW + dQ$

ENTHALPIE

Problème : déterminer Q_{12} pour tout type de transformation ?

On a vu comment on pouvait calculer Q_{12} avec la relation $Q_{12}=m\, c_m\, \Delta t$ mais ce n'est pas toujours facile.

Idée : $Q_{12} = \Delta U_{12} - W_{12} \Rightarrow$ faisable si connaissance parfaite de ΔU_{12} (facile car donné dans les tables) et de W_{12} (peut être difficile car ne dépend pas uniquement du corps) $\Rightarrow$ peut être difficile à trouver.

©Manière de faire lorsque P = Cte : utiliser H=U + PV

U est une variable d'état ($\Rightarrow$ donné par des tables) car constituée d'une somme et d'un produit de variables d'états.

On pose alors $\boxed{U + PV = H}$ [J] enthalpie du système (dans un état donné)

Application : lorsque P = Cte

on a $\Delta U_{12p} = W_{12p} + Q_{12p} = -\int P\, dV + Q_{12p} \Rightarrow Q_{12p} = \Delta U_{12} + \int P\, dV = \Delta U_{12} + P[V] = \Delta U_{12} + P \cdot \Delta V_{12}$

$= \Delta(U + PV) = \Delta H_{12}$.

Ainsi :

$$Q_{12p} = \Delta H_{12}$$

L'indice p est là pour rappeler que la relation n'est exacte que sous pression constante.
Enthalpie massique de l'eau, en kcal/kg

Exercice 4 : enthalpie massique

Pour un gaz parfait $\Delta U = m\, cv\, \Delta T$ cv capacité calorifique à volume constant J K^{-1} Kg^{-1}

3-Flux thermique

$$\phi = \frac{\lambda S}{e}\, \Delta\theta$$

ϕ en Wm^{-2} λ en W $m^{-1} K^{-1}$ $\Delta\theta$ en K

$\lambda/e = Rth$

Considérons un matériau homogène, dont la forme est celle d'une plaque ou d'un cylindre de faible épaisseur e (en m). Ses deux faces opposées ont chacune une surface S (en m^2). Si ces faces sont à des températures T1 et T2 différentes, avec T1>T2 , un transfert de chaleur s'opère de la source chaude vers la source froide. Ce transfert est irréversible : le système évolue spontanément d'un état initial vers un état final, sans avoir la possibilité de revenir naturellement à son état initial. Il ne peut pas y avoir de transfert thermique spontané d'une source froide vers une source chaude.

QCM

A le flux thermique est l'énergie transférée à travers une paroi/ unité de surface
B Plus R_{th} est grande plus le flux thermique est faible
C Un objet placé au dessus d'une bougie chauffe il s'agit d'un transfert par convection thermique
D Rth en °C W^{-1}

Exercice 1

Le mur extérieur d'une maison est constitué de briques. Il est sans ouverture. L'aire de la surface est égale à S=60 m². Sn épaisseur est e= 20 cm

Calculer la résistance thermique R_{th} et le flux thermique $\phi 1$ à travers le mur lorsque la température extérieure est de 0°C. La température intérieure de la maison est égale à 20°C.

Pour diminuer les pertes thermiques on isole avec du polystyrène d'épaisseur e polystyrène=45 nm Calculer la nouvelle valeur du flux thermique $\phi 2$.

Quelle est la valeur du flux thermique $\phi 3$ si le mur était constitué de deux parois en brique de 8,0 cm d'épaisseur chacune, séparées par une couche d'air de 4,0 cm.

Si un KWh coûte 0,10 euro quelle est l'économie réalisée quotidiennement.

Exercice 2

Calculer l'énergie nécessaire pour chauffer par transfert thermique 200 litres d'eau d'un bain de 15°C) 37°C. Combien de temps une ampoule de 60W peut-elle briller avec cette énergie ? Ceau= =m. 4180 JK⁻¹

$R_{th}= e_{brique} / \lambda_{\,brique} \cdot S_{\,mur}$
$R_{th}= 0,2/ (0,67. 60)= 5. 10^{-3}\ KW^{-1}$
$\phi 1= \Delta T/ Rth = 4\ 10^{3}\ W$
$R_{th}= R_{th}\ (mur) + R\ (poly) = e_{brique}/ \lambda_{brique}.S + e_{poly}/\lambda_{poly}.S$
$R_{th}= 2,6\ 10^{-2}\ KW^{-1}$

Exercice n°1

On dispose d'une solution mère de sulfate de cuivre à 1 mol.L⁻¹. On en réalise diverses dilutions dont on mesure l'absorbance pour la longueur d'onde 655 nm qui correspond au maximum de la courbe A = f(λ) pour une solution de sulfate de cuivre.

La largeur de la cuve est de 1cm.

On obtient le tableau suivant :

C (mol.L⁻¹)	0.20	0.10	0.050	0.020	0.010	0.0050
A	0.601	0.302	0.151	0.060	0.031	0.016

1. Faire un schéma de principe d'un spectrophotomètre UV-visible.
2. Pourquoi a-t-on choisi de travailler à cette longueur d'onde ?
3. La loi de Beer-Lambert est-elle vérifiée ?
4. Déterminer le coefficient d'absorbance linéique molaire dans ces conditions.
5. Quelle est la concentration d'une solution de sulfate de cuivre dont l'absorbance est A = 0.200.

1. Schéma du spectrophotomètre :

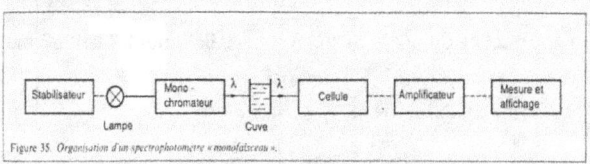

Figure 35. *Organisation d'un spectrophotomètre « monofaisceau ».*

1. On a travaillé à la longueur d'onde correspondant au pic d'absorption pour que la variation du coefficient d'absorption linéique soit minimale en fonction des différentes longueurs d'onde de la lumière employée. Elle n'est, en effet, pas vraiment monochromatique. De plus, en travaillant avec des absorbances élevées, on minimise les erreurs relatives de mesures.

2. La loi de Beer-Lambert est $A = \varepsilon.l.c$ avec ε et l qui sont des constantes, on doit donc obtenir une droite qui passe par 0 si on trace $A = f(c)$.

   Graphique :

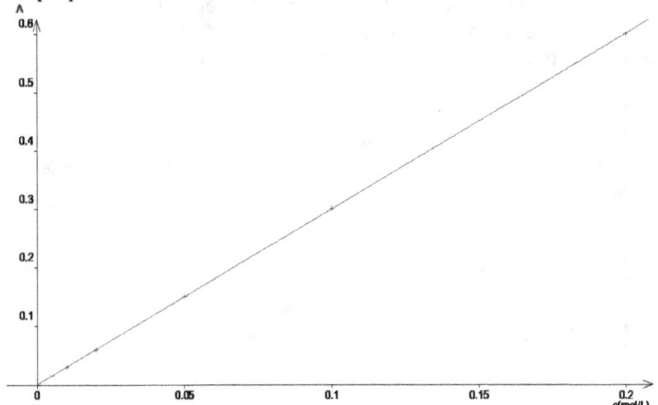

On obtient une droite qui passe par 0 : La loi de Beer-Lambert est vérifiée.

Le coefficient directeur de cette droite est $a = \dfrac{Yb - Ya}{Xb - Xa} = $ **3.0 mol⁻¹.L**

L'équation de la droite est **A = 3c.**

3. On a $A = \varepsilon.l.c$ donc $a = \varepsilon.l = 3$ et

$$\varepsilon = \frac{3}{l} = \frac{3}{0.01} = 300 \text{ mol}^{-1}.\text{L}.\text{m}^{-1} \text{ soit } 300 \text{ mol}^{-1}(10^{-3} \text{ m}^3).\text{m}^{-1}$$

ou encore **0.30 m².mol⁻¹**(unité du système international).

4. On a $A = \varepsilon.l.c$ donc $c = \dfrac{A}{\varepsilon l} = \dfrac{0.200}{3.0} = 0.067$ mol.L⁻¹ soit 67 mol.m⁻³.

À l'aide d'un spectrophotomètre, on réalise une série de mesures d'absorbances A de solutions de violet cristallisé, à la longueur d'onde λ = 580 nm. La cuve a une épaisseur de 1,00 cm. On obtient les résultats suivants en fonction de la concentration massique ρ des solutions :

ρ (g.L^{-1})	0,60 x 10^{-3}	1,50 x 10^{-3}	2,40 x 10^{-3}	3,00 x 10^{-3}	4,50 x 10^{-3}	6,00 x 10^{-3}
A	0,075	0,250	0,420	0,515	0,775	1,040

Données : violet cristallisé : $C_{25}H_{30}Cl\,N_2$ M = 408,19 g.mol^{-1}.

1) Définir la transmittance T et l'absorbance A d'une solution.

2) Enoncer la loi de Beer-Lambert ; expliciter tous ses termes et donner leurs unités dans le système international.

3) Quel est le critère de choix de la longueur d'onde à laquelle s'effectuent les mesures ? Pourquoi ?

4) Montrer que la loi de Beer-Lambert est vérifiée pour cette série de solutions.

5) Déterminer la valeur du coefficient d'absorption molaire du violet cristallisé obtenue à partir de cette série de mesures. L'exprimer dans l'unité du système international.

6) La mesure de l'absorbance d'une solution de violet cristallisé de concentration inconnue, réalisée dans les mêmes conditions, donne A = 0,531.
Déterminer la concentration molaire C de cette solution. En déduire sa concentration massique ρ.

1. **Transmittance : T = Φt / Φi C'est le rapport du flux transmis au flux incident.**

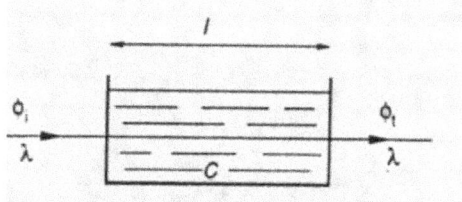

Absorbance : A = log (1/T).

2. **Loi de Beer-Lambert : A = $\varepsilon.l.c$**
   A est l'absorbance de la solution, ε est le coefficient d'absorbance linéique molaire (m^2.mol^{-1}), l est la longueur de la cuve (en m) et c la concentration de la solution (en mol.m^{-3}).

3. **On choisit la longueur d'onde qui correspond à l'absorption maximale pour la solution considérée. En effet, comme la lumière employée n'est pas parfaitement monochromatique, on travaille au maximum d'absorption pour que ε puisse être considéré comme constant (Au niveau du pic d'absorption, ε est quasiment identique pour le domaine très restreint de longueurs d'ondes employées.)**
   On travaille également à cette longueur d'onde pour avoir des valeurs d'absorbances élevées afin de minimiser les erreurs relatives de mesures.

4. **Relation entre la concentration massique et la concentration molaire :**
   c = $\frac{\rho}{M}$ et 1 mol.L^{-1} = 10^3 mol.m^{-3}
   On peut donc compléter le tableau :

$\square$ (g.L⁻¹)	$0.60\ 10^{-3}$	$1.50\ 10^{-3}$	$2.40\ 10^{-3}$	$3.00\ 10^{-3}$	$4.50\ 10^{-3}$	$6.00\ 10^{-3}$
A	0.075	0.250	0.420	0.515	0.775	1.040
c (mol.L⁻¹)	$1.47\ 10^{-6}$	$3.67\ 10^{-6}$	$5.88\ 10^{-6}$	$7.35\ 10^{-6}$	$1.10\ 10^{-5}$	$1.47\ 10^{-5}$
c (mol.m⁻³)	$1.47.10^{-3}$	$3.67\ 10^{-3}$	$5.88\ 10^{-3}$	$7.35\ 10^{-3}$	$1.10\ 10^{-2}$	$1.47\ 10^{-2}$

On trace $A = f(c)$ puisque ε et l sont des constantes, on devrait obtenir une droite qui passe par 0.

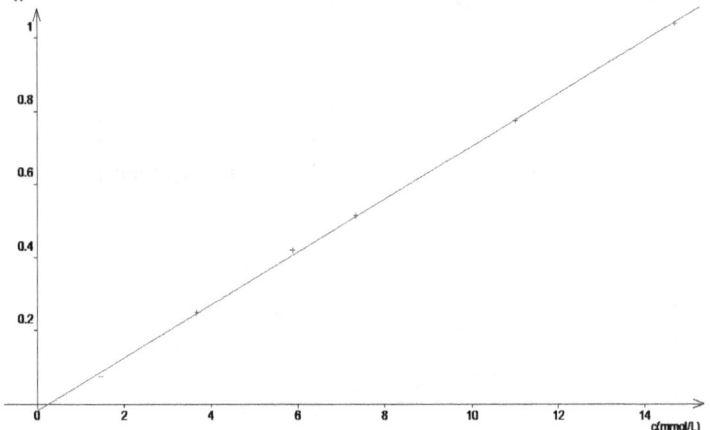

On obtient une droite qui passe par 0 : la loi de Beer-Lambert est vérifiée.

L'équation de la droite est $A = 72.3.c$

Remarque : La valeur de b obtenue (b=0.02) est suffisamment proche de 0 pour qu'on admette que la droite passe par 0.

On peut également effectuer une régression linéaire à la calculatrice.
La régression linéaire donne un coefficient de corrélation r=0.999, on est bien en présence d'une droite puisque r>0.99. L'équation de la droite donnée par la calculatrice est $A = 72.4.c$. la valeur de « b » (de $y = ax+b$) est suffisamment faible pour être assimilable à 0.

5. On a $A = \varepsilon.l.c$ et $A = 72.3.c$ donc $\varepsilon.l = 72.3$ soit $\varepsilon = 72,3/l = 7.23\ 10^{3}$ m².mol⁻¹.

6. On a $A = \varepsilon l.c$ donc $c = A/\varepsilon l = = 7.34\ 10^{-3}$ mol.m⁻³ soit $7.34\ 10^{-6}$ mol.L⁻¹.

Puisque $c = \dfrac{\rho}{M}$ on a $\rho = c.M = 2.99\ 10^{-3}$ g.L⁻¹.

Cette valeur est très proche de celle obtenue pour A = 0.515, mais inférieure, ce qui parait illogique. La limite de la précision des mesures ne permet pas de donner toutes les valeurs du tableau à 3 chiffres significatifs.